OPTIMUM

Collection dirigée par Fabien Fichaux



# Tests de logique mathématique et de calcul

## savoir-faire, techniques et astuces

**Tage-Mage®, Tage 2®, Arpège, Score IAE-Message**

**Les concours ESC, Passerelle, Tremplin, Sésame, Acces, Mastères, IAE**

**2e édition**

Igal Natan

ellipses

Dans la même série, dans la collection « Optimum »

*Tests de logique mathématique et de calcul* (2e édition), TAGE-MAGE®, TAGE 2®, ARPEGE, Score IAE-Message

*Objectif 600 aux tests d'aptitude,* Préparer le test TAGE-MAGE®

*Réussir les tests aux concours Passerelle 1 & 2 et Tremplin 1 & 2,* ARPEGE, TAGE 2®, TAGE-MAGE®

*Passerelle 1 & Tremplin 1 : Grands classiques et questions pièges* Anglais, tests TAGE 2® et ARPEGE, synthèse, oraux

*Passerelle 2, Tremplin 2 & EM Lyon : Grands classiques et questions pièges* Anglais, TAGE MAGE®, synthèse, dissertation, oraux

ISBN 978-2-7298-5186-6

32, rue Bargue 75740 Paris cedex 15



www.editions-ellipses.fr

*A mes parents.*

*A Sandy sans qui rien ne serait possible.*

*Mes remerciements à David, mon frère,*
*pour ses précieux conseils et ses nombreuses relectures.*

*Je tiens tout particulièrement à remercier :*
*Gérard et Patrick,*
*Jean-Claude pour son soutien,*
*Arié, Jonathan, Myriam et Tommy pour leurs relectures,*
*tous les autres qui se reconnaîtront au fil des pages.*

Comment préparer les concours des Ecoles de Commerce et IAE ....7
Présentation ........................................................................13

**Première partie : Cours et méthodologies .............. 15**

**I – Cours, savoir-faire et méthodes.......................................17**
I.1 – Reprenez les bases de l'arithmétique ..................................19
I.2 – Maîtrisez les opérations élémentaires..................................38
I.3 – Domptez les équations........................................................53
I.4 – Domestiquez les problèmes physiques et financiers .............65
I.5 – Ne redoutez pas la géométrie ..............................................73

**II – Méthodologie du QCM de Calcul ....................................83**
II.1 – La méthode de résolution MCPS ........................................84
II.2 – Illustrations .......................................................................88

**III – Méthodologie du QCM de Conditions minimales.........95**
III.1 – La méthode de résolution 3,5.............................................96
III.2 – Arbre de résolution............................................................97
III.3 – Illustrations .......................................................................99

**Deuxième partie : Entraînez-vous !......................... 105**

**I – 1ère série d'exercices Niveau 1★ ...................................107**
I.1 – Test 1 – 20 questions en 30 minutes .................................108
I.1bis – Test 1 – Correction ......................................................113
I.2 – Test 2 – 20 questions en 30 minutes .................................119
I.2bis – Test 2 – Correction ......................................................124
I.3 – Test 3 – 20 questions en 30 minutes .................................130
I.3bis – Test 3 – Correction ......................................................135

**II – 2ème série d'exercices Niveau 2★★...............................143**
II.1 – Test 1 – 15 questions en 30 minutes ................................144
II.1bis – Test 1 – Correction ....................................................148
II.2 – Test 2 – 15 questions en 30 minutes ................................154
II.2bis – Test 2 – Correction ....................................................158
II.3 – Test 3 – 15 questions en 30 minutes ................................165
II.3bis – Test 3 – Correction.....................................................169
II.4 – Test 4 – 15 questions en 30 minutes ................................174
II.4bis – Test 4 – Correction ....................................................178

**III – 3ème série d'exercices Niveau 3★★★ ..........................183**
III.1 – Test 1 – 10 questions en 30 minutes ...............................184
III.1bis – Test 1 – Correction ...................................................187

III.2 – Test 2 – 10 questions en 30 minutes ........193
II.2bis – Test 2 – Correction ........196
III.3 – Test 3 – 10 questions en 30 minutes ........203
III.3bis – Test 3 – Correction ........206
III.4 – Test 4 – 10 questions en 30 minutes ........212
III.4bis – Test 4 – Correction ........215

**Troisième partie : Jour J ! Concours blancs .......... 221**

**I – Arpège ........223**
I.1 – Test Arpège Blanc / Passerelle 1 ........224
I.2 – Arpège Blanc – Correction ........229

**II – TAGE 2® ........234**
II.1 – TAGE 2® Blanc / Tremplin 1 ........235
II.1bis – TAGE 2® Blanc – Correction ........238
II.2 – TAGE 2® Blanc / Tremplin 1 ........242
II.2bis – TAGE 2® Blanc – Correction ........245

**III – TAGE MAGE® ........248**
III.1 – TAGE MAGE® Blanc - Calcul ........249
III.1bis – TAGE MAGE® Blanc – Correction ........253
III.2 – TAGE MAGE® Blanc – Conditions minimales ........258
III.2bis – TAGE MAGE® Blanc – Correction ........261

**IV – Score IAE-Message ........269**
IV.1 – Test SIM Blanc ........270
III.2 – Test SIM Blanc – Correction ........277

Annexes :
Grilles de réponses et de correction ........285

**Remarques.**
TAGE MAGE® et TAGE 2® sont des tests administrés par la FNEGE (Fondation Nationale pour l'Enseignement de la Gestion des Entreprises) : www.fnege.fr

Les sujets, les corrigés et les commentaires proposés dans cet ouvrage n'engagent que les auteurs et l'éditeur et n'ont aucun lien avec l'organisation des concours cités. Il s'agit de questions types et d'épreuves types des Tests mentionnés.

Les grandes écoles ne se préparent pas uniquement par la voie des classes préparatoires. Depuis plusieurs années maintenant, les admissions directes, proposées initialement à de petits nombres d'élèves Bacheliers, Bac+2 ou Bac+3, se sont considérablement développées. **Les écoles offrent un nombre de places important** (plus de 7 500 en 2010 !). En parallèle, le développement des Mastères spécialisés depuis quelques années, offre une sérieuse opportunité pour les étudiants en Master 1 ou 2 d'acquérir un troisième cycle professionnalisant d'une école réputée. De même, la fusion des tests MA et Message en 2009 rend aujourd'hui le Score IAE-Message incontournable pour les étudiants candidats aux différents Instituts d'Administration des Entreprises.

Toutefois, si le nombre de places proposées par les écoles s'est sensiblement étoffé, il ne faut pas pour autant s'y tromper : malgré l'élargissement de l'offre, ce recrutement est loin d'être une simple formalité. Ainsi, **la compétition demeure très vive pour obtenir une place dans les écoles les plus renommées**. Soyons juste, la sélectivité n'atteint pas le niveau du concours "prépa", mais elle est suffisamment forte pour mériter une préparation sérieuse, adaptée, d'autant plus que la plupart des écoles impose des épreuves (écrites, mais aussi orales et notamment l'entretien) pour lesquelles les étudiants sont bien peu armés.

## Présentation des différents concours

Il existe sept grands groupes d'écoles regroupées au sein de banques d'épreuves écrites plus ou moins communes. Le Score IAE-Message est le test commun à l'entrée des IAE.

**Sésame** *www. concours-sesame.net*
CESEM Reims, CeseMed, EBP International, EM Normandie, EPSCI, ESCE, IFI.
- Test d'aptitude **Sésame** (1h, 2 séries de 40 QCM).
- Test d'anglais (1h30).
- Synthèse de dossier (4h).
- Un ou deux oraux de langues : anglais et LV2 (20 mn environ).
- Un oral d'entretien spécifique pour chaque école (de 30 à 45 mn).

**Accès** *www. concours-acces.com*
ESSCA, IESEG, ESDES.
- Test d'aptitude **Accès** (3h).
- Test d'anglais (1h30).
- Synthèse de dossier (3h).
- Maîtrise du français (2h).
- Langue vivante 2 (1h).
- Un ou deux oraux de langues : anglais et LV2 (20 mn chacun, environ).
- Un oral d'entretien spécifique pour chaque école (de 30 à 45 mn).

**EcriStart** *www. ecristart.com*
Sup'TG Bordeaux, Euromed, Sup'Est, Sup'TG Reims, ISPP, ISEME.
Test de logique **EcriStart** (1h).
Test d'anglais (1h).
Analyse et synthèse de textes (3h).
Un ou deux oraux de langues : anglais et LV2 (20 mn chacun, environ).
Un oral d'entretien spécifique pour chaque école (de 30 à 45 mn).

**Passerelle 1 et 2** *www.passerelle-esc.com*
CERAM-Sophia Antipolis, ESC Amiens, Brest, Chambéry, Clermont, Dijon, Grenoble, La Rochelle, Le Havre, Lille, Montpellier, Pau, Rennes, Saint-Etienne, Troyes et IECS Strasbourg.
Passerelle 1 : Test d'aptitude **Arpège** (2h ; 4 séries de QCM).
Passerelle 2 : Test d'aptitude **TAGE-MAGE®** (6 épreuves de 20mn).
Test d'anglais (1h30).
Synthèse de dossier (2h).
Épreuve de spécialisation au choix (2h) : allemand, biologie, créativité et gestion de projet, droit, économie, éducation artistique, espagnol, gestion, informatique, management d'une entreprise d'hôtellerie restauration, marketing, mathématiques, lettres, sciences humaines, STAPS, technologie.
Un ou deux oraux de langues : anglais et LV2 (20 mn environ).
Un oral d'entretien spécifique pour chaque école (de 30 à 45 mn).

**Tremplin 1 et 2** *www.ecricome.org*
ESC Bordeaux, EuroMed Marseille, ICN Nancy, ESC Reims, ESC Rouen, ESC Toulouse, ESCEM (Tours-Poitiers)
Tremplin 1 : Test d'aptitude **TAGE 2®** (1h55).
Tremplin 2 : Test d'aptitude **TAGE-MAGE®** (6 épreuves de 20mn).
Test d'anglais (4 parties de 25 mn chacune).
Synthèse de dossier uniquement pour Tremplin 1 (3h).
Un ou deux oraux de langues (40 mn chacun).
Un oral d'entretien spécifique de chaque école (de 30 à 45 mn).

**EM Lyon** *www.em-lyon.com*
Dossier.
Test d'aptitude **TAGE-MAGE®** (6 épreuves de 20mn).
Dissertation de Culture Générale sur documents (4h).
Un oral de langue (15mn).
Un entretien face à un jury (30mn).

**EDHEC 2** *www.edhec.com*
Dossier.
Test d'aptitude **TAGE-MAGE®** (6 épreuves de 20mn).
Epreuve de spécialisation au choix (4h) : mathématiques, sciences juridiques, sciences économiques, culture générale.
Un oral de langue (15mn, coeff. 2/3)
Un entretien face à un jury (30mn, coeff. 9/9)

**AUDENCIA 2** *www.audencia.com*
Dossier.
Test d'aptitude **TAGE-MAGE®** (6 épreuves de 20mn).
Un oral d'anglais (40 mn).
Un oral d'entretien (30 mn).

**Score IAE-Message** *www.iae-message.fr*

Test unique d'aptitude aux études universitaires en gestion, il peut être exigé à l'entrée en 3ème année de licence ou en master (M1 ou M2).

Score IAE-MESSAGE (4 QCM, durée totale de 3h30) : culture générale, français, logique mathématique, anglais.

## Une série d'ouvrages complémentaires développée par l'équipe de l'IPESUP

L'IPESUP, bien connu pour ses résultats en classe préparatoire (ses classes dominent les palmarès depuis plus de 30 ans), a accumulé à travers ses préparations spécifiques pour les procédures d'admissions directes à Bac, Bac+2 ou Bac+3/4 et Mastères spécialisés des grandes écoles de commerce une expérience inégalée. Depuis quinze ans les étudiants préparés par l'IPESUP obtiennent régulièrement des résultats exceptionnels : plus de 90% d'intégrés dans les écoles présentées.

Les équipes de l'IPESUP ont développé, en s'appuyant sur l'expérience acquise au cours des douze dernières années, **une série d'ouvrages permettant de préparer au mieux les concours des Ecoles de Commerce et des IAE.** Chacun des ouvrages de cette série propose un entraînement systématique permettant d'acquérir les bases méthodologiques, de développer les réflexes et de gagner en efficacité et en rythme.

Bien évidemment, ces ouvrages sont parfaitement complémentaires avec une préparation en stage intensif des concours des Ecoles de Commerce (Master ou Mastères spécialisés) et des IAE. **L'articulation entre travail personnel et stages intensifs reste la composante majeure, la « colonne vertébrale » en quelque sorte, de toute préparation efficace.** En effet, la préparation en groupe permet l'émulation entre étudiants et la prise de conscience de l'intensité de la compétition qui caractérise les concours. Pour la préparation des tests d'aptitude et des tests d'anglais, la mise à disposition de batteries de tests sans cesse renouvelées permet de « coller » aux questions « dans l'air du temps ». La possibilité de pouvoir composer plusieurs fois en note de synthèse entraîne une progression très sensible des notes. Enfin, les simulations d'entretiens encadrées par des jurys expérimentés sont l'unique moyen de se former à ce type d'épreuve et de transformer en admission définitive le travail de préparation des écrits. Les étudiants se retrouvent au contact d'autres étudiants partageant la même préoccupation : **intégrer la meilleure Ecole possible**.

**Tests de logique mathématique et calcul (2de édition)**

TAGE-MAGE®, TAGE 2®, ARPEGE, ESSEC, SIM

Aux concours ESC, Passerelle, Tremplin, Sésame, Access, Mastères, IAE

Ce présent ouvrage s'adresse aux étudiants désirant compléter certaines lacunes en mathématiques ou aux étudiants visant un score maximal dans les parties mathématiques des tests d'aptitude.

**Objectif 600 au test d'aptitude**

Spécial TAGE-MAGE®

Aux concours Passerelle 2, Tremplin 2, EM Lyon, Edhec,
Audencia, Mastères spécialisés, IAE

L'ouvrage de référence pour préparer les six sous-test du TAGE MAGE®. ***Calcul, Conditions minimales, Compréhension de textes, Expression, Raisonnement et Argumentation, Logique alpha-numérique et spatiale…***
Il comprend des fiches de cours, des centaines d'exercices couvrant la quasi-totalité des questions apparaissant dans les tests, des méthodes, savoir-faire, techniques et astuces pour gagner du temps, 2 'TAGE MAGE® blancs' corrigés en fin d'ouvrage.

**Réussir les tests aux concours Passerelle 1 & 2 et Tremplin 1 & 2**

TAGE-MAGE®, TAGE 2®, ARPEGE

L'ouvrage de référence pour préparer les tests d'aptitude aux concours des écoles de commerce à Bac+2 et Bac+3/4. Abordant l'ensemble des sous-tests présents dans les concours : ***Calcul, Compréhension et Mémorisation de textes, Conditions minimales, Expression et Raisonnement, Culture générale, Logique alphanumérique et spatiale, Logique verbale…*** Cet ouvrage propose un entraînement systématique avec des « Tests blancs » complets de chacun des concours.

**Grands classiques et questions pièges**
**aux concours Passerelle 1 & Tremplin 1**

Anglais, tests TAGE 2®, et ARPEGE, synthèse, oraux

L'ouvrage de référence pour préparer les concours Passerelle 1 et Tremplin 1 (Bac+2) et s'entraîner sur **l'ensemble des matières et des épreuves**.
Il propose des centaines d'exercices couvrant la quasi-totalité des questions apparaissant dans les épreuves : les grands classiques mais aussi les questions pièges. Chaque question est corrigée en mettant l'accent sur les méthodes, savoir-faire, techniques et astuces pour gagner en efficacité et optimiser vos chances de réussite aux concours.

**Grands classiques et questions pièges**
**aux concours Passerelle 2, Tremplin 2 & EM Lyon.**

Anglais, TAGE MAGE®, synthèse, dissertation, oraux

L'ouvrage de référence pour préparer les concours des Ecoles de commerce recrutant à Bac+3/4 et s'entraîner sur **l'ensemble des matières et des épreuves**.
Il propose des centaines d'exercices couvrant la quasi-totalité des questions apparaissant dans les épreuves : les grands classiques mais aussi les questions pièges. Chaque question est corrigée en mettant l'accent sur les méthodes, savoir-faire, techniques et astuces pour gagner en efficacité et optimiser vos chances d'intégrer une bonne Ecole.

# Présentation

Les tests de logique mathématique et de calcul sont sans aucun doute les plus redoutés des candidats quels que soient leur profil et leur parcours académique… Et ce, à juste titre !
Composée de 15 à 30 questions à résoudre en 20 à 60 minutes, bien évidemment sans calculatrice, cette épreuve est exigeante : le programme qu'elle couvre est assez vaste, le chronomètre est impitoyable et son formalisme ajoute un stress supplémentaire.

Pourtant, vous ne devez pas être effrayés par cette épreuve. Tentons de démystifier la fameuse partie Calcul des tests d'aptitudes.

**1 – L'étendue du programme.** Les notions mathématiques couvertes sont très denses, le programme officiel comprend en vrac :

- les entiers relatifs, les décimaux, les nombres réels ;
- les puissances et les racines carrées ;
- les pourcentages et les proportions ;
- les progressions arithmétiques et géométriques ;
- les identités remarquables ;
- les équations du premier et second degrés ;
- les systèmes d'équations à 2 et 3 inconnues ;
- l'analyse combinatoire ;
- les probabilités et statistiques ;
- les propriétés des droites parallèles (Théorème de Thalès) ;
- les propriétés des droites perpendiculaires (Théorème de Pythagore) ;
- les propriétés élémentaires du triangle, du cercle, du rectangle et du carré.

Dites-vous bien que toutes ces notions ont été abordées lors de vos études au collège. Les juristes, historiens et autres linguistes qui n'ont plus pratiqué les mathématiques depuis le lycée ont tous obtenu leur brevet des collèges … alors point d'inquiétude, il n'y a pas dans les tests de difficultés conceptuelles ou programmatiques. Avec une bonne remise à niveau, vous pourrez affronter tous types de questions. La difficulté réelle du test n'est pas là.

**2 – Sans calculatrice.** Cette contrainte doit être analysée correctement. « Sans calculatrice » signifie tout d'abord que les calculs ne seront jamais trop compliqués (on ne vous demande pas de devenir un génie du calcul et de déterminer de tête la racine cubique de 592 !). « Sans calculatrice » signifie aussi que les calculs doivent être résolus par le calcul mental ou – si cela est nécessaire en les posant. Drogués à la calculatrice depuis bien longtemps, vous n'avez plus l'habitude du calcul mental et vous n'avez plus posé d'opération depuis le CM2 ! Le défi est donc, au cours de votre préparation, de retrouver une certaine habileté au calcul et de gagner en rapidité.

**3 – 15 à 20 questions, 20 à 30 minutes, le compte à rebours infernal.** L'essentiel de la difficulté des tests de calcul réside dans la contrainte de temps qui vous est imposée. Vous le verrez, le temps devient très relatif lorsque l'on passe un test d'aptitude. Pourtant, cette contrainte n'est pas insurmontable à condition de garder la tête froide et de s'en tenir à quelques règles d'or.

Premièrement, n'espérez pas traiter la totalité des questions le jour J ... et ce n'est pas grave ! Les bons candidats traitent entre 70% et 80% des questions, la moyenne se situant plutôt entre 40% et 50%. Je ne le répéterai jamais assez, il ne s'agit pas de répondre à toutes les questions mais à un maximum de questions dont vous êtes sûrs à 100 %. Gardez à l'esprit qu'il s'agit de concours, la notation est relative. L'objectif est d'obtenir un meilleur score que les autres candidats.

Deuxièmement, la rapidité s'acquiert avec l'entraînement. Comme un sprinter, vous devez multiplier les séances d'échauffement et d'entraînement au calcul mental et à la résolution de questions. Cet ouvrage sera votre produit dopant !
De plus, nous le verrons dans la suite de cet ouvrage, il faut être malin le jour de l'épreuve, une approche tactique de chaque question est une des clefs du succès. Ne cherchez pas à traiter les questions que vous ne comprenez pas ou qui vous paraissent trop difficiles (une question facile rapporte autant de points qu'une question difficile), assurez-vous plutôt de répondre à toutes les questions que vous maîtrisez (parce que vous les avez déjà travaillées). Allez à l'essentiel. Nous le verrons, un même mécanisme mathématique peut être posé en une multitude de questions différentes. A vous de deviner derrière l'énoncé le mécanisme abordé. Ne vous laissez pas déconcentrer par la rédaction de la question, retrouvez très rapidement le principe mathématique dont il est question.
Enfin, le QCM a ceci de particulier que la réponse se trouve sous vos yeux, elle vous est donnée par le concepteur du test. Profitez-en. Vous le verrez, utiliser les réponses vous fera gagner un temps précieux.

Pour terminer cette présentation, il faut rajouter que la préparation de la partie calcul n'est pas inutile pour votre avenir. La maîtrise du calcul et des bases de l'arithmétique est indispensable pour le manager que vous deviendrez. Vous solliciterez quotidiennement ces notions élémentaires dans votre vie professionnelle, quelle que soit votre future orientation. Un chef de produit ne peut se passer des fractions et des pourcentages pour déterminer ses parts de marché, un financier est amené à effectuer des calculs de marge ou de taux de rentabilité quotidiennement. Cette remise à niveau ou ce perfectionnement en mathématiques n'est pas un investissement vain, vous « rentabiliserez » très longtemps le temps passé à cette préparation.

# Première partie
# Cours et méthodologies

I – Cours, savoir-faire et méthodes

II –Méthodologie du QCM de Calcul

III – Méthodologie du QCM de Conditions minimales

# I – Cours, savoir-faire et méthodes

Avant de vous lancer dans la résolution des premières questions, il n'est pas inutile de consacrer du temps à reprendre les connaissances élémentaires. Bien évidemment, l'ensemble des notions sera repris et traité dans les nombreuses questions présentes dans cet ouvrage. Vous trouverez ci-après l'essentiel des connaissances qu'il vous faut maîtriser, celles-ci sont complétées le plus souvent par des savoir-faire illustrés par des questions posées aux concours vous permettant ainsi de vous focaliser sur les techniques de résolution.

Chaque point de cours est enrichi de méthodes et astuces qui vous permettront de gagner du temps et d'acquérir l'efficacité nécessaire pour obtenir une note maximale aux concours.

Chaque point du cours est ainsi abordé de la même manière :

1 –  L'essentiel à savoir

2 –  Savoir-faire. Question de concours.

3 –  Méthode(s) et/ou Astuce(s) éventuelle(s).

# I.1 – Reprenez les bases de l'arithmétique

## 1.a - Les nombres : naturels, relatifs, décimaux et réels

**L'essentiel à savoir**

**Les nombres entiers naturels :** Il s'agit de l'ensemble des nombres entiers (sans décimale ou sans virgule) positifs, 0 inclus.

*Ex. :* 0 ; 2 ; 13 ; 258 ; 1 239 ; 1 023 658 ; ...

**Les nombres entiers relatifs :** Il s'agit de l'ensemble des nombres entiers naturels et des nombres entiers précédés du signe – (les entiers négatifs).

*Ex. :* 0 ; -2 ; 13, -258 ; 1 239 ; -1 023 658 ; ...

**Les nombres décimaux :** Il s'agit de l'ensemble des nombres qui sont des divisions de nombres entiers par des puissances positives de 10 (i.e. des nombres à virgule « finis »).

*Ex. :* 0,02 ; 2,87 ; 13,1285 ; 258,587 ; ...

**Les nombres rationnels :** Il s'agit de l'ensemble des nombres qui s'écrivent sous forme fractionnaire $\frac{n}{d}$ avec n et d entiers relatifs.

*Ex. :* $\frac{2}{3}$ ou 0,66666 ; ...

**Les nombres irrationnels :** Il s'agit de l'ensemble des nombres qui ne peuvent pas s'écrire sous forme fractionnaire.

*Ex. :* $\sqrt{2}$ ; $\sqrt[5]{158}$ ; $\pi$ ;...

**Les nombres réels :** Il s'agit de l'ensemble des nombres positifs, négatifs ou nuls, ayant une représentation décimale finie ou infinie. (i.e. l'ensemble des nombres entiers, des décimaux, des rationnels et des irrationnels).
C'est l'ensemble le plus large sur lequel vous serez amenés à travailler dans les tests.

**Astuce :** Il est important de différencier les **nombres** et les **chiffres**.
Les chiffres (nous utilisons les chiffres arabes) sont les symboles : 0, 1, 2, 3, 4, 5, 6, 7, 8, 9 qui combinés forment des nombres.
Dans un nombre, le chiffre le plus à droite est appelé l'unité, le suivant vers la gauche la dizaine, le suivant la centaine, le millier,... Si le nombre possède des décimales, on trouve de gauche à droite après la virgule, les dixièmes, les centièmes, les millièmes, ...

**Savoir-faire. Question de concours.**
Combien de chiffres sont écrits lorsqu'on écrit tous les nombres de 1 à 100 ?

a) 99
b) 100
c) 187
d) 192
e) 203

☑ Correction

Il faut dans cette question bien différencier les chiffres et les nombres.

| | |
|---|---|
| De 1 à 9, j'écris 9 nombres à un chiffre, donc : | 9 chiffres |
| De 10 à 99, j'écris 90 nombres à deux chiffres, donc : | 180 chiffres |
| 100 est un nombre à trois chiffres, j'écris donc : | 3 chiffres |

Soit au total 192 chiffres.

*Réponse d).*

## 1.b - Opérations basiques et tables de multiplication

Je vous l'ai dit, le secret pour obtenir un bon score en calcul c'est de gagner en rapidité. Vous ne pourrez atteindre cet objectif sans maîtriser parfaitement les bases du calcul et sans connaître vos tables de multiplication.

**L'essentiel à savoir**

**Les 4 opérations de base** sur les nombres sont :

| Opération | Signe | Résultat |
|---|---|---|
| Addition | + | somme |
| Soustraction | - | différence |
| Multiplication | X ou . | produit |
| Division | ÷ ou / | quotient |

**Signes.**
Rappelons que le produit ou le quotient de deux nombres négatifs donne un résultat positif.

**Priorités dans les calculs.**
Lorsque vous devez calculer une série d'opérations, calculez en priorité ce qui se trouve dans les parenthèses (s'il y en a), puis, les multiplications et les divisions. Et enfin, les additions et soustractions de gauche à droite.

**La distributivité.**

$$a\times(b+c)=a\times b+a\times c$$
$$a\times(b-c)=a\times b-a\times c$$
$$(a+b)\times(c+d)=a\times c+a\times d+b\times c+b\times d$$
$$c\times(a+b)+d\times(a+b)=(a+b)\times(c+d)$$

Il n'est pas inutile dans cette partie de vous rappeler comment poser un calcul.

## Méthode. Poser une addition.

```
Etape 1      Etape 2      Etape 3
               1            1
  475         475          475
+ 353       + 353        + 353
-----       -----        -----
    8          28          828
```

## Méthode. Poser une soustraction.

```
Etape 1      Etape 2      Etape 3
  918         9¹18         9¹18
- 556       - ₁556       - ₁556
-----       ------       ------
    2          62          362
```

## Méthode. Poser une multiplication.

```
Etape 1      Etape 2      Etape 3      Etape 4
  374          374          374          374
× 292        × 292        × 292        × 292
-----        -----        -----        ------
  748          748          748          748
             3366.        3366.        3366.
                          748..        748..
                                      ------
                                      109208
```

Pour une multiplication avec virgules, posez votre multiplication sans prendre en compte la virgule puis placez la virgule dans le résultat final en comptant combien il y avait au total de chiffres après la virgule dans les deux nombres de départ.

```
     45,6
  ×  6,45
  -------
     2280
    1824.
   2736..
  -------
  294,120
```

## Méthode. Poser une division.

Etape 1 Etape 2 Etape 3 Etape 4

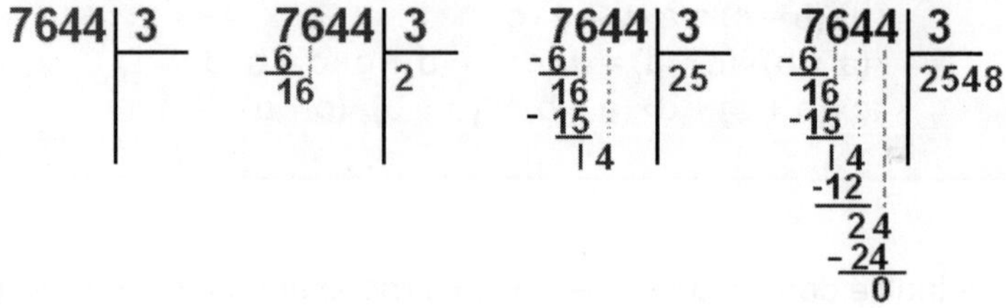

Pour une division avec virgules :

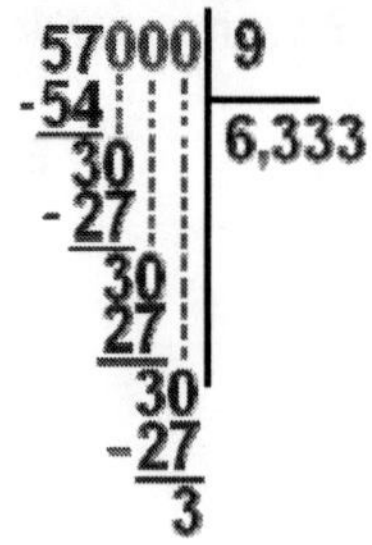

**Les tables de multiplication.**

Je vous conseille vivement de **réapprendre (apprendre ?) vos tables de multiplication de 1 à 15**.

Recopiez-les, affichez-les, récitez-les… peu importe la méthode, sachez-les ! Comme il vous faut maîtriser l'alphabet avant d'écrire, les tables de multiplication sont la base de l'arithmétique.

| × | 1 | 2 | 3 | 4 | 5 | 6 | 7 | 8 |
|---|---|---|---|---|---|---|---|---|
| 1 | 1 | 2 | 3 | 4 | 5 | 6 | 7 | 8 |
| 2 | 2 | 4 | 6 | 8 | 10 | 12 | 14 | 16 |
| 3 | 3 | 6 | 9 | 12 | 15 | 18 | 21 | 24 |
| 4 | 4 | 8 | 12 | 16 | 20 | 24 | 28 | 32 |
| 5 | 5 | 10 | 15 | 20 | 25 | 30 | 35 | 40 |
| 6 | 6 | 12 | 18 | 24 | 30 | 36 | 42 | 48 |
| 7 | 7 | 14 | 21 | 28 | 35 | 42 | 49 | 56 |
| 8 | 8 | 16 | 24 | 32 | 40 | 48 | 56 | 64 |
| 9 | 9 | 18 | 27 | 36 | 45 | 54 | 63 | 72 |
| 10 | 10 | 20 | 30 | 40 | 50 | 60 | 70 | 80 |
| 11 | 11 | 22 | 33 | 44 | 55 | 66 | 77 | 88 |
| 12 | 12 | 24 | 36 | 48 | 60 | 72 | 84 | 96 |
| 13 | 13 | 26 | 39 | 52 | 65 | 78 | 91 | 104 |
| 14 | 14 | 28 | 42 | 56 | 70 | 84 | 98 | 112 |
| 15 | 15 | 30 | 45 | 60 | 75 | 90 | 105 | 120 |

| × | 9 | 10 | 11 | 12 | 13 | 14 | 15 |
|---|---|---|---|---|---|---|---|
| 1 | 9 | 10 | 11 | 12 | 13 | 14 | 15 |
| 2 | 18 | 20 | 22 | 24 | 26 | 28 | 30 |
| 3 | 27 | 30 | 33 | 36 | 39 | 42 | 45 |
| 4 | 36 | 40 | 44 | 48 | 52 | 56 | 60 |
| 5 | 45 | 50 | 55 | 60 | 65 | 70 | 75 |
| 6 | 54 | 60 | 66 | 72 | 78 | 84 | 90 |
| 7 | 63 | 70 | 77 | 84 | 91 | 98 | 105 |
| 8 | 72 | 80 | 88 | 96 | 104 | 112 | 120 |
| 9 | 81 | 90 | 99 | 108 | 117 | 126 | 135 |
| 10 | 90 | 100 | 110 | 120 | 130 | 140 | 150 |
| 11 | 99 | 110 | 121 | 132 | 143 | 154 | 165 |
| 12 | 108 | 120 | 132 | 144 | 156 | 168 | 180 |
| 13 | 117 | 130 | 143 | 156 | 169 | 182 | 195 |
| 14 | 126 | 140 | 154 | 168 | 182 | 196 | 210 |
| 15 | 135 | 150 | 165 | 180 | 195 | 210 | 225 |

## 1.c - Division euclidienne, multiples, décomposition en facteurs premiers, divisibilité

**L'essentiel à savoir**

**La division euclidienne.** Si a et b sont deux entiers relatifs avec b différent de 0, il existe des entiers q et r déterminés de manière unique par les conditions suivantes :

**$a = b \times q + r$** avec r compris entre 0 et $(b - 1)$

q s'appelle le **quotient** de la division de a par b.
r s'appelle le **reste** de la division de a par b.

*Ex. :* Divisons 156 par 9.
156 divisé par 9 donne 17 et il reste 3 [$156 - 17 \times 9 = 3$].
17 est donc le quotient et 3 le reste.

**Multiples, Facteurs et Diviseurs.** Si le reste est nul, il existe un entier q tel que **$a = b \times q$**
On dit alors que a est un **multiple** de b ou a est divisible par b.
On dit aussi que b et q sont des **facteurs** de a (ou des diviseurs).

*Ex. :* $204 = 17 \times 12$.
204 est donc un multiple de 17 et de 12.
204 est divisible par 17 et 12.
17 et 12 sont des facteurs de 204.

**Décomposition en facteurs premiers.** Tout entier naturel supérieur à 1 peut être décomposé d'une manière unique en un produit de nombres premiers.

*Ex. :* La décomposition de 495 donne $11 \times 9 \times 5$

**Divisibilité.** De nombreuses questions portent sur la divisibilité tant en calcul qu'en conditions minimales ou en logique, il faut donc connaître parfaitement les critères de divisibilité.

**Méthode : critères de divisibilité**

- **Critère de divisibilité par 2.**

Un entier N est divisible par 2 si et seulement si N est pair, i.e. s'il se termine par 0, 2, 4, 6, 8.

- **Critère de divisibilité par 3.**

Un entier N est divisible par 3 si et seulement si la somme de ses chiffres est divisible par 3.

*Ex. :* 1 215 est divisible par 3 car 1 + 2 + 1 + 5 = 9 et, 9 est divisible par 3.

- **Critère de divisibilité par 4.**

Un entier N est divisible par 4 si et seulement si le nombre formé par ses deux derniers chiffres est divisible par 4.

*Ex. :* 123 212 216 est divisible par 4 car, 16 est divisible par 4.

- **Critère de divisibilité par 5.**

Un entier N est divisible par 5 si et seulement si N se termine par 0 ou 5.

- **Critère de divisibilité par 6.**

Un entier N est divisible par 6 si et seulement si N est à la fois divisible par 2 **et** par 3. Un nombre N est donc divisible par 6 s'il est pair et si la somme de ses chiffres est divisible par 3.

*Ex. :* 1 716 est divisible par 6 car il est pair et, 1 + 7 + 1 + 6 = 15
et, 15 est divisible par 3.

- **Critère de divisibilité par 7.**

Un entier N est divisible par 7 si et seulement si en calculant la somme de ses chiffres pris à partir de la droite multipliés respectivement par 1, 3, 2, 6, 4, 5, 1, 3, 2, 6, 4, 5, … le résultat est un multiple de 7.

*Ex. :* 413 est divisible par 7 car $3\times1 + 1\times3 + 4\times2 = 14$
et, 14 est divisible par 7.

Autre méthode pour un entier à 3 chiffres : un entier à trois chiffres CDU est divisible par 7 si et seulement si CD – 2U est divisible par 7.

*Ex. :* 413 est divisible par 7 car $41 - 2\times3 = 35$ et, 35 est divisible par 7.

*Inutile de vous faire remarquer que ces critères sont extrêmement compliqués à appliquer. Ainsi, le meilleur moyen de déterminer la divisibilité d'un nombre par 7 est de connaître la table des 7 et de décomposer ce nombre en multiple(s) de 7.*

*Ex. :* 413 peut se décomposer en multiples évidents de 7.
$413 = 420 - 7$ Donc, $413 = 6\times7\times10 - 7 = 59\times7$ !

- **Critère de divisibilité par 8.**

Un entier N est divisible par 8 si et seulement si le nombre formé par ses trois derniers chiffres est divisible par 8.

*Ex. :* 123 212 216 est divisible par 8 car, 216 est divisible par 8.

- **Critère de divisibilité par 9.**

Un entier N est divisible par 9 si et seulement si la somme de ses chiffres est divisible par 9.

*Ex. :* 7 218 est divisible par 9 car 7 + 2 + 1 + 8 = 18
et, 18 est divisible par 9.

- **Critère de divisibilité par 10.**

Un entier N est divisible par 10 si et seulement si N se termine par 0.

- **Critère de divisibilité par 11.**

Un entier N est divisible par 11 si et seulement si la différence entre la somme de ses chiffres de rang impair et la somme de ses chiffres de rang pair est divisible par 11.
Pour un entier à trois chiffres, la somme des unités et des centaines est égale au chiffre des dizaines (attention, c'est un critère de divisibilité et pas de non divisibilité).

*Ex. :* 495 est divisible par 11 car, 4 + 5 = 9.
8 690 est un multiple de 11 car, (8 + 9) – (6 + 0) = 11

- **Critère de divisibilité par 13** (pour un nombre à trois chiffres).

Un entier à trois chiffres CDU est divisible par 13 si et seulement si (CD + 4U) est divisible par 13.

*Ex. :* 637 est divisible par 13 car, 63 + 4×7 = 91 et 91 est divisible par 13.

- **Critère de divisibilité par 17** (pour un nombre à trois chiffres).

Un entier à trois chiffres CDU est divisible par 17 si et seulement si (CD - 5U) est divisible par 17.

*Ex. :* 476 est divisible par 17 car 47 - 5×6 = 17 et, 17 est divisible par 17.

**Astuce :** La technique de décomposition de nombres est **LA** méthode-clef pour gagner en rapidité de calcul. Pour simplifier une fraction, effectuer mentalement une division ou une multiplication : la décomposition vous permet de travailler avec des nombres simples. Devenue un réflexe, cette méthode vous fera gagner un temps précieux le jour du concours. Entraînez-vous !

**Savoir-faire. Question de concours.**

Que vaut le septième du douzième de 1 512 ?

a) 20
b) 16
c) 22
d) 14
e) 18

☑ Correction

Nous cherchons donc à calculer : $\frac{1}{7}\times\frac{1}{12}\times 1\,512$ ou $\frac{1\,512}{7\times 12}$.

Les réponses étant toutes des nombres entiers, nous savons que 1 512 est un multiple de 7 et de 12. Décomposons 1 512 en multiples de 12 :

$$\frac{1\,512}{7\times 12}=\frac{(1\,200+240+72)}{7\times 12}=\frac{(12\times 100+12\times 20+12\times 6)}{7\times 12}$$

En simplifiant par 12 le numérateur et le dénominateur : $\frac{1\,512}{7\times 12}=\frac{100+20+6}{7}=\frac{126}{7}$

De même, décomposons 126 en multiples de 7 :

$$\frac{126}{7}=\frac{70+56}{7}=\frac{7\times 10+7\times 8}{7}=18$$

Ainsi : $\frac{1}{7}\times\frac{1}{12}\times 1\,512=18$.

*Réponse e).*

Je le répète, la technique de décomposition de nombres doit devenir un réflexe. Vous devez être capable d'effectuer les calculs ci-dessus de tête et en quelques secondes !

Dans cette question, une autre méthode consistait à s'apercevoir que 7×12 donne un résultat qui se termine par 4 (ici, 84) et que pour donner un résultat final se terminant par 2 (ici 1 512) il faut obligatoirement multiplier 84 par un nombre qui se termine par 8 (ici 18) !

## 1.d - Les nombres particuliers : premiers, PPCM, PGCD, parité

**L'essentiel à savoir**

**Les nombres premiers.** Un nombre premier n'est divisible que par 1 et par lui-même.

Vous le constaterez, lors des concours, de nombreuses questions portent sur les nombres premiers et par essence ils sont difficiles à repérer.
C'est pourquoi il faut apprendre par cœur les plus usuels.

**Les classiques :** Apprenez-les.
**2 ◆ 3 ◆ 5 ◆ 7 ◆ 11 ◆ 13 ◆ 17 ◆ 19 ◆ 23 ◆**
**29 ◆ 31 ◆ 37 ◆ 41 ◆ 43 ◆ 47 ◆ 53 ◆ 59 ◆61 ◆**
**67 ◆ 71 ◆ 73 ◆ 79 ◆ 83 ◆ 89 ◆ 97**

Remarquez que 2 est le seul nombre premier pair.

**Astuce. Comment savoir si un nombre est premier ?**
Pour reconnaître un nombre premier, il faut essayer de le diviser par un nombre premier. L'astuce consiste à trouver une approximation de la racine carrée (R) du nombre et de vérifier si les nombres premiers inférieurs à la valeur approchée (R) divisent le nombre étudié. Si aucun des nombres premiers inférieurs à (R) ne divise ce nombre, alors il est premier.

**L'essentiel à savoir**

**Multiple commun.** C'est un nombre multiple de deux ou plusieurs entiers.

*Ex. :* 495 est multiple de 11, 9 et 5.

**Plus petit commun multiple (PPCM).** C'est le plus petit entier positif qui est multiple de deux ou plusieurs entiers d'une série donnée.

**Plus grand commun diviseur (PGCD).** C'est le plus grand entier positif diviseur de deux ou plusieurs entiers sans reste. Le PGCD correspond au produit des facteurs qui sont communs dans les décompositions de tous les entiers de la série.

**Astuce. Déterminer le PPCM d'une série.**
Pour déterminer le PPCM d'une série d'entiers, il faut décomposer chaque entier en facteurs premiers. Ensuite, il faut supprimer les facteurs premiers identiques en ne gardant que ceux qui sont élevés à la plus forte puissance. Le PPCM est le produit de ces facteurs restants. C'est une astuce très utile dans la partie logique des tests d'aptitudes (suites numériques et suites spatiales).

Pour trouver le PPCM de deux entiers, il est parfois plus rapide de chercher les multiples successifs du plus grand des deux entiers, jusqu'à en trouver un qui soit aussi un multiple de l'entier le plus petit.

**Savoir-faire. Question de concours.**

Trouvez le PPCM de la série 3, 4, 9 et 27 ?

a) 108
b) 81
c) 27
d) 9
e) 216

☑ Correction

Décomposons chaque nombre en facteurs premiers : 3 est premier donc sa décomposition en facteurs premiers est 3 ; $4 = 2 \times 2 = 2^2$ ; $9 = 3 \times 3 = 3^2$ ; et $27 = 3 \times 3 \times 3 = 3^3$. Ensuite, éliminons les doublons en conservant les facteurs premiers élevés à la plus forte puissance. Nous conservons donc $2^2$ et $3^3$ en éliminant 3 et $3^2$. Le PPCM de la série vaut donc : $2^2 \times 3^3 = 4 \times 27 = 108$.

*Réponse a).*

**Astuce. Déterminer le PGCD d'une série.**

Pour trouver le PGCD d'une série, il faut décomposer chaque entier en facteurs premiers. Ensuite, il ne faut conserver que les facteurs premiers communs, i.e. présents dans toutes les décompositions. Le PGCD est le produit des facteurs premiers communs. C'est une astuce très utile dans la partie logique des tests d'aptitudes (suites numériques et suites spatiales).

**Savoir-faire. Question de concours.**

Trouvez le PGCD de la série d'entiers : 24, 108, 84 et 216 ?

a) 9
b) 12
c) 64
d) 16
e) 27

☑ Correction

$24 = 2 \times 2 \times 2 \times 3$ ; $108 = 2 \times 2 \times 3 \times 3 \times 3$ ; $84 = 2 \times 2 \times 3 \times 7$ et $216 = 2 \times 2 \times 2 \times 3 \times 3 \times 3$

Le PGCD de la série est donc : $2 \times 2 \times 3 = 12$.

*Réponse b).*

**L'essentiel à savoir**

**<u>Les nombres pairs.</u>** Un nombre pair est un entier positif divisible par 2 (qui se termine donc par 0, 2, 4, 6, 8).
Un nombre pair **P** s'écrit sous la forme : **P = 2n**

**Les nombres impairs.** Un nombre impair est un entier positif non divisible par 2 (qui se termine donc par 1, 3, 5, 7, 9).
Un nombre impair **I** s'écrit sous la forme : $\mathbf{I = 2n + 1}$

**Principales opérations sur les nombres pairs et impairs.**

| + | Pair | Impair |
|---|---|---|
| **Pair** | Pair | Impair |
| **Impair** | Impair | Pair |

| × | Pair | Impair |
|---|---|---|
| **Pair** | Pair | Pair |
| **Impair** | Pair | Impair |

- Un nombre pair multiplié par n ($\forall$ n entier pair ou impair) est toujours pair : **n×Pair = Pair**

- Un nombre pair à la puissance n ($\forall$ n entier pair ou impair) est toujours pair : $\mathbf{(Pair)^n = Pair}$

- Un nombre impair à la puissance n ($\forall$ n entier pair ou impair) est toujours impair : $\mathbf{(Impair)^n = Impair}$

**Astuce.** En cas de doute… testez la parité avec les chiffres 1 et 2.
*Ex. :* 1×2 = 2 (pair) 1×1 = 1 (impair) …

**Savoir-faire. Question de concours.**
Si N est un nombre entier impair, combien des quatre expressions ci-dessous donnent un résultat pair ?
$3N^3 + 5N^2 + 7N + 9$
$4N^5 + 6N^3 + 8N + 10$
$5N^7 + 9N^5 + 11N^3 + 13N$
$9N^6 + 7N^4 + 5N^2 + 4$

a) aucune
b) 1
c) 2
d) 3
e) 4

☑ Correction

Si N est impair alors $N^a$ est impair quelle que soit la valeur de a (entier naturel), donc, $N^7$, $N^6$, $N^5$, $N^4$, $N^3$ et $N^2$ sont impairs. De plus, Pair×Impair = Pair et Impair×Impair = Impair donc :

$3N^3 + 5N^2 + 7N + 9$ = Impair + Impair + Impair + Impair = Pair

$4N^5 + 6N^3 + 8N + 10$ = Pair + Pair + Pair + Pair = Pair

$5N^7 + 9N^5 + 11N^3 + 13N$ = Impair + Impair + Impair + Impair = Pair

$9N^6 + 7N^4 + 5N^2 + 4$ = Impair + Impair + Impair + Pair = Impair

*Réponse d).*

En utilisant l'astuce présentée ci-dessus, on remplace N par un nombre Impair, par exemple 1 (c'est évidemment le plus simple). Ainsi, les expressions nous donnent : 24, 28, 38 et 25. La réponse est alors évidente.

**L'essentiel à savoir**

**Les entiers consécutifs.** Ce sont des nombres entiers qui se suivent.

- Les entiers consécutifs s'écrivent N, (N+1), (N+2), …
  *Ex. :* 123, 124, 125, …
- Les entiers pairs consécutifs s'écrivent 2N, (2N+2), (2N+4), …
  *Ex. :* 232, 234, 236, …
- Les entiers impairs consécutifs s'écrivent (2N+1), (2N+3), …
  *Ex. :* 73, 75, 77, …

**Savoir-faire. Question de concours.**

La somme de quatre entiers consécutifs est égale à 98, que vaut le plus grand ?

a) 23
b) 24
c) 25
d) 26
e) 27

☑ Correction

Déterminons N comme la valeur du plus petit de ces quatre entiers.

L'énoncé nous dit que :

$N + (N + 1) + (N + 2) + (N + 3) = 98$

$4N = 98 - 6$

$N = 92/4$

$N = 23$

Les quatre entiers sont donc (23, 24, 25, 26) et le plus grand vaut 26.

*Réponse d).*

## 1.e - Puissances et racines carrées

**L'essentiel à savoir**

<u>**Puissance.**</u> Une puissance indique combien de fois un nombre apparaît comme facteur d'un produit.
Dans l'expression $b^p$, b est la **base** et p la **puissance**. On dit que b est élevée à la puissance p.

*Ex.* : $12^6 = 12 \times 12 \times 12 \times 12 \times 12 \times 12$ (12 est factorisé 6 fois)

**Remarques importantes.**
- La puissance 2 se dit « au carré » et la puissance 3 se dit « au cube ».
- **Un carré est toujours positif !**
- Un nombre, qu'il soit positif ou négatif, élevé à une puissance paire est toujours positif.
- Un nombre élevé à une puissance impaire est toujours du signe de sa base.
- S'il n'y a pas de parenthèse, vous appliquez la puissance uniquement au nombre et non à son signe : $-2^2 = -4 \neq (-2)^2 = 4$
- La puissance d'un nombre compris entre 0 et 1 est toujours inférieure à la base : $0{,}9^2 = 0{,}81$

**Les formules classiques :** Apprenez-les.

$$x^0 = 1$$ *Ex.* : $2^0 = 1$

$$x^1 = x$$ *Ex.* : $2^1 = 2$

$$x^a \times x^b = x^{a+b}$$ *Ex.* : $2^5 \times 2^7 = 2^{5+7} = 2^{12}$

$$x^a \times y^a = (x \times y)^a$$ *Ex.* : $5^2 \times 7^2 = (5 \times 7)^2 = 35^2$

$$(x^a)^b = x^{a \times b}$$ *Ex.* : $(7^2)^5 = 7^{2 \times 5} = 7^{10}$

$$\frac{1}{x^a} = x^{-a}$$ *Ex.* : $\frac{1}{5^2} = 5^{-2}$

$$\frac{x^a}{x^b} = x^{a-b}$$ *Ex.* : $\frac{5^2}{5^7} = 5^{2-7} = 5^{-5}$

**Savoir-faire. Question de concours.**

Que vaut $\dfrac{x^{12} \times (x^5)^8 \times \dfrac{x^{13}}{x^{-2}}}{x^5 \times x^{-3} \times \dfrac{x^2}{\dfrac{x^4 \times x^3}{x^3}}}$ ?

a) $x^{67}$
b) $x^{56}$
c) $x^{78}$
d) $x^{29}$
e) $x^{42}$

☑ Correction

$$\frac{x^{12} \times (x^5)^8 \times \dfrac{x^{13}}{x^{-2}}}{x^5 \times x^{-3} \times \dfrac{x^2}{\dfrac{x^4 \times x^3}{x^3}}} = \frac{x^{12} \times x^{5\times 8} \times x^{13-(-2)}}{x^{5-3} \times \dfrac{x^2}{x^{4+3} \times x^{-3}}} = \frac{x^{12+40+15}}{x^{2+2-7+3}} = \frac{x^{67}}{x^0} = \frac{x^{67}}{1} = x^{67}$$

*Réponse a).*

**Astuce. Calculer facilement le carré d'un nombre.**

Lorsqu'on connaît le carré d'un nombre, il est très facile de calculer le carré du nombre suivant ou du nombre précédent en utilisant les identités remarquables (que nous étudierons plus loin).

Souvenez-vous : $(a + 1)^2 = a^2 + 2a + 1$, il suffit donc d'ajouter *(2a + 1)* au carré de l'entier *a* pour calculer le carré de l'entier suivant !

*Ex. :* si vous connaissez $35^2 = 1\,225$,
alors $36^2 = 35^2 + [2\times 35 + 1] = 1\,225 + 71 = 1\,296$

De même, $(a – 1)^2 = a^2 - 2a + 1$, il suffit donc de retirer *(-2a + 1)* au carré de l'entier *a* pour calculer le carré de l'entier précédent !

*Ex. :* si vous connaissez $35^2 = 1\,225$,
alors $34^2 = 35^2 + [-2\times 35 + 1] = 1\,225 - 69 = 1\,156$

**Astuce. Calculer le carré d'un nombre se terminant par 5.**

Pour calculer le carré d'un nombre à deux chiffres se terminant par 5, il suffit de multiplier le chiffre des dizaines par son consécutif et de juxtaposer 25 au résultat obtenu.

Comprenez qu'un nombre à deux chiffres se terminant par 5 peut s'écrire de la forme d5 (d matérialisant le chiffre des dizaines). Ce nombre peut se décomposer en $(10\times d + 5)$ et,

$(10\times d + 5)^2 = 100d^2 + 100d + 25 = 100\times d\times(d + 1) + 25$.

*Ex. :* pour calculer le carré de 65, multiplions le chiffre des dizaines par son

consécutif : 6×7 = 42, puis, juxtaposons 25 au résultat 42//25.
Alors, $65^2 = 4\,225$.

**En combinant ces deux astuces, vous pourrez calculer en quelques secondes le carré d'un nombre à deux chiffres quel qu'il soit !**

**L'essentiel à savoir**

**<u>Les carrés et les cubes parfaits.</u>** Apprenez-les !

Un carré parfait est un entier dont la racine carrée est un nombre entier.

| **Carrés** | **Cubes** |
|---|---|
| $1^2 = 1$ | $1^3 = 1$ |
| $2^2 = 4$ | $2^3 = 8$ |
| $3^2 = 9$ | $3^3 = 27$ |
| $4^2 = 16$ | $4^3 = 64$ |
| $5^2 = 25$ | $5^3 = 125$ |
| $6^2 = 36$ | $6^3 = 216$ |
| $7^2 = 49$ | $7^3 = 343$ |
| $8^2 = 64$ | $8^3 = 512$ |
| $9^2 = 81$ | $9^3 = 729$ |
| $10^2 = 100$ | $10^3 = 1\,000$ |
| $11^2 = 121$ | $11^3 = 1\,331$ |
| $12^2 = 144$ | $12^3 = 1\,728$ |
| $13^2 = 169$ | $13^3 = 2\,197$ |
| $14^2 = 196$ | $14^3 = 2\,744$ |
| $15^2 = 225$ | $15^3 = 3\,375$ |
| $16^2 = 256$ | |
| $17^2 = 289$ | |
| $18^2 = 324$ | |
| $19^2 = 361$ | |
| $20^2 = 400$ | |
| $25^2 = 625$ | |
| $30^2 = 900$ | |
| $35^2 = 1\,225$ | |

L'essentiel à savoir

## Identités remarquables.

$a^2 - b^2 = (a + b)\times(a - b)$

$(a + b)^2 = a^2 + b^2 + 2.a.b$
$(a - b)^2 = a^2 + b^2 - 2.a.b$

$a^3 - b^3 = (a - b)\times(a^2 + a.b + b^2)$
$a^3 + b^3 = (a + b)\times(a^2 - a.b + b^2)$

**Savoir-faire. Question de concours.**

a et b sont deux entiers positifs tels que $a - b = 2$ et $a\times b = 35$. Quelle est la valeur de $(a + b)$ ?

a) 5
b) 12
c) 7
d) 9
e) 10

☑ Correction

Reprenons les identités remarquables que nous connaissons :

$(a - b)^2 = a^2 + b^2 - 2ab$
$2^2 = a^2 + b^2 - 2\times35$ remplaçons $(a - b)$ par 2 et ab par 35
$4 = a^2 + b^2 - 70$
$a^2 + b^2 = 74$

De plus,

$(a + b)^2 = a^2 + b^2 + 2ab$
$(a + b)^2 = 74 + 2\times35 = 144$ remplaçons $(a^2 + b^2)$ par 74 et ab par 35

Donc, $(a + b) = 12$ ou $(a + b) = -12$

Et comme a et b sont positifs, $(a + b) = 12$

*Réponse b).*

On peut aussi remarquer qu'il n'y a qu'un seul couple d'entiers positifs dont le produit vaut 35 : 7 et 5, et répondre ainsi directement à la question : 7 + 5 = 12.

L'essentiel à savoir

**<u>Racine carrée.</u>** $\boldsymbol{x}$ est appelée racine carrée de $\boldsymbol{y}$ si $\boldsymbol{x}$ élevée au carré vaut $\boldsymbol{y}$. On utilise le symbole $\sqrt{\ }$ pour indiquer la racine carrée positive d'un nombre.

**Attention**, un nombre admet toujours deux racines carrées, une positive et une négative !

*Ex. :* 4 et -4 sont les racines carrées de 16
car $4^2 = 16$ et $(-4)^2 = 16$

**Les formules classiques.** Apprenez-les.

$$\boxed{x = \sqrt{x^2}}$$ *Ex.* : $5 = \sqrt{5^2}$

$$\boxed{\left(\sqrt{x}\right)^a = \sqrt{x^a}}$$ *Ex.* : $\left(\sqrt{5}\right)^7 = \sqrt{5^7}$

$$\boxed{\sqrt{x} = x^{\frac{1}{2}}}$$ *Ex.* : $\sqrt{5} = 5^{\frac{1}{2}}$

$$\boxed{\sqrt[a]{x^b} = x^{\frac{b}{a}}}$$ *Ex.* : $\sqrt[2]{5^7} = 5^{\frac{7}{2}}$

$$\boxed{\sqrt{x} \times \sqrt{y} = \sqrt{x \times y}}$$ *Ex.* : $\sqrt{5} \times \sqrt{7} = \sqrt{5 \times 7} = \sqrt{35}$

$$\boxed{\frac{\sqrt{x}}{\sqrt{y}} = \sqrt{\frac{x}{y}}}$$ *Ex.* : $\frac{\sqrt{35}}{\sqrt{7}} = \sqrt{\frac{35}{7}} = \sqrt{5}$

**Les racines carrées les plus fréquentes aux concours.**

$$\sqrt{2} \approx 1{,}41 \qquad \sqrt{3} \approx 1{,}73 \qquad \sqrt{5} \approx 2{,}24$$

**Remarques.**
- Il est impossible de simplifier une somme de racines carrées.
- Pour simplifier une racine carrée il faut factoriser les carrés parfaits et les sortir de leurs racines.

*Ex. :* $\sqrt{10800} = \sqrt{100 \times 36 \times 3} = \sqrt{100} \times \sqrt{36} \times \sqrt{3} = 10 \times 6 \times \sqrt{3}$
$= 60\sqrt{3}$

**Savoir-faire. Question de concours.**

Que vaut $\dfrac{\sqrt[4]{2^8} \times \sqrt{3\,600} \times \sqrt{\dfrac{1}{8}}}{\sqrt{2} \times \sqrt{\dfrac{1}{36}}}$ ?

a) $720$

b) $240\sqrt{2}$

c) $360$

d) $\dfrac{720}{\sqrt{2}}$

e) $240\sqrt{6}$

☑ Correction

$$\frac{\sqrt[4]{2^8} \times \sqrt{3\,600} \times \sqrt{\frac{1}{8}}}{\sqrt{2} \times \sqrt{\frac{1}{36}}} = \frac{2^{\frac{8}{4}} \times \sqrt{36 \times 100} \times \sqrt{\frac{1}{4} \times \frac{1}{2}}}{\sqrt{2} \times \sqrt{\left(\frac{1}{6}\right)^2}} = \frac{2^2 \times \sqrt{36} \times \sqrt{100} \times \sqrt{\left(\frac{1}{2}\right)^2} \times \sqrt{\frac{1}{2}}}{\sqrt{2} \times \frac{1}{6}}$$

$$= \frac{4 \times 6 \times 10 \times \frac{1}{2} \times \sqrt{\frac{1}{2}}}{\sqrt{2} \times \frac{1}{6}} = \frac{120 \times \frac{1}{\sqrt{2}}}{\sqrt{2} \times \frac{1}{6}} = \frac{120 \times 6}{\sqrt{2} \times \sqrt{2}} = \frac{720}{2} = 360$$

*Réponse c).*

# I.2 – Maîtrisez les opérations élémentaires

## 2.a - Fractions et proportions

**L'essentiel à savoir**

**Fractions.** Une fraction est un nombre que l'on écrit sous la forme $\frac{N}{D}$ où $N$ est appelé le **numérateur** et $D$ le **dénominateur**.

**Les règles classiques.** Apprenez-les !

Egalité de fractions : $\frac{a}{b} = \frac{c}{d} \Leftrightarrow a \times d = c \times b$

Addition de fractions

$$\frac{a}{b} + \frac{c}{d} = \frac{a \times d + c \times b}{b \times d}$$

Soustraction de fractions

$$\frac{a}{b} - \frac{c}{d} = \frac{a \times d - c \times b}{b \times d}$$

Multiplication de fractions

$$a \times \frac{b}{c} = \frac{a \times b}{c} \qquad \frac{1}{a} \times \frac{1}{b} = \frac{1}{a \times b} \qquad \frac{a}{b} \times \frac{c}{d} = \frac{a \times c}{b \times d}$$

Division de fractions

$$\frac{\frac{a}{b}}{c} = \frac{a \times c}{b} \qquad \frac{\frac{1}{a}}{\frac{1}{b}} = \frac{b}{a} \qquad \frac{\frac{a}{b}}{\frac{c}{d}} = \frac{a}{b} \times \frac{d}{c}$$

**Méthode. Réduction et simplification de fractions.**
Réduire ou simplifier une fraction c'est diviser le numérateur et le dénominateur par leur plus grand commun diviseur (PGCD). Vous devez parfaitement maîtriser cette technique.

**Savoir-faire. Question de concours.**

Simplifier $\frac{32}{48}$ :

a) $\frac{1}{12}$

b) $\frac{3}{4}$

c) $\frac{3}{2}$

d) $\frac{3}{4}$

e) $\frac{2}{3}$

☑ Correction

$$\frac{32}{48}=\frac{2\times4\times4}{4\times4\times3}=\frac{2}{3}$$

*Réponse e).*

**Méthode. Addition et soustraction de fractions.**
Pour additionner ou soustraire des fractions, il faut les réduire au même dénominateur, i.e. le plus petit commun multiple (PPCM) des dénominateurs (le dénominateur commun).

**Savoir-faire. Question de concours.**
A l'anniversaire de Dan, Aaron a mangé un sixième du gâteau, Noa un quart, Eve deux cinquièmes et Jérémie le septième. Quelle proportion du gâteau a été mangée par les quatre enfants ?

a) $\frac{283}{420}$

b) $\frac{4}{5}$

c) $\frac{403}{420}$

d) $\frac{7}{10}$

e) $\frac{3}{4}$

☑ Correction

On sait que Aaron + Noa + Eve + Jérémie = $\frac{1}{6}+\frac{1}{4}+\frac{2}{5}+\frac{1}{7}$

Il faut réduire au même dénominateur : $6\times2\times5\times7=420$.

$$\frac{1}{6}+\frac{1}{4}+\frac{2}{5}+\frac{1}{7}=\frac{70}{420}+\frac{105}{420}+\frac{168}{420}+\frac{60}{420}=\frac{70+105+168+60}{420}=\frac{403}{420}$$

*Réponse c).*

**Les fractions simples.** Apprenez-les.

| | |
|---|---|
| $\frac{1}{2} = 0{,}5$ | |
| $\frac{1}{3} \approx 0{,}33$ | $\frac{2}{3} \approx 0{,}67$ |
| $\frac{1}{4} = 0{,}25$ | |
| $\frac{1}{5} = 0{,}2$ | |
| $\frac{1}{6} \approx 0{,}166$ | $\frac{5}{6} \approx 0{,}83$ |
| $\frac{1}{7} \approx 0{,}143$ | |
| $\frac{1}{8} = 0{,}125$ | |
| $\frac{1}{9} \approx 0{,}111$ | |
| $\frac{1}{10} = 0{,}1$ | |
| $\frac{1}{11} \approx 0{,}091$ | $\frac{1}{12} \approx 0{,}083$ |
| $\frac{1}{20} = 0{,}05$ | $\frac{1}{25} = 0{,}04$ |
| $\frac{1}{30} \approx 0{,}033$ | $\frac{1}{40} = 0{,}025$ |
| $\frac{1}{50} = 0{,}02$ | $\frac{1}{100} = 1\% = 0{,}01$ |

**Les équivalences d'opérations avec des fractions.** Apprenez-les.

| Multiplier par<br>Diviser par | équivaut à | diviser par<br>multiplier par |
|---|---|---|
| $\frac{1}{2}$ ou 0,5 | | 2 |
| $\frac{1}{3}$ | | 3 |
| $\frac{1}{4}$ ou 0,25 | | 4 |
| $\frac{1}{5}$ ou 0,2 | | 5 |

## 2.b - Règle de trois

La règle de trois est probablement l'opération que vous utiliserez le plus lors des concours, à juste titre puisque sans vous en apercevoir, vous l'utilisez déjà tous les jours dans votre vie quotidienne.
Une règle de trois est une opération dans laquelle on connaît trois nombres et où l'on cherche la valeur d'un quatrième à l'aide d'un rapport d'équivalence entre les deux couples. En fait, la règle de trois se base sur l'égalité suivante :

$$\frac{a}{b} = \frac{c}{d} \Leftrightarrow a \times d = c \times b$$

**Savoir-faire. Question de concours.**
Stanley est payé 1 600 € pour quatre jours de mission à l'étranger. Combien de jours doit-il passer en mission à l'étranger pour gagner une somme lui permettant l'achat du dernier modèle Porsche au prix de 60 000 € ?

a) 250 jours
b) 175 jours
c) 150 jours
d) 325 jours
e) 400 jours

☑ Correction
Appliquons la règle de trois,

| Salaire | Nbre de jours |
|---|---|
| 1 600 € | 4 |
| 60 000€ | $x$ |

Soit : $1\,600x = 4 \times 60\,000$ et $x = \dfrac{4 \times 60\,000}{1\,600}$ = 150 jours. Bon courage Stan !

*Réponse c).*

## 2.c - Pourcentages

**L'essentiel à savoir**

**Pourcentage.** Un pourcentage est une proportion matérialisée par une fraction avec 100 pour dénominateur : $x\,\% = \dfrac{x}{100}$

**Les règles classiques.**

Déterminer une partie : **partie = total × pourcentage**

| | |
|---|---|
| Déterminer un pourcentage : | **pourcentage =** $\dfrac{\textbf{partie}}{\textbf{total}}$ |
| Retrouver le total : | **total =** $\dfrac{\textbf{partie}}{\textbf{pourcentage}}$ |
| S augmente de **x**% : | $S + x\%.S = (1 + x\%).S$ |
| S baisse de **x**% : | $S - x\%.S = (1 - x\%).S$ |

**Astuce. Calcul d'un pourcentage d'augmentation ou de baisse.**

Pour calculer un pourcentage d'augmentation ou de baisse, divisez le montant de l'augmentation ou de la baisse par le montant total et multipliez le résultat par 100 pour donner un résultat en %.

$$\textit{Variation en } \% = \frac{\textit{Variation}}{\textit{total}} \times 100$$

**Savoir-faire. Question de concours.**

Après 150 jours de dur labeur, Stanley parvient finalement à réunir la somme de 60 000 € pour acheter la Porsche de ses rêves. Après négociation, le vendeur lui accorde un rabais de 4 500 €. Quel est le pourcentage de réduction négocié par Stanley ?

a) 12,5 %
b) 8,5 %
c) 7,5 %
d) 1,25 %
e) 0,75 %

☑ Correction

Appliquons la méthode énoncée ci-dessus :

$$\textit{Baisse en } \% = \frac{4\,500}{60\,000} \times 100 = \frac{45 \times 100}{600 \times 100} \times 100 = \frac{3 \times 15}{4 \times 15 \times 10} \times 100 = \frac{3}{4} \times 10 = 7{,}5\%$$

*Réponse c).*

**Astuce. Calcul d'une augmentation ou d'une baisse.**

Pour calculer la valeur d'une augmentation ou d'une baisse à partir d'un pourcentage, multipliez le total par le pourcentage d'augmentation ou de baisse.

Pour obtenir la valeur du nouveau total, multipliez par (1 ± %).

**Variation = total × Variation en %**

**Nouveau total**
**= ancien total × (1 ± variation en %)**

**Savoir-faire. Question de concours.**
Stanley hésite à souscrire à l'extension de garantie de 5 ans. S'il l'achète le jour de l'achat, elle ne lui coûtera que 5 000 €, sinon, le prix de cette option sera majoré de 12,5 %.
Quel est le tarif sans réduction de l'extension de garantie ?

a) 4 375 €
b) 5 000 €
c) 5 375 €
d) 5 625 €
e) 6 000 €

☑ Correction
Appliquons la méthode énoncée ci-dessus :

Nouveau prix = 5 000×(1 + 12,5%) Rappel : 12,5% = $\frac{1}{8}$

Nouveau prix = 5 000× $\frac{9}{8}$

Nouveau prix = 5 625 €

*Réponse d).*

**Astuce. Calcul d'un total avant variation.**
Pour calculer un total avant variation à partir d'un pourcentage de variation, divisez le nouveau total par le pourcentage de variation.

$$ancien\ total = \frac{nouveau\ \ total}{1 + variation\ en\ \%}$$

**Savoir-faire. Question de concours.**
Stanley vient de boucler le financement de son achat, celui-ci n'a pas été facile, Stanley a été obligé d'accorder une remise de 1 250 € lors de la vente de son ancien véhicule, ce rabais correspondait à 5 % du prix. Quel a été le prix de vente de l'ancien véhicule de Stanley ?

a) 23 500 €
b) 23 750 €
c) 25 000 €
d) 26 250 €
e) 37 500 €

☑ Correction
Appliquons la méthode énoncée ci-dessus :
Prix = hausse / hausse en %
Prix = 1 250 / 5 %
Prix = 1 250 × 20
Prix : 25 000 € attention, c'est le prix de vente avant remise.
Le prix de vente après remise est donc de 25 000 - 1 250 = 23 750 €
Souvenez vous que 5 % = 0,05 et que diviser par 0,05 équivaut à multiplier par 20 !

*Réponse b).*

**Astuce. Calcul d'une évolution.**

Pour calculer une évolution, vous devez diviser la différence entre le nouveau et l'ancien total, par l'ancien total et multiplier par 100 pour obtenir un résultat en pourcentage.

$$Evolution = \frac{valeur\ d'arrivée - valeur\ de\ départ}{valeur\ de\ départ} \times$$

**Savoir-faire. Question de concours.**

Le gouvernement vient d'officialiser l'augmentation du malus applicable aux voitures polluantes. Celui-ci est passé en un an de 375 € à 450 €, quelle est son évolution en pourcentage d'une année sur l'autre ?

a) 12,5 %
b) 15 %
c) 17,5 %
d) 20 %
e) 22,5 %

☑ Correction

Appliquons la méthode énoncée ci-dessus :

Evolution = (450 - 375) / 375
Evolution = 75 / 375 repérez que 375 = 300 + 75 = 4×75 + 75 = 5×75
Evolution = 1/5
Evolution = + 20 %

*Réponse d).*

**Astuce. Calcul d'une succession de variations.**

Pour calculer une succession de variations (hausses ou baisses), il suffit de calculer leur produit.

Une autre astuce consiste à **partir d'une base 100** de manière à simplifier les calculs.

**Variation = variation 1×variation**

**Savoir-faire. Question de concours.**

Après étude de l'argus des Porsche d'occasion, il s'avère que le prix de celles-ci augmente la première année de 15 %, puis diminue de 5 % la seconde année, de 10 % la troisième année et de 20 % la quatrième. Quelle est l'évolution de la cote sur quatre ans ?

a) – 11 %
b) – 13 %
c) – 17 %
d) – 19 %
e) – 21 %

☑ Correction

Appliquons la méthode énoncée ci-dessus :

Variation totale = (1 + 15%)×(1-5 %)×(1-10%)×(1-20%)
Variation totale = 1,15×0,95×0,9×0,8 = 0,79

Variation totale = (1 - 0,21)
Soit une baisse de 21 %.

*Réponse e).*

En partant d'une base 100, l'exercice devenait :
100 en année 0
115 en année 1
109,25 en année 2 : 115×0,95
98,325 en année 3 : 109,25×0,9
et enfin, 79 en année 4 : 98,325×0,8

**Les équivalences basiques.** Apprenez-les.

$$1\% = \frac{1}{100} = 0{,}01$$
$$2\% = \frac{1}{50} = 0{,}02$$
$$4\% = \frac{1}{25} = 0{,}04$$
$$5\% = \frac{1}{20} = 0{,}05$$
$$10\% = \frac{1}{10} = 0{,}1$$
$$12{,}5\% = \frac{1}{8} = 0{,}125$$
$$20\% = \frac{1}{5} = 0{,}2$$
$$25\% = \frac{1}{4} = 0{,}25$$
$$50\% = \frac{1}{2} = 0{,}5$$
$$75\% = \frac{3}{4} = 0{,}75$$
$$80\% = \frac{4}{5} = 0{,}8$$

$$\frac{1}{3} \approx 0{,}33\%$$
$$\frac{2}{3} \approx 0{,}67\%$$
$$\frac{1}{6} \approx 16{,}66\%$$

**Les règles classiques.** Apprenez-les.

| | | | | |
|---|---|---|---|---|
| Doubler | c'est faire | ×2 | ou | + 100% |
| Tripler | c'est faire | ×3 | ou | + 200% |
| Quadrupler | c'est faire | ×4 | ou | + 300% |
| Quintupler | c'est faire | ×5 | ou | + 400% |
| Décupler | c'est faire | ×10 | ou | + 900% |

## 2.d - Dénombrement, combinatoire et probabilités

**L'essentiel à savoir**

**Cardinal.** Le cardinal d'un ensemble fini $E$, noté Card($E$), représente son nombre d'éléments.

**Formule des ensembles.**
$A$ et $B$ sont deux parties d'un ensemble fini noté $E$.

$$\text{Card}(A \cup B) = \text{Card}(A) + \text{Card}(B) - \text{Card}(A \cap B)$$

Cette formule se lit :

**Card($A$ ou $B$) = Card($A$) + Card($B$) – Card($A$ et $B$)**

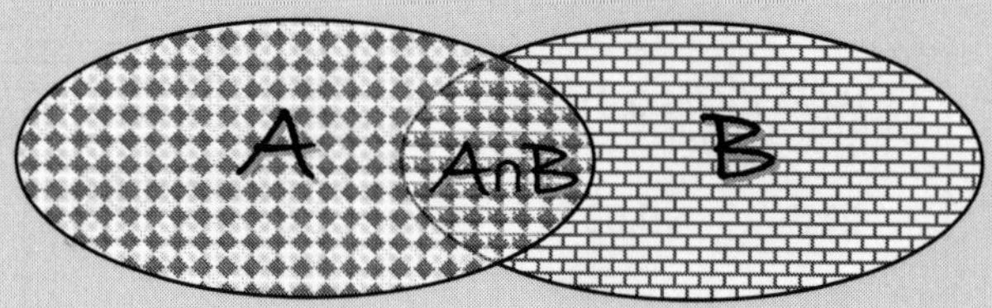


Si A et B sont disjoints i.e. qu'ils n'ont aucun élément en commun, alors :

$$\text{Card}(A \cup B) = \text{Card}(A) + \text{Card}(B)$$

et

$$\text{Card}(B) = \text{Card}(A \cup B) - \text{Card}(A)$$

**Savoir-faire. Question de concours.**
Dans un centre aéré du DEJJ, l'animatrice accueille 32 enfants, 10 ont choisi le judo, 14 le karaté et 6 les deux sports. Combien d'élèves ne pratiquent aucun sport ?

a) 6
b) 8
c) 10
d) 12
e) 14

☑ Correction
Appliquons la formule énoncée ci-dessus :

Card(**J** ∪ **K**) = Card(**J**) + Card(**K**) - Card(**J** ∩ **K**)

Nous savons que Card(**J**) = 10 ; Card(**K**) = 14 et Card(**J** ∩ **K**) = 6

Alors, Card(**J** ∪ **K**) = 10 + 14 - 6 = 18

Par conséquent, le nombre d'enfants ne pratiquant aucun sport est égal à :
32 - 18 = 14.

*Réponse e).*

**Remarque.**
On voit bien ici que les enfants pratiquant les deux sports ont été comptés deux fois, une première fois parmi les enfants pratiquant le judo et une seconde fois parmi les enfants pratiquant le karaté. Il faut donc les retirer une fois pour ne pas les compter deux fois.

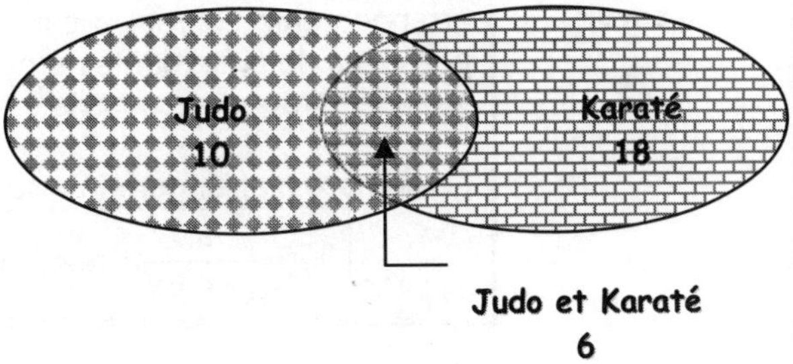


L'essentiel à savoir

**<u>Permutations</u> (éléments ordonnés et distincts).** Les permutations servent à dénombrer ou compter le nombre de tirages successifs possibles de p éléments parmi p éléments.
Modèle : tirages successifs de n boules parmi n sans remise.

Le nombre de permutations se calcule :

$$P = p! = p \times (p-1) \times (p-2) \times \ldots \times 3 \times 2 \times 1$$

Remarque : p! se lit « p factoriel ».

**Savoir-faire. Question de concours.**
Ce dimanche, Alexis se rend à l'hippodrome de Vincennes. Il décide de parier sur le quinté (les cinq premiers arrivés) dans la première course qui aligne cinq partants. Combien y a-t-il d'arrivées différentes possibles ?

a) 30
b) 120
c) 140
d) 90
e) 100

☑ <u>Correction</u>
Les éléments sont ordonnés et distincts, cette question est donc un cas typique de permutations. Appliquons la formule énoncée ci-dessus :

$P = 5! = 5 \times 4 \times 3 \times 2 \times 1 = 120$

*Réponse b).*

**Astuce.** Il suffit de se représenter logiquement la scène, nous avons 5 chevaux partants, il y a donc 5 chevaux possibles à la première place. Le premier étant choisi, il ne reste que 4 chevaux possibles pour la deuxième place, puis 3 chevaux possibles pour la troisième place, puis 2 pour la quatrième place et enfin un seul cheval possible pour la dernière place. Il suffit d'écrire le <u>produit des possibilités</u>.
La réponse est donc : $5 \times 4 \times 3 \times 2 \times 1$.

**L'essentiel à savoir**

**Arrangements (éléments ordonnés et distincts).** Les arrangements servent à compter le nombre de tirages successifs possibles de p éléments parmi n éléments.
Modèle : tirages successifs de p boules parmi n sans remise.

Le nombre d'arrangements se calcule :

$$A_n^p = \frac{n!}{(n-p)!} = n(n-1)...(n-p+1)$$

**Savoir-faire. Question de concours.**
Dans la seconde course qui aligne cinq partants, Alexis parie sur le tiercé (les trois premiers). Combien doit-il valider de grilles s'il veut jouer toutes les arrivées différentes possibles des trois premiers chevaux parmi les cinq partants ?

a) 60
b) 80
c) 40
d) 90
e) 100

☑ Correction
Les éléments sont ordonnés et distincts, cette question est donc un cas typique d'arrangements. Appliquons la formule énoncée ci-dessus :

$$A_5^3 = \frac{5!}{(5-3)!} = \frac{5\times4\times3\times2\times1}{2\times1} = 5\times4\times3 = 60$$

*Réponse a).*

**Astuce.** Il suffit de se représenter logiquement la scène, nous avons 5 chevaux partants et trois chevaux à l'arrivée, il y a donc 5 chevaux possibles à la première place. Le premier étant choisi, il ne reste que 4 chevaux possibles pour la deuxième place, puis 3 chevaux possibles pour la dernière place. Il suffit d'écrire le produit des possibilités.
La réponse est donc : 5×4×3.

**L'essentiel à savoir**

**Combinaisons (éléments non ordonnés et distincts).** Les combinaisons servent à compter le nombre de tirages simultanés possibles de p éléments parmi n éléments, l'ordre étant indifférent.
Modèle : tirage simultané de p boules parmi n.

Le nombre de combinaisons se calcule :

$$C_n^p = \frac{n!}{(n-p)!\,p!} = \frac{n(n-1)...(n-p+1)}{p(p-1)...1}$$

**Savoir-faire. Question de concours.**
Dans la troisième course qui aligne cinq partants, Alexis décide d'améliorer ses chances de gagner en pariant sur les trois chevaux placés (les trois premiers dans le désordre). Combien existe-t-il d'arrivées différentes possibles des trois premiers chevaux dans le désordre parmi les cinq partants ?

a) 30
b) 25
c) 20
d) 15
e) 10

☑ <u>Correction</u>
Les éléments sont non ordonnés (l'ordre ne compte pas) et distincts, cette question est donc un cas typique de combinaisons. Souvenez-vous que l'on utilise les combinaisons lorsque l'ordre ne compte pas : poignées de mains, tirages simultanés de boules...
Appliquons la formule énoncée ci-dessus :

$$C_5^3 = \frac{5!}{(5-3)!\times 3!} = \frac{5\times 4\times 3\times 2\times 1}{2\times 1\times 3\times 2\times 1} = \frac{5\times 4}{2\times 1} = 10$$

*Réponse e).*

**L'essentiel à savoir**

**<u>P-listes</u> (éléments ordonnés et non forcément distincts).** Les p-listes servent à compter le nombre de tirages successifs (avec remise) possibles de p éléments parmi n éléments.
Modèle : tirages successifs de p boules parmi n avec remises.

Le nombre de p-listes se calcule : $\boxed{n^p}$

**Savoir-faire. Question de concours.**
En rentrant de l'hippodrome, Alexis enivré par ses gains aux courses a oublié le code à quatre chiffres de son digicode dont les touches sont numérotées de 0 à 9. Combien de codes différents sont-ils possibles ?

a) 10 000
b) 4 000
c) 10 080
d) 8 000
e) 5 040

☑ <u>Correction</u>
Les éléments sont ordonnés (l'ordre compte) et non distincts (je vous rappelle que dans un code de digicode, l'ordre compte et que les chiffres peuvent être répétés), cette question est donc un cas de p-listes.

Appliquons la formule énoncée ci-dessus, en sachant qu'il y a 10 touches numérotées de 0 à 9 : 4-listes $= 10^4 = 10\,000$

*Réponse a).*

**Astuce.** Il suffit de se représenter logiquement la scène, lorsque j'appuie sur la première touche du digicode, j'ai 10 choix possibles, j'ai encore 10 choix possibles pour la deuxième touche, 10 choix pour la troisième et 10 choix pour la quatrième. Il suffit d'écrire le produit des possibilités.

La réponse est donc : $10 \times 10 \times 10 \times 10$.

**Attention.** Si le code comportait quatre chiffres tous différents, alors, nous nous trouvions en présence d'arrangements classiques et la réponse devenait : $10 \times 9 \times 8 \times 7 = 5\,040$.

**L'essentiel à savoir**

**Probabilité.** C'est le rapport du nombre de cas favorables à la réalisation d'un événement aléatoire au nombre total de cas possibles équiprobables.

**probabilité = $P$ =** $$\frac{\textbf{nombre de cas favorables}}{\textbf{nbre total de cas possibles équiprobables}}$$

**Important.** Notez qu'une probabilité est toujours comprise entre 0 et 1 !

**Les règles classiques.** Apprenez-les.

On note $A$ un événement et $P(A)$ la probabilité associée à cet événement. On note $\overline{A}$ l'événement contraire à $A$. $\overline{A}$ se lit « non $A$ ».

**Probabilité de non-$A$.**

La probabilité de $\overline{A}$ se calcule : $P(\overline{A}) = 1 - P(A)$

**Probabilité de $A$ ou $B$**

Notez aussi que : $P(A \cup B) = P(A) + P(B) - P(A \cap B)$

Cette formule se lit : $P(A \text{ ou } B) = P(A) + P(B) - P(A \text{ et } B)$

Si $A$ et $B$ sont disjoints : $P(A \cup B) = P(A) + P(B)$

**Probabilité d'évènements indépendants.**

On dit de deux événements qu'ils sont indépendants si la probabilité d'obtenir l'événement $B$ ne dépend en rien de l'événement $A$.

Si $A$ et $B$ sont deux événements indépendants on a :

$$P(A \cap B) = P(A) \times P(B)$$

Cette formule se lit : $P(A \text{ et } B) = P(A) \times P(B)$.

La probabilité d'obtenir les deux événements ensemble est égale au produit des probabilités de chacun des événements.

**Probabilités conditionnelles.**
Si $A$ et $B$ ne sont pas deux événements indépendants, la probabilité d'obtenir l'événement $A$ sachant que l'événement $B$ se produit se note : $P(A/B)$ avec $P(A/B) = \dfrac{P(A \cap B)}{P(B)}$

On a alors : $P(A \cap B) = P(A) \times P(B/A) = P(B) \times P(A/B)$

**Savoir-faire. Question de concours.**
Sandy et Eddy sont tous les deux très joueurs. Sandy lance un défi à Eddy : ils lancent une pièce de 2 € trois fois de suite, s'ils obtiennent trois fois pile, alors Eddy doit verser à Sandy 50 €, sinon, Sandy verse à Eddy 5 €. Quelle est la probabilité pour Eddy de remporter le pari et de toucher ainsi 5 € ?

a) $\dfrac{1}{8}$

b) $\dfrac{7}{8}$

c) $\dfrac{1}{2}$

d) $\dfrac{1}{4}$

e) $\dfrac{3}{4}$

☑ Correction
Les questions de probabilités font partie des questions les plus complexes aux concours, raison de plus pour bien les travailler !
Première remarque : les événements sont indépendants (le fait d'obtenir pile ou face lors du premier tirage n'a aucune incidence sur le résultat du second tirage).
La probabilité d'obtenir les trois événements est donc égale au produit des probabilités de chacun des événements.
Deuxième remarque : si la pièce est équilibrée (ce qui est le cas *a priori*) alors les événements « obtenir pile » et « obtenir face » sont équiprobables (ils ont la même probabilité). Alors, la probabilité d'« obtenir pile » est égale à la probabilité d'« obtenir face », est égale à $\dfrac{\textit{cas favorables}}{\textit{cas possibles}}$, c'est à dire $\dfrac{1}{2}$.

Ces remarques étant posées, calculons la probabilité de l'événement « pile trois fois de suite » :

$P$(« pile trois fois ») = $P$(« pile »)× $P$(« pile »)× $P$(« pile ») = $\dfrac{1}{2} \times \dfrac{1}{2} \times \dfrac{1}{2} = \dfrac{1}{8}$

Nous savons par ailleurs que $P(\overline{A}) = 1 - P(A)$. Donc,

$P$(« ne pas obtenir pile trois fois de suite ») = 1 - P(« pile trois fois de suite »)

$P$(« ne pas obtenir pile trois fois de suite ») = $1 - \dfrac{1}{8} = \dfrac{7}{8}$

*Réponse b).*

**Astuce et remarque importantes.** De nombreuses questions que vous retrouverez lors des concours ont l'apparence de probabilité mais n'en sont pas. Du Champomy de probabilités !
Sachez les reconnaître : elles contiennent toutes une notion de certitude (or, comme vous vous en doutez, la certitude n'est jamais probable).
Ces questions doivent alors se résoudre à l'aide d'un pur raisonnement logique.

**Savoir-faire. Question de concours.**
Sandy et Eddy toujours aussi joueurs, décident de s'adonner à un nouveau pari : ils placent dans un bol 5 pièces de 2 €, 10 pièces de 1 €, 15 pièces de 50 cents et 20 pièces de 20 cents.
Combien de tirages sans remise minimums doivent-ils effectuer pour être sûrs d'obtenir deux pièces identiques ?

a) 2
b) 49
c) 3
d) 36
e) 5

☑ Correction
Voilà un exemple typique d'une question Champomy de probabilités ! Tous les éléments sont réunis, des joueurs, des paris, des tirages successifs... pourtant il ne s'agit aucunement d'une question de combinatoire ou de probabilités. En effet, le mot « sûr » introduit une notion de certitude.
Ainsi, la question n'est pas : quelle est la probabilité d'obtenir tel ou tel événement, mais quelles sont les conditions pour être sûr d'obtenir un événement.
Je vous l'ai dit, la notion de certitude nous indique qu'il faut répondre à cette question de manière purement logique. Tentons de le faire.
Lorsque Sandy et Eddy tirent 4 pièces, ils peuvent avoir en main 4 pièces de 2 €, ou 2 pièces de 1 € et 2 pièces de 50 cents, ou ..., ou 1 pièce de 2 € et 1 pièce de 1 € et 1 pièce de 50 cents et 1 pièce de 20 cents. Bref, ils ne sont pas sûrs d'obtenir deux pièces identiques.
En revanche, si Sandy et Eddy tirent 5 pièces, ils seront sûrs d'obtenir au moins deux pièces identiques car même s'ils tirent 4 pièces de catégories différentes, le cinquième tirage ne pourra être qu'une deuxième pièce d'une pièce déjà tirée.
Il faut donc au minimum 5 tirages pour être sûr d'obtenir deux pièces identiques.

*Réponse e).*

# I.3 – Domptez les équations

## 3.a - Equations du premier degré

**Equation du premier degré.** C'est une équation avec une seule inconnue, de la forme a**x** = b ou a**x** + b = 0 ou a**x** + c = d**x** + e.

**Méthode. Résoudre une équation du premier degré.**

De nombreux exercices portent sur la résolution d'équations du premier degré. Pour cela, vous devez isoler l'inconnue d'un seul côté de l'équation, afin d'obtenir une équation de la forme a**x** = b dont le résultat est : $x = \frac{b}{a}$ :

1. Eliminez tous les dénominateurs en multipliant des deux côtés de l'équation par le PPCM de tous les dénominateurs.
2. Eliminez toutes les parenthèses en développant les produits.
3. Mettez tous les termes contenant la variable d'un côté de l'équation et toutes les constantes (les nombres) de l'autre côté de l'équation.
4. Combinez les termes de chaque côté de l'équation pour obtenir un seul terme par côté de la forme a**x** = b.
5. Isolez la variable (**x**) en divisant la constante par son coefficient : $x = \frac{b}{a}$.

**Savoir-faire. Question de concours.**

Cinq intérimaires ont effectué des missions dans une entreprise de travaux publics. Ces missions sont toutes payées au même tarif journalier. Le premier a travaillé 12 jours, le deuxième 18 jours, le troisième 23 jours, le quatrième seulement 2 jours et le dernier 14 jours. Quel est le montant du salaire versé au dernier intérimaire sachant que le comptable a calculé qu'il a versé au total 5 225 € aux quatre premiers intérimaires pour le mois ?

a) 912 €
b) 1 330 €
c) 1 442 €
d) 966 €
e) 1 232 €

☑ Correction

Un énoncé basique qui se met en équation (du premier degré) assez facilement. Attention tout de même au piège, 5 225 € est le total des quatre premiers intérimaires et non des cinq. Posons **x** l'inconnue définie par le tarif d'une journée de travail, alors :

12**x** + 18**x** + 23**x** + 2**x** = 5 225

55**x** = 5 225

$\mathbf{x} = \frac{5\,225}{55} = \frac{5\,500 - 275}{55} = 100 - 5 = 95$ € Décomposition du numérateur.

Alors, le salaire versé au cinquième intérimaire se calcule 95×14 = 1 330 €.

*Réponse b).*

## 3.b - Inéquations

**L'essentiel à savoir**

**Inéquation.** Une inéquation est une équation dans laquelle l'égalité est remplacée par le signe > (supérieur), < (inférieur), ≥ (supérieur ou égal) et ≤ (inférieur ou égal).

Comme pour l'équation, l'objectif est de résoudre l'inéquation en isolant l'inconnue d'un seul côté de l'équation, afin d'obtenir une inéquation de la forme a**x** < b dont le résultat est :

$x < \frac{b}{a}$ si a est positif et $x > \frac{b}{a}$ si a est négatif.

**Remarques importantes.**

- si $a > b$ alors $-a < -b$

- si $a > b$ alors $\frac{1}{a} < \frac{1}{b}$

**Savoir-faire. Question de concours.**

David hésite à acheter la carte SNCF Grand Voyageur, cette carte coûte 375 € à l'année et lui permet de payer un aller-retour Paris-Lyon à 80 € au lieu de 120 €. Combien David doit-il effectuer d'aller-retour(s) par an pour que l'achat de la carte SNCF Grand Voyageur soit rentabilisé ?

a) 8
b) 9
c) 10
d) 11
e) 12

☑ Correction

Posons l'inéquation en appelant **x** le nombre d'aller-retour. Alors, nous cherchons :

Prix carte + Prix total des voyages avec carte < Prix total des voyages sans carte

375 + 80**x** < 120**x**

375 < 120**x** - 80**x**

375 < 40**x**

$\frac{375}{40} < \mathbf{x}$

$\frac{360+15}{40} < x$

$9{,}375 < x$

*Réponse c).*

## 3.c - Système d'équations

**L'essentiel à savoir**

**Système d'équations.** C'est un groupe de plusieurs équations à plusieurs inconnues.

**Important.** Pour qu'il y ait une solution unique (sur les Réels), il faut que le système contienne le même nombre d'équations indépendantes et linéaires que d'inconnues.

**Méthode. Résolution d'un système par combinaison.**

La méthode par combinaison consiste à multiplier (ou diviser) l'une des deux équations afin qu'elle possède le même coefficient devant l'une des deux inconnues que dans l'autre équation. Puis, vous annulez cette inconnue en additionnant ou en soustrayant les deux équations ainsi obtenues. Il ne reste plus qu'une équation avec une seule inconnue qu'il est facile de résoudre.

**Savoir-faire. Question de concours.**

Résolvez le système suivant : $\begin{cases} 4\mathbf{x} + 9\mathbf{y} = -6 & \text{E1} \\ 2\mathbf{x} - 4\mathbf{y} = 14 & \text{E2} \end{cases}$

$\Leftrightarrow \begin{cases} 4\mathbf{x} + 9\mathbf{y} = -6 & \text{E1} \\ 4\mathbf{x} - 8\mathbf{y} = 28 & 2\times\text{E2} \end{cases}$

$\Leftrightarrow \begin{cases} 4\mathbf{x} + 9\mathbf{y} = -6 & \text{E1} \\ 4\mathbf{x} + 9\mathbf{y} - 4\mathbf{x} + 8\mathbf{y} = -6 - 28 & \text{E1 - E2} \end{cases}$

$\Leftrightarrow \begin{cases} 4\mathbf{x} + 9\mathbf{y} = -6 & \text{E1} \\ 17\mathbf{y} = -34 & \text{E2} \end{cases}$

$\Leftrightarrow \begin{cases} 4\mathbf{x} + 9\times(-2) = -6 & \text{E1} \\ \mathbf{y} = -2 & \text{E2} \end{cases}$

$\Leftrightarrow \begin{cases} 4\mathbf{x} = -6 + 18 & \text{E1} \\ \mathbf{y} = -2 & \text{E2} \end{cases}$

$$\Leftrightarrow \begin{cases} \mathbf{x} = 3 & \text{E1} \\ \mathbf{y} = -2 & \text{E2} \end{cases}$$

**Méthode. Résolution d'un système par substitution.**

La méthode par substitution consiste à isoler la première inconnue dans une des équations afin de l'exprimer en fonction de la seconde inconnue. Ensuite, vous substituez l'expression de cette première inconnue dans la seconde équation afin de vous retrouver avec une équation et une seule inconnue.

**Savoir-faire. Question de concours.**

Résolvez le système suivant : $\begin{cases} 4\mathbf{x} + 9\mathbf{y} = -6 \\ 2\mathbf{x} - 4\mathbf{y} = 14 \end{cases}$

$$\Leftrightarrow \begin{cases} 4\mathbf{x} + 9\mathbf{y} = -6 \\ \mathbf{x} = 7 + 2\mathbf{y} \end{cases}$$

$$\Leftrightarrow \begin{cases} 4(7 + 2\mathbf{y}) + 9\mathbf{y} = -6 \\ \mathbf{x} = 7 + 2\mathbf{y} \end{cases}$$

$$\Leftrightarrow \begin{cases} 28 + 8\mathbf{y} + 9\mathbf{y} = -6 \\ \mathbf{x} = 7 + 2\mathbf{y} \end{cases}$$

$$\Leftrightarrow \begin{cases} 17\mathbf{y} = -6 - 28 \\ \mathbf{x} = 7 + 2\mathbf{y} \end{cases}$$

$$\Leftrightarrow \begin{cases} \mathbf{y} = -2 \\ \mathbf{x} = 7 + 2\times(-2) \end{cases}$$

$$\Leftrightarrow \begin{cases} \mathbf{y} = -2 \\ \mathbf{x} = 3 \end{cases}$$

**Méthode. Résolution d'un système par le déterminant.**
La méthode du déterminant consiste à calculer les déterminants du système ($\Delta$), de $\boldsymbol{x}$ ($\Delta \boldsymbol{x}$) et de $\boldsymbol{y}$ ($\Delta \boldsymbol{y}$), puis de calculer $\boldsymbol{x} = \frac{\Delta x}{\Delta}$ et $\boldsymbol{y} = \frac{\Delta y}{\Delta}$.

**Savoir-faire. Question de concours.**
Résolvez le système suivant : $\begin{cases} 4\boldsymbol{x} + 9\boldsymbol{y} = -6 \\ 2\boldsymbol{x} - 4\boldsymbol{y} = 14 \end{cases}$

Déterminant du système : $\Delta = \begin{vmatrix} 4 & 9 \\ 2 & -4 \end{vmatrix} = 4\times(-4) - 2\times 9 = -34$

Déterminant de $\boldsymbol{x}$ : $\Delta \boldsymbol{x} = \begin{vmatrix} -6 & 9 \\ 14 & -4 \end{vmatrix} = (-6)\times(-4) - 14\times 9 = -102$

Déterminant de $\boldsymbol{y}$ : $\Delta \boldsymbol{y} = \begin{vmatrix} 4 & -6 \\ 2 & 14 \end{vmatrix} = 4\times 14 - 2\times(-6) = 56 + 12 = 68$

Alors : $\boldsymbol{x} = \frac{\Delta x}{\Delta} = \frac{-102}{-34} = 3$ et $\boldsymbol{y} = \frac{\Delta y}{\Delta} = \frac{68}{-34} = -2$

La résolution de systèmes d'équations est à la base d'un gros tiers des questions aux concours. Il n'est pas vraiment utile que j'insiste sur l'importance d'une excellente maîtrise des deux premières méthodes de résolution. Si vous vous sentez à l'aise en mathématiques, la troisième méthode peut vous faire gagner quelques précieuses secondes le jour du concours.

## 3.d - Equations du second degré

**L'essentiel à savoir**

**Equation du second degré**. C'est une équation avec une seule inconnue, de la forme $a\boldsymbol{x}^2 = b$ ou $a\boldsymbol{x}^2 + b\boldsymbol{x} = c$.

**Les équations de la forme $a\boldsymbol{x}^2 = b$**
b est positif ou nul, car je vous rappelle qu'un carré est toujours positif ou nul (vous ne trouverez jamais dans les tests de nombres complexes).

Les solutions de cette équation sont $\boldsymbol{x} = \sqrt{\frac{b}{a}}$ ou $\boldsymbol{x} = -\sqrt{\frac{b}{a}}$

N'oubliez jamais qu'il existe toujours deux racines carrées : une positive et une négative (c'est l'objet de nombreux pièges aux concours).

**Les équations de la forme $ax^2 + bx = -c$**
L'objectif, la plupart du temps, est de déterminer la ou les valeur(s) (appelées aussi **racines**) de **x** qui annule(nt) le polynôme i.e. la/les valeur(s) de **x** telle(s) que : $ax^2 + bx + c = 0$.

## Méthode. Résolution d'une équation du second degré.

Soit l'équation $ax^2 + bx + c = 0$

**Etape 1 :** Calculer le Delta ou discriminant : $\Delta = b^2 - 4a.c$

**Etape 2 :** Etude du signe de $\Delta$ :
Si $\Delta < 0$, l'équation n'admet pas de solution réelle

Si $\Delta = 0$, l'équation admet une solution unique : $x = \frac{-b}{2a}$

Si $\Delta > 0$, l'équation admet deux solutions : $x_1 = \frac{-b-\sqrt{\Delta}}{2a}$ et $x_2 = \frac{-b+\sqrt{\Delta}}{2a}$

## Astuces. Racines évidentes.

- Si $a + b + c = 0$, alors $x = 1$ est solution évidente.
  Cette information est très utile, il faut s'en souvenir !

- Lorsque vous trouvez une solution évidente, il est très facile de déterminer la seconde valeur possible de **x** en se souvenant que :
  - Somme = $x_1 + x_2 = \frac{-b}{a}$
  - Produit = $x_1 \times x_2 = \frac{c}{a}$

- Les identités remarquables permettent bien souvent de factoriser un polynôme pour pouvoir ensuite déterminer ses racines facilement.
  *Ex.* : $x^2 + 8x + 16 = 0 \leftrightarrow (x + 4)^2 = 0$ donc $x = -4$
  *Ex.* : $64x^2 - 16 = 0 \leftrightarrow (8x - 4).(8x + 4) = 0$ donc $x = 0{,}5$ ou $x = -0{,}5$

- Je vous rappelle aussi qu'un produit de facteurs est nul si et seulement si l'un des facteurs est nul.
  Donc si $(ax + b)\times(cx + d) = 0$ alors $ax + b = 0$ ou $cx + d = 0$

**Savoir-faire. Question de concours.**
Que vaut **x** sachant que $-2x^2 + 8x + 42 = 0$ ?

a) 7
b) 8

c) 19
d) 10
e) 11

☑ Correction

Calculons $\Delta = b^2 - 4ac = 8^2 - 4 \times (-2) \times 42 = 64 + 336 = 400$

Nous savons que **x** admet deux racines $x_1$ et $x_2$ telles que :

$x_1 = \dfrac{-b-\sqrt{\Delta}}{2a}$ et $x_2 = \dfrac{-b+\sqrt{\Delta}}{2a}$

Donc, $x_1 = \dfrac{-8-\sqrt{400}}{2\times(-2)} = \dfrac{-8-20}{-4} = \dfrac{-28}{-4} = 7$ et $x_2 = \dfrac{-8+\sqrt{400}}{2\times(-2)} = \dfrac{12}{-4} = -3$

Nous pouvions aussi utiliser les astuces énoncées plus haut en trouvant la racine évidente -3, car [-2×(-3) + 8×(-3) + 42 = 0] et calculer la seconde racine en sachant que $x_1 \times x_2 = \dfrac{c}{a}$ donc $-3 \times x_2 = \dfrac{42}{-2}$, donc $x_2 = 7$.

*Réponse a).*

## 3.e - Somme des termes, moyenne arithmétique et moyenne pondérée

**L'essentiel à savoir**

**Somme des termes.** La somme des termes est l'addition de tous les termes d'une série.
Elle se calcule :

**Somme des termes = moyenne × nombre de termes**

**Moyenne arithmétique.** La moyenne arithmétique permet de calculer une moyenne simple (*Ex.* : des notes sans coefficient).
Elle se calcule :

**Moyenne arithmétique = $\dfrac{\textbf{somme des termes}}{\textbf{nombre de termes}}$**

**Médiane.** La médiane d'une série de nombres est le nombre qui divise la série en deux parties égales (i.e. même nombre de termes) lorsque la série est ordonnée.

**Somme pondérée des termes.** Le mécanisme de pondération permet d'affecter une pondération (ou coefficient) à chaque terme.
Elle se calcule :

**Somme pondérée des termes = $\sum n_i X_i$**

**Moyenne pondérée.** La moyenne pondérée permet de calculer une moyenne de termes pondérés (*Ex.* : des notes avec des coefficients).
Elle se calcule :

$$\textbf{Moyenne pondérée} = \frac{\sum n_i X_i}{\sum n_i}$$

$$= \frac{\textbf{somme des termes multipliés par leurs coef.}}{\textbf{somme des coefficients}}$$

**Savoir-faire. Question de concours.**
Pour intégrer une Ecole de commerce, la barre d'admissibilité est placée à 320 sur 600 points et se définit par le cumul des points obtenus lors des différentes épreuves. Les mathématiques sont affectées d'un coefficient 13, le français d'un coefficient 5, le dossier de candidature d'un coefficient 1 et la gestion d'un coefficient 11. Marie a obtenu respectivement 11, 7 et 10 aux trois premières épreuves, quelle note minimale doit-elle obtenir en gestion pour être admissible ?

a) 10,5
b) 11
c) 11,5
d) 12
e) 12,5

☑ Correction
Le mécanisme de pondération est évident, il s'agit donc de calculer une somme pondérée des termes.
Marie a déjà acquis :
13× note en math. + 5× note en français + 1× note au dossier
= 13×11 + 5×7 + 1×10
= 143 + 35 + 10
= 188
Il lui manque donc 320 – 188 = 132 points pour atteindre la barre d'admissibilité.
La note qu'elle doit obtenir en gestion est donc $\frac{132}{11} = 12$ sur 20.

*Réponse d).*

**Savoir-faire. Question de concours.**
Pour intégrer une Ecole de commerce, un candidat doit obtenir une moyenne de 12 sur 20 lors des différentes épreuves. Les mathématiques sont affectées d'un coefficient 13, le français d'un coefficient 5, le dossier de candidature d'un coefficient 1 et la gestion d'un coefficient 11. Marie a obtenu respectivement 11, 8 et 12 aux trois premières épreuves, quelle note minimale doit-elle obtenir en gestion pour être reçue ?

a) 16

b) 15
c) 14
d) 13
e) 12

☑ Correction

Le mécanisme de pondération est évident, il s'agit donc de calculer une moyenne pondérée. Appliquons la formule :

$$\textbf{\textit{moyenne totale}} = \frac{13 \times \textbf{\textit{math}} + 5 \times \textbf{\textit{français}} + 1 \times \textbf{\textit{dossier}} + 11 \times \textbf{\textit{gestion}}}{13+5+1+11}$$

Soit, $12 = \dfrac{13 \times 11 + 5 \times 8 + 1 \times 12 + 11 \times \textbf{\textit{gestion}}}{30}$

Ainsi, $12 = \dfrac{195 + 11 \times \textbf{\textit{gestion}}}{30}$

Alors, $\textbf{\textit{gestion}} = \dfrac{12 \times 30 - 195}{11} = \dfrac{360-195}{11} = \dfrac{165}{11} = 15$

Marie doit donc obtenir 15 sur 20 en gestion pour être reçue.

*Réponse b).*

**Savoir-faire. Question de concours.**

Une classe préparatoire comprend 20 élèves. Leur professeur de mathématiques décide avec l'accord des élèves, d'inscrire la classe au concours « Kangourou des mathématiques ». Pour être qualifiée la classe doit obtenir une moyenne de 12. L'épreuve est orale. Après le passage de 12 élèves, la moyenne est de 11. Quelle moyenne doivent obtenir les 8 élèves restants pour qualifier leur classe ?

a) 10
b) 12
c) 13,5
d) 14,5
e) 16

☑ Correction

Le mécanisme de pondération est ici moins évident, c'est pourtant une question de pondération classique aux concours. Il s'agit ici encore de calculer une somme pondérée des termes, sachant que la moyenne du groupe 1 est pondérée par 12 (le nombre d'élèves dans ce groupe) et la moyenne du groupe 2 est pondérée par 8 (nombre d'élèves dans le groupe 2).

$$\textbf{\textit{moyenne classe}} = \frac{\textbf{\textit{nbre groupe}}\ 1 \times \textbf{\textit{note groupe}}\ 1 + \textbf{\textit{nbre groupe}}\ 2 \times \textbf{\textit{note groupe}}\ 2}{\textbf{\textit{nbre total classe}}}$$

Soit, 12 = $\dfrac{12 \times 11 + 8 \times \boldsymbol{M_2}}{20}$

Alors, $\boldsymbol{M_2} = \dfrac{20 \times 12 - 12 \times 11}{8} = \dfrac{240-132}{8} = \dfrac{108}{8}$ = 13,5.

Les huit derniers élèves doivent obtenir une moyenne de 13,5 sur 20 pour qualifier la classe.

*Réponse c).*

## 3.f - Progressions arithmétiques et géométriques

**L'essentiel à savoir**

**Suite numérique.** Une suite numérique est une fonction U qui associe un réel à tout entier n supérieur à $n_0$. Elle est notée $U_n$.

**Progression arithmétique.** Une suite numérique suit une progression arithmétique si elle peut s'écrire sous la forme :

$\mathbf{U_n = U_{n-1} + r}$ (r est appelé **raison**)

Si $U_0$ est le premier terme alors $U_n = U_0 + n\times r$
Si $U_1$ est le premier terme alors $U_n = U_1 + (n-1)\times r$

La somme de tous les termes de la suite :

$$S_n = (n+1)U_0 + \frac{n(n+1)}{2}r$$

La **somme de p termes** consécutifs de la suite.
$S = U_1 + U_2 + \ldots + U_p$ ; $U_1$ étant le premier terme, $U_p$ le dernier et p le nombre de termes.

$$S_p = \frac{1}{2}\times p \times (U_1 + Up)$$

**Progression géométrique.** Une suite numérique suit une progression géométrique si elle peut s'écrire sous la forme :

$U_n = U_{n-1} \times q$ (q est appelé **raison**)

Si $U_0$ est le premier terme alors $U_n = U_0 \times q^n$
Si $U_1$ est le premier terme alors $U_n = U_1 \times q^{n-1}$

La somme de tous les termes de la suite :

$$S_n = U_0 \times \frac{1-q^{n+1}}{1-q}$$

La **somme de p termes** consécutifs de la suite.
$S = U_1 + U_2 + \ldots + U_p$ ; $U_1$ étant le premier terme, $U_p$ le dernier et p le nombre de termes.

$$S_p = U_1 \times \frac{1-q^p}{1-q}$$

## Astuces. Sommes usuelles.

**Nombre de termes :** Soient n et p deux entiers naturels avec $p \leq n$, et ***a*** une constante, alors : $\sum_{i=0}^{n} a$ comporte (n + 1) termes.

Plus généralement, $\sum_{i=p}^{n} a$ comporte (n – p + 1) termes.

**Calcul de sommes usuelles :** Soient n et p deux entiers naturels avec $p \leq n$, alors : $\sum_{i=0}^{n} a = (n+1)a$

De manière plus générale, on a : $\sum_{i=p}^{n} a = (n-p+1)a$

D'autre part, Je vous rappelle que la somme des n premiers entiers consécutifs se calcule par une simple application de la formule énoncée plus haut (la raison étant égale à 1) :

$\sum_{i=0}^{n} i = \frac{n(n+1)}{2}$ et, plus généralement, si n et p sont deux entiers naturels avec $p \leq n$, on a : $\sum_{i=p}^{n} i = \frac{(p+n)(n-p+1)}{2}$

Retenez aussi la formule de la somme des carrés des n premiers entiers consécutifs : $\sum_{i=0}^{n} i^2 = \frac{n(n+1)(2n+1)}{6}$

Et, la formule de la somme des cubes : $\sum_{i=0}^{n} i^3 = \left(\frac{n(n+1)}{2}\right)^2$

**Savoir-faire. Question de concours.**

Que vaut la somme de tous les multiples de cinq compris entre 18 et 182 ?

a) 320
b) 330
c) 3 200
d) 3 300
e) 32 000

☑ Correction

Il s'agit tout d'abord de bien comprendre la question. Je vous rappelle qu'un nombre est multiple de 5 s'il se termine par 0 ou 5, il y a donc deux entiers multiples de 5 pour chaque « dizaine ».

Dans notre série, le premier multiple vaut 20 et, le dernier vaut 180 ; de 20 à 170, nous comptons 16 « dizaines » différentes (20, 40, ..., 170), soit 32 multiples de 5, avec 180, nous avons donc 33 multiples de 5 compris entre 18 et 182.

Tous les éléments étant désormais définis, il s'agit d'appliquer la formule :

$$S_p = \frac{1}{2} \times p \times (U_1 + Up) = \frac{1}{2} \times 33 \times (20 + 180) = 33 \times 100 = 3.300$$

*Réponse d).*

# I.4 – Domestiquez les problèmes physiques et financiers

## 4.a - Unités et conversion

**L'essentiel à savoir**

**Unités de temps.**

| | |
|---|---|
| Seconde | 1 s |
| Minute | 1 mn = 60 s |
| Heure | 1 h = 60 mn = 3 600 s |
| Jour | 1 j = 24 h = 1 440 mn |
| Année | 1 an = 365 j<br>(366 j pour les années bissextiles) |

**Equivalences usuelles.**

| | |
|---|---|
| 1 heure = 60 mn | 1/2 heure = 30 mn |
| 1/3 heure = 20 mn | 1/4 heure = 15 mn |
| 1/5 heure = 12 mn | 1/6 heure = 10 mn |

**Savoir-faire. Question de concours.**

Calculez deux tiers de 5h39mn ?

a) 3h26mn
b) 3h36mn
c) 3h46mn
d) 3h56mn
e) 4h06mn

☑ Correction

Convertissons tout d'abord 5h39mn en minutes :

5h39mn = 5×60mn + 39mn = 339 mn

Nous cherchons donc : $\frac{2}{3} \times 339$ = 226 minutes = 3h46mn

*Réponse c).*

L'essentiel à savoir

**Unités de mesure.**

| **Générique** | |
|---|---|
| Micro | 0,000.001 |
| Milli | 0,001 |
| Centi | 0,01 |
| Déci | 0,1 |
| **Unité** | **1** |
| Déca | 10 |
| Hecto | 100 |
| Kilo | 1.000 |
| Méga | 1.000.000 |

| **Longueur** |
|---|
| Micromètre |
| Millimètre |
| Centimètre |
| Décimètre |
| **Mètre** |
| Décamètre |
| Hectomètre |
| Kilomètre |
| Mégamètre |

| **Masse** |
|---|
| Microgramme |
| Milligramme |
| Centigramme |
| Décigramme |
| **Gramme** |
| Décagramme |
| Hectogramme |
| Kilogramme |
| |

**Quelques unités importantes**

Surface : 1 are = 1 a = 100 $m^2$
1 hectare = 1 ha = 10 000 $m^2$

Volume : 1 mètre cube = 1 $m^3$ = 1 000 litres

Masse : 1 tonne = 1 t = 1 000 kg
1 quintal = 1 q = 100 kg
1 livre = 0,5 kg = 500 g
1 carat métrique = 0,0002 kg = 0,2 g

Masse volumique : 1 kilogramme par mètre cube = 1 kg/ $m^3$
(ou concentration)

## 4.b - Mouvements : croisement et rattrapage

Voici donc quelques méthodes pour faire face aux questions de vitesse, temps et distance aux concours.

L'essentiel à savoir

**La formule de la distance.** Cette formule élémentaire de physique est à la base de toutes les questions portant sur des problèmes de croisement, rattrapage et autres mouvements.

**Distance = vitesse × temps**

La principale difficulté réside dans le choix des unités. Je vous conseille de toujours travailler avec des distances en kilomètres, des temps exprimés en heures et des vitesses en km/h, sauf indication contraire de l'énoncé.

Notez que les trois expressions de cette formule sont :

$$D = v \times t \qquad t = \frac{D}{v} \qquad v = \frac{D}{t}$$

**Savoir-faire. Question de concours.**
Un train part à 12 h et doit parcourir 620 km. Le train roule à 110 km/h durant 2 heures, puis à 100 km/h sur le reste du trajet. A quelle heure arrivera-t-il ?

a) 12 h
b) 18 h
c) 20 h
d) minuit
e) 13 h

☑ Correction

Question classique aux concours qu'il vous faut maîtriser très rapidement. Elle implique l'utilisation de la formule de la distance dans deux de ses expressions.
Le train roule à 110 km/h durant 2 h, il parcourt donc : D = v×t = 110×2 = 220 km
Il roule ensuite à 100 km/h sur une distance de : 620 - 220 = 400 km.

Soit : $t = \frac{D}{v} = \frac{400}{100} = 4$ heures.

Le train a donc parcouru les 620km en 6 heures, en partant à 12 heures, il arrivera à 18 heures.

*Réponse b).*

**L'essentiel à savoir**

**Les problèmes de mouvements.** Ces questions fréquentes lors des tests sont, en fait, de petits problèmes de physique du niveau collège faisant intervenir deux mobiles.

Il suffit d'ordonner les informations à l'aide d'un tableau, et d'apporter une attention particulière aux temps et aux distances de parcours de chacun.

| | Mobile 1 | Mobile 2 |
|---|---|---|
| Vitesse | $V_1$ | $V_2$ |
| Temps | $T_1$ | $T_2$ |
| Distance | $D_1$ | $D_2$ |

**Dans le cas d'un croisement : $D_{totale} = D_1 + D_2$**

**Dans le cas d'un rattrapage : $D_1 = D_2$**

**Savoir-faire. Question de concours.** Résolution d'un croisement.
Deux motards partent de deux villes différentes à la même heure. La distance entre Lyon et Dijon est de 390 km. La moto partant de Lyon se déplace à une vitesse moyenne de 70 km/h et la moto partant de Dijon à une vitesse moyenne de 60 km/h. A quelle distance de Lyon se croiseront-ils ?

a) 120 km
b) 180 km
c) 90 km
d) 280 km
e) 210 km

☑ <u>Correction</u>

Etape 1 : Schématisons la situation.

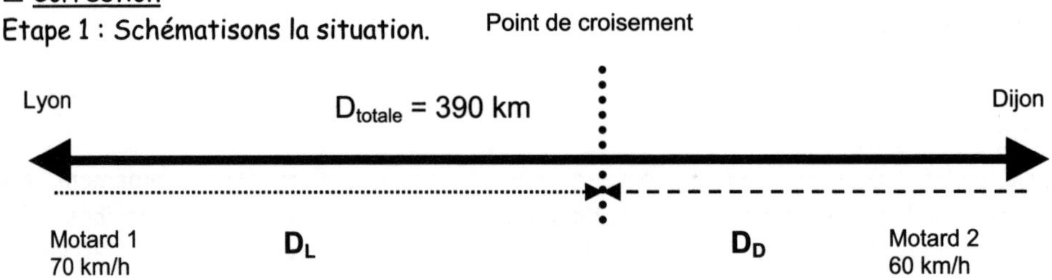


Etape 2 : Complétons le tableau.

| | Motard partant de Lyon | Motard partant de Dijon |
|---|---|---|
| Vitesse | 70 km/h | 60 km/h |
| Temps | t | t |
| Distance | $D_L$ | $D_D$ |

les 2 motards partent à la même heure
$D_L + D_D = 390$ km

Etape 3 : Ecrivons l'égalité du croisement et calculons.
La méthode consiste à calculer le temps écoulé entre le départ et le croisement, puis à déterminer la distance parcourue durant ce temps.

$D_{totale} = D_L + D_D$ Notez que $D_L = V_L \times t = 70t$ et $D_D = V_D \times t = 60t$
$390 = 70t + 60t$
$t = 390/130$
$t = 3$ h

On peut alors facilement calculer la distance par rapport à Lyon : $D_L = 70t = 210$ km

*Réponse e).*

**Savoir-faire. Question de concours.** Résolution d'un rattrapage.
Nicolas et Carla font le même trajet de 60 km en vélo tous les dimanches. Dimanche dernier, Nicolas a roulé à une vitesse moyenne de 20 km/h. Carla a roulé à une vitesse moyenne de 25 km/h et est partie 15 minutes après Nicolas. Quelle distance restait-il à parcourir à Nicolas quand Carla l'a rattrapé ?

a) 35 km
b) 30 km
c) 15 km
d) 55 km
e) 25 km

☑ Correction

Etape 1 : Schématisons la situation.

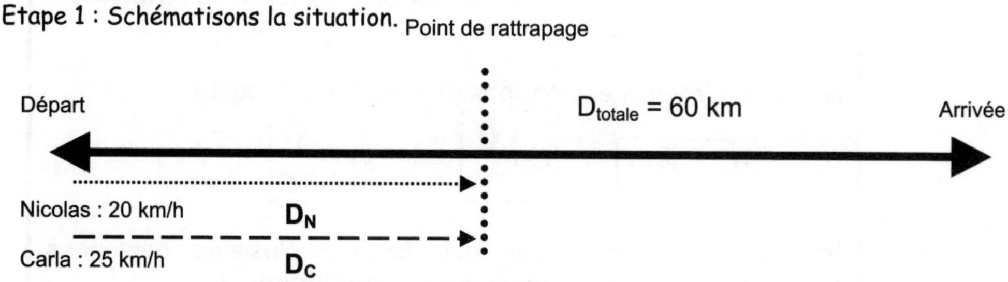


Etape 2 : Complétons le tableau.

| | Nicolas | Carla |
|---|---|---|
| Vitesse | 20 km/h | 25 km/h |
| Temps | t + 1/4 | t |
| Distance | D | D |

Nicolas a roulé 15 mn de plus que Carla.
$D_N = D_C$

Etape 3 : Ecrivons l'égalité du rattrapage et calculons.
La méthode consiste à calculer le temps écoulé entre le départ et le rattrapage, puis à déterminer la distance parcourue durant ce temps.

$D_N = D_C$ Notez que $D_N = 20(t + 1/4)$ et $D_C = 25t$
$20(t + 1/4) = 25t$
$5t = 5$
$t = 1$ heure

On peut alors facilement calculer la distance par rapport à l'arrivée :
$D_{restante} = D_{totale} - D_C = 60 - D_C = 35$ km

*Réponse a).*

## 4.c - Rendement et temps de travail

**L'essentiel à savoir**

**La formule de la quantité de travail.** Vous l'avez probablement déjà noté, une distance est en fait une quantité de kilomètres et, par extension, la formule de la distance devient :

**Quantité de travail = vitesse de travail × temps de travail**

La principale difficulté réside dans le choix des unités, je vous conseille de toujours partir d'une **base identique de temps** et ainsi de toujours commencer par calculer la vitesse de travail.

Notez que les trois expressions de cette formule sont :

$$\boxed{Q = v \times t} \qquad \boxed{t = \frac{Q}{v}} \qquad \boxed{v = \frac{Q}{t}}$$

**Important.** Souvenez-vous que lorsque plusieurs personnes travaillent ensemble, **leurs vitesses s'additionnent**.

**Savoir-faire. Question de concours.**

Pour taper un texte sur ordinateur, David met 90 minutes. Combien de temps mettrait-t-il pour taper 8 textes s'il travaillait avec Agnès qui travaille deux fois plus vite que lui ?

a) 3h
b) 3h20mn
c) 3h40mn
d) 4h
e) 4h20mn

☑ Correction

Etape 1 : Calculons la vitesse de travail sur une base identique de temps.

David : 1 texte ↔ 90 mn
$x$ texte ↔ 1 h = 60 mn

La vitesse de travail de David est donc $V_D = \frac{60}{90} = \frac{2}{3}$ texte par heure.

La vitesse de travail d'Agnès est donc $V_A = \frac{4}{3}$ textes par heure.

Etape 2 : Calculons leur vitesse commune.

S'ils travaillent ensemble (**leurs vitesses s'additionnent**), leur vitesse de travail est donc : $V_{A+D} = \frac{6}{3}$ textes par heure = 2 textes/h

Etape 3 : Utilisons la formule de la quantité de travail.

Il devient facile de répondre à la question, t = $\frac{Q}{V_{A+D}} = \frac{8}{2}$ = 4 heures

*Réponse d).*

# 4.d - Intérêts simples, intérêts composés et actualisation

**L'essentiel à savoir**

**Formule des intérêts simples.** Cette formule correspond à un placement financier (le plus souvent inférieur à 1 an) dont les intérêts ne sont pas placés (ils ne produisent pas d'intérêts).

**Intérêts = Somme placée × Taux d'intérêt × temps**

**Somme retirée = Somme placée × (1 + Taux) × temps**

Le montant des intérêts et la somme sont exprimées en unité (€, $,...), le taux d'intérêt en % par période de temps et le temps en période de temps (an, mois,...).

**Savoir-faire. Question de concours.**

Ernest-Antoine, célèbre financier vient de réaliser un juteux placement. Les 15 millions d'euros investis pendant six mois en obligations de la World Union Bank lui ont rapporté 975 000 €. Quel a été le taux annuel des obligations de la World Union Bank ?

a) 9 %
b) 13 %
c) 17 %
d) 7 %
e) 23 %

☑ Correction

Appliquons la formule des intérêts simples en posant *i* la valeur du taux d'intérêt.

Intérêts = somme placée × taux d'intérêt × temps

975 000 = 15 000 000 × i × 0,5 Notez que 6 mois = 0,5 an

Donc, i = $\frac{975\,000}{15\,000\,000 \times 0{,}5} = \frac{975\,000}{7\,500\,000} = \frac{975}{7\,500}$

En simplifiant par 25 : i = $\frac{39}{300} = \frac{13}{100}$ = 13 %

*Réponse b).*

**L'essentiel à savoir**

**Formule des intérêts composés.** Cette formule correspond à un placement financier dont les intérêts produisent à leur tour des intérêts (ils sont capitalisés). C'est le mécanisme de composition des intérêts.

$$S_n = S_0 \times (1 + t)^n$$

Cette formule doit se lire :

**Somme retirée en année n**
**= Somme placée en année 0 × (1 + taux d'intérêt) $^n$**

Les sommes sont exprimées en unité (€, $, ...) et le taux d'intérêt en % par période de temps.

**Actualisation.** Grossièrement, l'actualisation est l'application de cette formule « à l'envers ». Il s'agit de calculer la valeur actuelle d'une somme future.

**Savoir-faire. Question de concours.**

Un biologiste étudie la population de têtards dans un marécage des Dombes. Il a déterminé que la population de têtards croît de 25 % par semaine. Quel sera le nombre de têtards (approché) présents dans le marécage lors de sa prochaine visite dans quatre semaines sachant que son dernier pointage a permis de dénombrer 20 000 têtards ?

a) 49 000
b) 56 500
c) 52 500
d) 47 000
e) 45 000

☑ Correction

Bien que sans aucun rapport avec le monde de la finance, cet énoncé est un cas typique d'utilisation de la formule des intérêts composés. Il nous permet par ailleurs de mieux visualiser le mécanisme de composition des intérêts.

Dans cet exemple, il est évident que les intérêts produisent à leur tour des intérêts (les têtards nouveaux-nés vont à leur tour donner naissance à des têtards).

Appliquons donc la formule des intérêts composés.

Somme retirée en année n = Somme placée en année 0 × (1 + taux d'intérêt)$^n$

Ici,

Pop. après 4 semaines = pop. initiale × (1 + taux de croissance)$^{\text{nbre de semaines}}$

$P = 20\,000 \times 1{,}25^4$

Calculons $1{,}25^4 = 1{,}25 \times 1{,}25 \times 1{,}25 \times 1{,}25 = 2{,}44$

Donc, $P = 20\,000 \times 2{,}44 = 48\,828$ têtards.

*Réponse a).*

# I.5 – Ne redoutez pas la géométrie

## 5.a - Triangles

**L'essentiel à savoir**

**Triangle.** Le triangle est un polygone à trois côtés.
La somme des trois angles d'un triangle vaut 180°.

**Triangle rectangle**
Triangle dont l'un des angles mesure 90°.
Le plus grand côté est appelé hypoténuse.

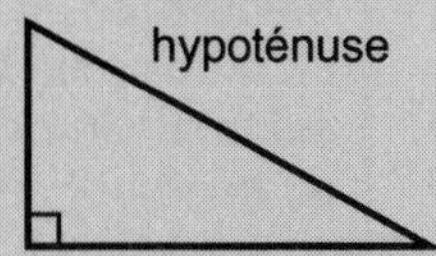


**Triangle isocèle**
Triangle dont deux côtés et deux angles sont égaux.

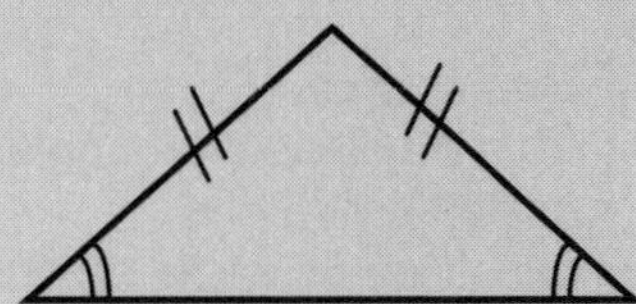

**Triangle équilatéral**
Triangle dont les trois côtés sont égaux, et les trois angles sont égaux à 60°.

**Surface ou aire d'un triangle.**

$$\textbf{Aire} = \frac{\textbf{base} \times \textbf{hauteur}}{\textbf{2}} = \frac{\textbf{AC} \times \textbf{h}}{\textbf{2}}$$

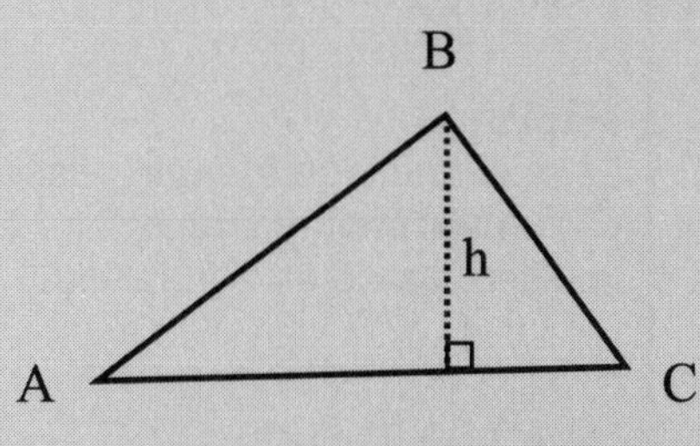


Cas particulier d'un triangle rectangle :

$$\text{Aire} = \frac{AB \times AC}{2}$$

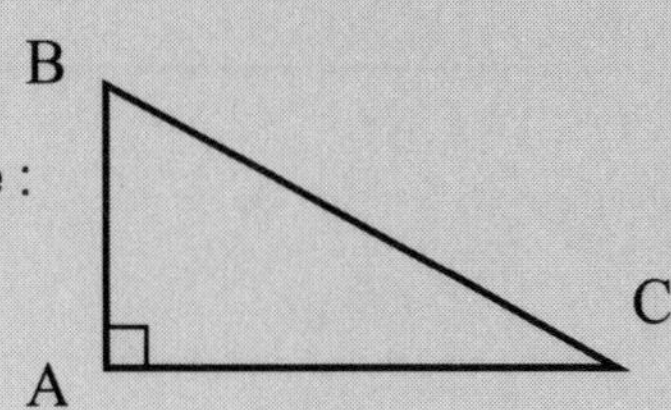

**Astuce. Relation entre côté et angle.**

Le plus grand côté sera toujours opposé à l'angle le plus grand et, logiquement, le plus petit côté sera en face de l'angle le plus petit.

Souvenez-vous que si l'on connaît les mesures des trois angles, on peut connaître les longueurs des trois côtés.

**L'essentiel à savoir**

**Droites rémarquables et triangle.**

**Médiatrice.**

La médiatrice d'un segment est la droite perpendiculaire au segment qui passe par son milieu.

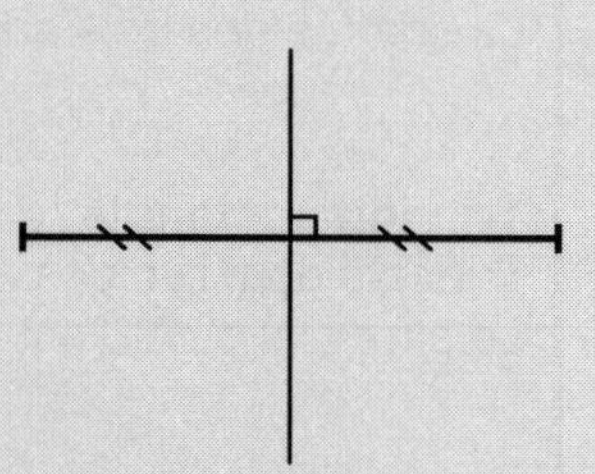

**Bissectrice.**

La bissectrice d'un angle est la demi-droite qui divise un angle en deux.

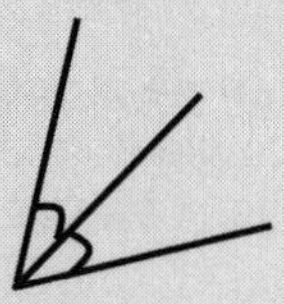

**Hauteur.**

La hauteur d'un triangle passe par un sommet et coupe son côté opposé en formant un angle droit.

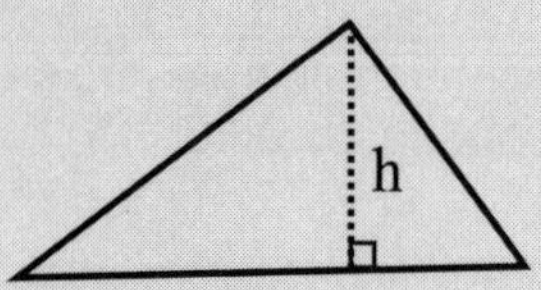


**Médiane.**

La médiane d'un triangle passe par un sommet et coupe le côté opposé en son milieu.

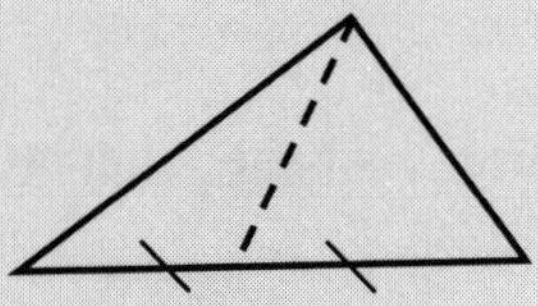

# 5.b - Quadrilatères

**L'essentiel à savoir**

**Quadrilatère.** Le quadrilatère est un polygone à 4 côtés.
La somme des quatre angles d'un quadrilatère vaut 360°.

**Rectangle.**
Quadrilatère possédant 4 angles droits.
Les côtés opposés sont de même longueur.
Ils sont appelés Longueur (L) et largeur ($\ell$).

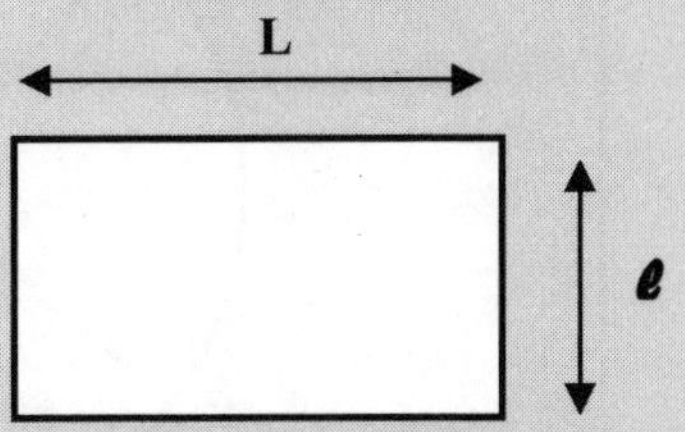


**Périmètre** = P = $2L + 2\ell = 2(L + \ell)$

**Surface** = Aire = $L \times \ell$

**Carré.**
Quadrilatère possédant 4 angles droits et dont les 4 côtés sont égaux (c).

Souvenez-vous que la longueur de la diagonale (d) vaut $\sqrt{2}c$

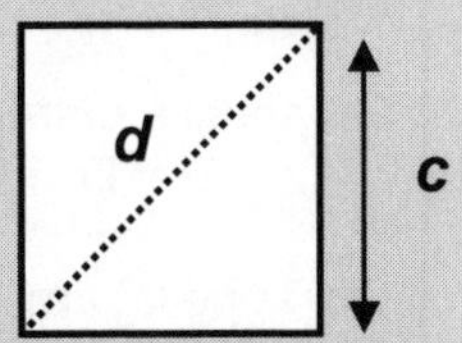


**Périmètre** = P = 4c

**Surface** = Aire = $c \times c = c^2$

**Parallélogramme.**
Quadrilatère dont les côtés opposés sont parallèles.
Les côtés opposés et les angles opposés sont égaux.
Deux angles consécutifs sont supplémentaires (= 180°).
Les diagonales d'un parallélogramme se coupent en leur milieu.

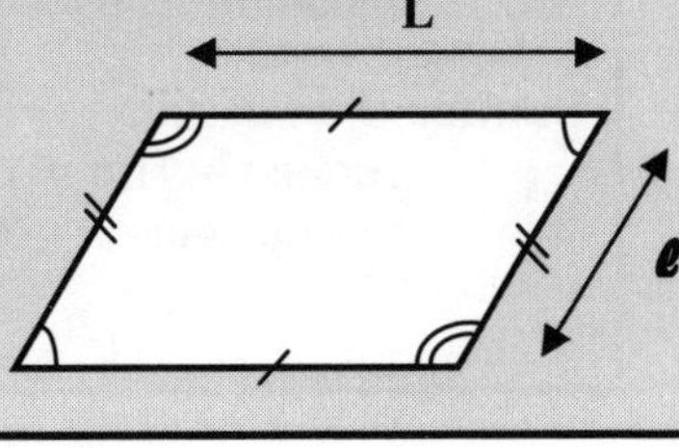


Périmètre = P = $2L + 2\ell = 2(L + \ell)$

Surface = Aire = $L \times \ell$

# 5.c - Cercle

**L'essentiel à savoir**

**Cercle**. C'est l'ensemble des points sur un plan qui se trouvent à la même distance d'un point particulier (son centre).

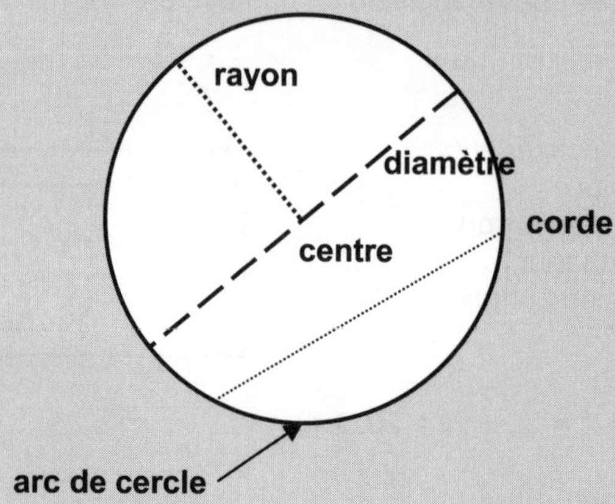


On appelle **rayon** (r) la distance entre le centre et un point quelconque du cercle.

On appelle **corde** un segment dont les deux extrémités sont deux points du cercle.

On appelle **diamètre** (d) une corde qui passe par le centre.

**d = 2r**

On appelle **arc de cercle** une partie de la circonférence entre deux points.

On appelle **secteur** une superficie comprise entre deux rayons et l'arc correspondant.

**Circonférence d'un cercle** (rappel : $\pi \approx 3{,}14$)

Périmètre = **Circonférence = $\mathcal{C}$ = $2\pi r$**

Longueur d'un arc de cercle = $2\pi r \times$(angle au centre/360°)

**Surface d'un disque**

Surface = **Aire = $\pi r^2$**

Aire du secteur = $\pi r^2 \times$(angle au centre/360°)

## 5.d - Volumes

**L'essentiel à savoir**

Volume d'un **parallélépipède rectangle**.

$$\mathbf{V = L \times \ell \times h}$$

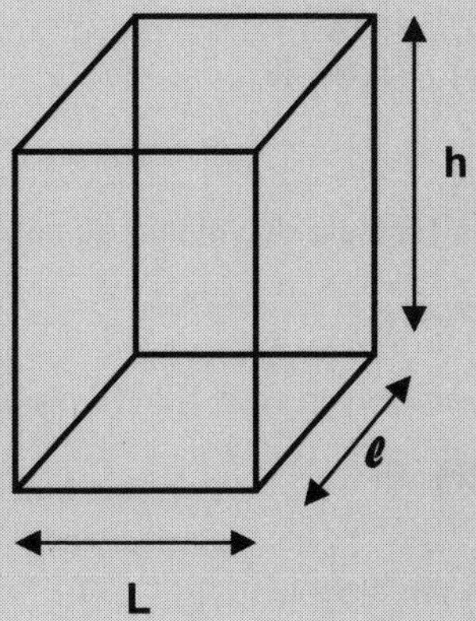


Volume d'un **cube**.

$$\mathbf{V = c^3}$$

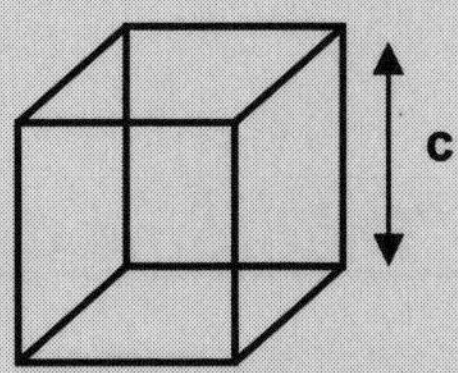


Souvenez-vous que la longueur de la plus grande diagonale intérieure vaut $\sqrt{3}c$

La somme totale des surfaces d'un cube vaut 6c²

Volume d'une **sphère**. $\mathbf{V = \frac{4}{3}\pi r^3}$

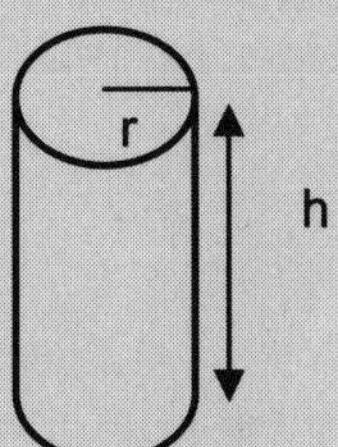


Volume d'un **cylindre**.

$$\mathbf{V = base \times hauteur = \pi r^2 \times h}$$

Volume d'un **cône**.

$$\mathbf{V = \frac{1}{3} base \times hauteur}$$

**Savoir-faire. Question de concours.**
Si dans un cône cylindrique de rayon r et de hauteur h, on augmente le rayon de 20 %, de quel pourcentage varie le volume ?

a) 21 %
b) 33,33 %
c) 17 %
d) 44 %
e) 16,66 %

☑ Correction
Appliquons la formule du volume du cône :

$V = \frac{1}{3} \text{base} \times \text{hauteur} = \frac{1}{3} \pi r^2 \times h$

Donc le nouveau rayon vaut 1,2r (il a été augmenté de 20 %), sa surface vaut :

$V' = \frac{1}{3} \pi (1{,}2r)^2 \times h$

$V' = 1{,}44 \times (\frac{1}{3} \pi r^2 \times h)$ $\quad 1{,}2^2 = 1{,}44$

$V' = 1{,}44V$

Le volume augmente donc de 44 %.

*Réponse d).*

## 5.e - Théorème de Pythagore et théorème de Thalès

**L'essentiel à savoir**

**Théorème de Pythagore.** Si un triangle est rectangle, alors la somme des carrés des deux côtés perpendiculaires est égale au carré de l'hypoténuse.

Dans le triangle ABC, si ABC est rectangle en A :
Alors, $BC^2 = AB^2 + AC^2$

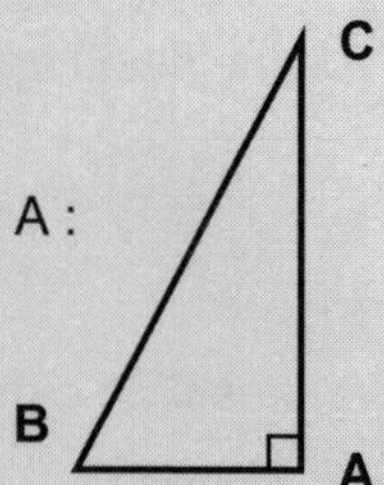


D'où la **réciproque** du théorème de Pythagore.
Si dans un triangle ABC, $BC^2 = AB^2 + AC^2$, alors ce triangle est rectangle en A.

**Triplés pythagoriciens.** Tous les triangles dont les longueurs des côtés satisfont la condition de la réciproque sont rectangles. Les plus usuels lors des concours sont (3,4,5) et (5,12,13).

**Le triangle 30° / 60° / 90°.** Dans un triangle dont les angles sont respectivement égaux à 30°, 60° et 90°, la longueur du côté opposé à l'angle de 30° est égale à la moitié de la longueur de l'hypoténuse.

**Savoir-faire. Question de concours.**

Dans le triangle ABC rectangle en A, on sait que BC = 6 cm et AC = 3 - $\sqrt{6}$ cm. Quelle est la longueur de AB ?

a) $\sqrt{3}(1+\sqrt{6})$

b) $3$

c) $3\sqrt{3}$

d) $1+\sqrt{3}$

e) $1+\sqrt{6}$

☑ Correction

Le triangle est rectangle en A, les conditions pour appliquer le Théorème de Pythagore sont remplies. Alors,

$BC^2 = AB^2 + AC^2$

$6^2 = AB^2 + (3 - \sqrt{6})^2$ Petite identité remarquable pour se faire plaisir !

$36 = AB^2 + 3^2 + \left(\sqrt{6}\right)^2 - 2\times 3\times\sqrt{6}$

$AB^2 = 36 - 9 - 6 + 6\sqrt{6}$

$AB^2 = 21 + 6\sqrt{6}$ Attention vos yeux…

$AB^2 = 3(7 + 2\sqrt{6})$

$AB^2 = 3(1 + 2\sqrt{6} + 6)$ Une identité remarquable de nouveau

$AB^2 = 3(1^2 + 2\sqrt{6} + \sqrt{6}^2)$

$AB^2 = 3(1 + \sqrt{6})^2$

Donc, $AB = \sqrt{3}(1 + \sqrt{6})$

*Réponse a).*

L'essentiel à savoir

**Théorème de Thalès.** Dans un triangle ABC, si une parallèle du côté BC coupe (AB) en M et (AC) en N, alors :

$$\frac{MN}{BC} = \frac{AM}{AB} = \frac{AN}{AC}$$

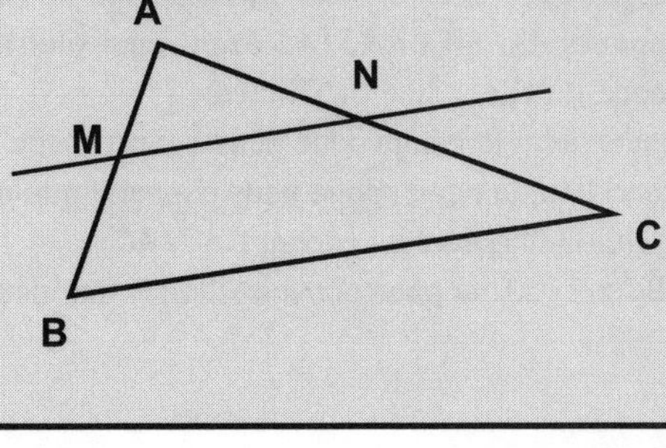

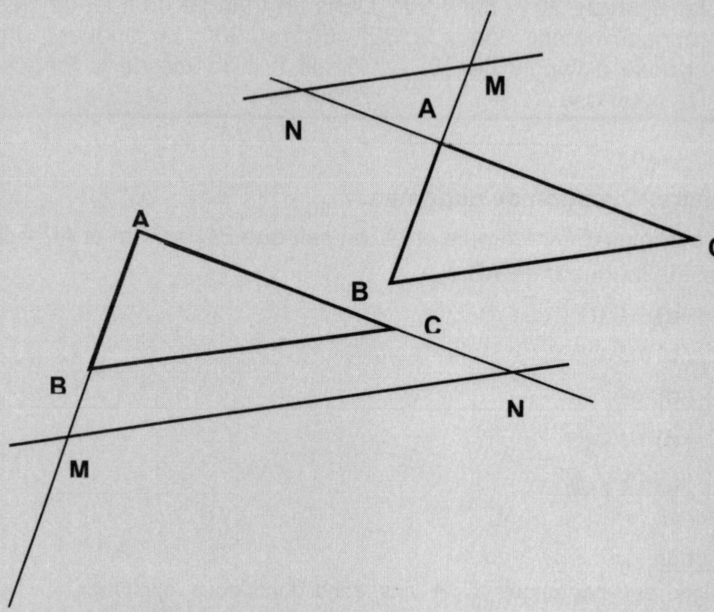


**Réciproque du théorème de Thalès.**
Dans un triangle ABC, M est un point de (AB) et N de (AC), si $\frac{AM}{AB} = \frac{AN}{AC}$, alors, (BC) et (MN) sont parallèles.

**Savoir-faire. Question de concours.**
Dans le triangle représenté ci-dessous, I est le milieu de AB et J le milieu de AC. Quelle est l'expression de IJ en fonction de BC ?

a) IJ = BC/5
b) IJ = BC/4
c) IJ = BC/3
d) IJ = BC/2
e) IJ = BC

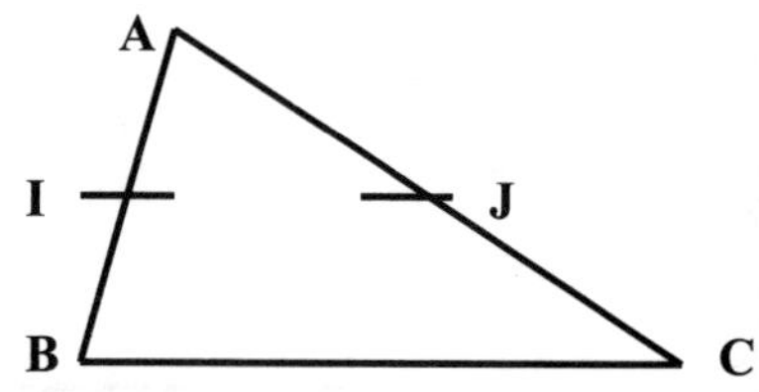


☑ Correction

Application basique de la réciproque du théorème de Thalès (c'est une question déjà tombée je vous l'assure, il serait dommage de ne pas récolter les points !).
Les rapports AI/AB et AJ/AC étant équivalents (1/2), nous pouvons appliquer la réciproque du théorème de Thalès.
En premier lieu, la réciproque nous apprend que (IJ) et (BC) sont parallèles.
En second lieu, la réciproque nous apprend que le rapport IJ/BC est égal au rapport AI/AB (lui-même égal au rapport AJ/AC).
Donc, BC = 2×IJ ou pour pouvoir choisir une des réponses proposées, IJ = BC/2.

*Réponse d).*

# 5.f - Propriétés simples des angles et du cercle

**L'essentiel à savoir**

## Propriétés simples des angles.

Â, Ê, Û, Ô sont des angles.

**Angles supplémentaires.**
Deux angles sont supplémentaires si leur somme vaut 180°.

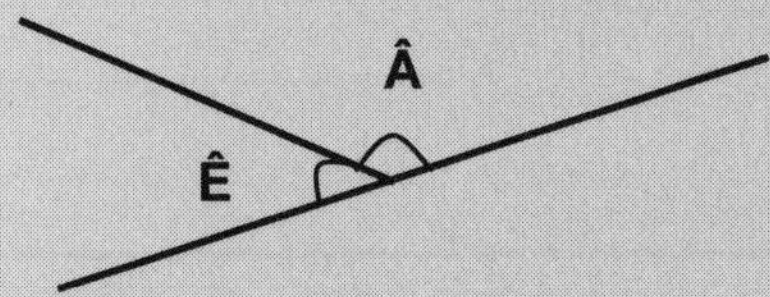


**Angles opposés par le sommet.**
Â et Û sont opposés par le sommet.
Ô et Ê sont opposés par le sommet.

Â = Û
Ô = Ê
Â + Ê = Û + Ô = 180°
Â + Ê + Û + Ô = 360°

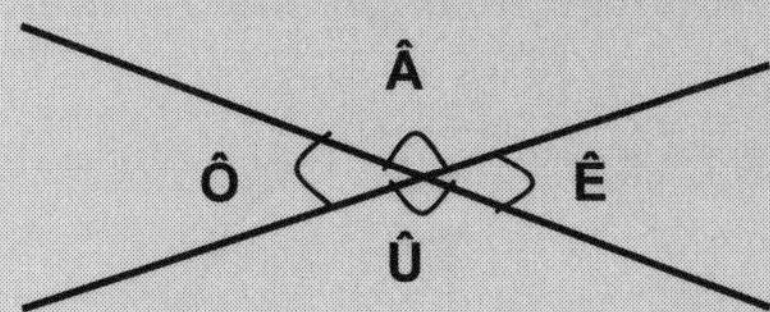


**Angles alternes-internes.**

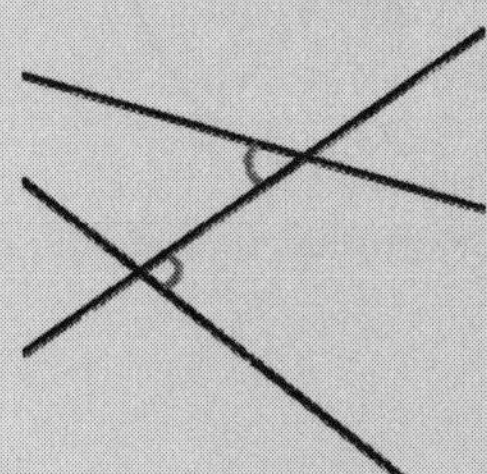

**Angles correspondants.**

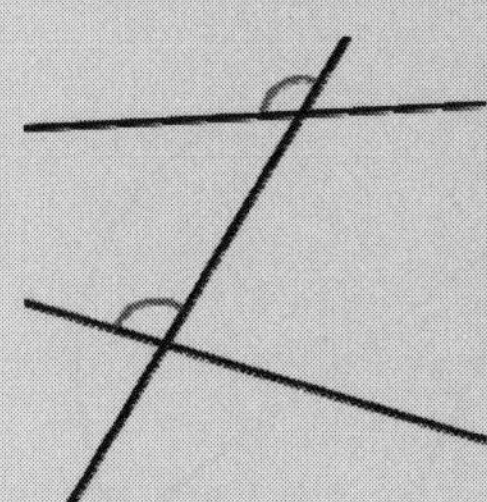

**Cas particulier, si $P_1$ et $P_2$ sont parallèles.**

Alors
Â = Ê
Û = Ô

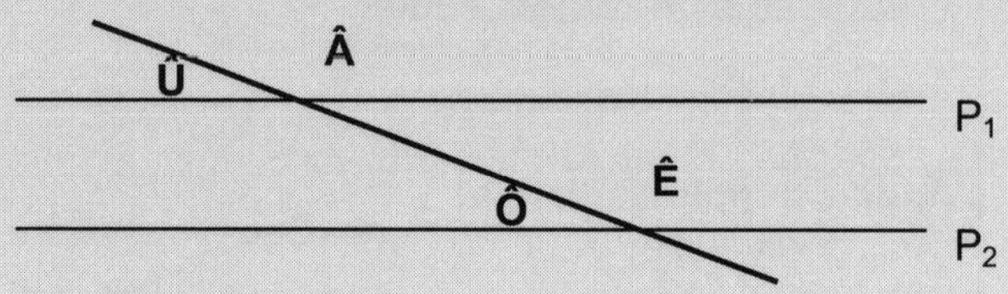


L'essentiel à savoir

**Propriétés simples du cercle.**

**Propriété 1.** ***Dans un cercle, un angle au centre mesure le double d'un angle inscrit interceptant le même arc.***

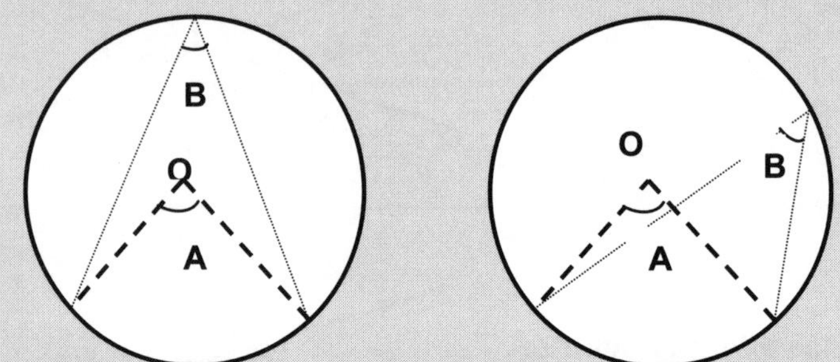


Dans les exemples ci-dessus, angle A = 2×angle B

**Propriété 2.** ***Si l'un des côtés d'un triangle est un diamètre de son cercle circonscrit, alors ce triangle est rectangle.***

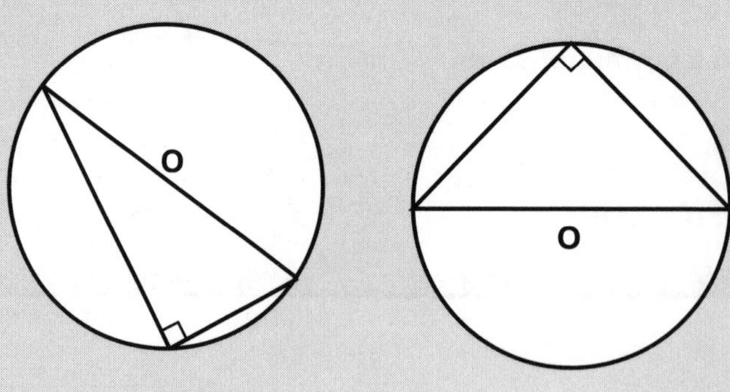

# II – Méthodologie du QCM de Calcul

Les tests d'aptitude aux différents concours sont tous au format QCM : Questionnaire à Choix Multiples. Il vous faut choisir entre cinq ou quatre réponses possibles en fonction des différents concours.

Le format QCM est très répandu dans les pays anglo-saxons (vous savez peut-être que les tests d'aptitude sont à l'origine une adaptation du célèbre GMAT™ américain), mais ce format est plutôt rare en France, c'est pourquoi vous êtes assez mal préparés à ce type d'épreuves. L'objectif de cette rubrique est de vous présenter les caractéristiques du QCM de Calcul et surtout de vous initier aux techniques ou plutôt aux tactiques de résolution.
Il s'agit bien ici de tactiques qui visent à être le plus efficace et le plus rapide possible le jour J.

Avant de commencer, laissez-moi vous rappeler encore une fois que tous les concours contiennent une notation négative en cas de réponse fausse (sauf pour le test SIM). Inutile d'espérer répondre au hasard. Au contraire, cette stratégie vous mènerait droit à la catastrophe. Ne faites en aucun cas confiance à la chance ou à votre sixième sens (celui des mathématiques ?). La solution que vous cocherez *in fine* devra avoir été rigoureusement et méthodiquement déterminée.

Le conseil absolu pour le concours est simple : **ne répondez que lorsque vous êtes certains de votre choix !**

Souvenez-vous qu'une mauvaise réponse constitue un « manque à gagner » de 5 ou 6 points et non pas seulement la perte d'un point (notion de score absolu).

Première question que vous avez l'habitude de me poser : **Doit-on lire la totalité des questions avant de se lancer dans la résolution ?**

Ma réponse est clairement … ça dépend ! En réalité, la réponse est fonction de votre aisance en logique mathématique et en calcul.

Il est évident que lire la totalité des questions avant de commencer à répondre permet de repérer les questions faciles ou tout au moins les questions que vous connaissez (parce que vous les avez déjà travaillées) et donc de traiter en priorité les questions « rentables », celles qui vous permettront de gagner des points.

D'un autre côté, le chronomètre est impitoyable et sacrifier quelques dizaines de secondes à lire la totalité des questions peut être dangereux. Ces précieuses secondes vous feront défaut lors de la résolution des questions. N'est-ce pas le temps qui vous aurait permis de répondre à une question supplémentaire et ainsi d'obtenir les 4 points qui vous feront passer la barre d'admissibilité ?...

Sérieux dilemme … Mon conseil est donc de ne pas lire les questions si vous êtes plutôt bon en calcul : votre objectif est de répondre juste à un maximum de questions. En revanche, si vous êtes plutôt faible, il n'est pas stupide d'investir quelques secondes pour repérer les questions que vous maîtrisez : votre objectif est de répondre juste à au moins toutes les questions que vous savez traiter.

La réponse finale vous appartient donc, à vous d'évaluer en fonction des tests présents dans cet ouvrage la stratégie la mieux adaptée à votre profil.

Un second conseil absolu : **ne perdez <u>jamais</u> votre temps sur une question.** Si vous ne comprenez pas ou si simplement vous ne « sentez » pas une question, passez rapidement à la suivante. De même, si vous bloquez depuis quelques dizaines de secondes dans la résolution, passez-la ! Je vous l'ai déjà dit, il ne s'agit pas de répondre à toutes les questions mais de répondre JUSTE et VITE à un maximum de questions.

Voici donc la méthodologie de résolution et les trois tactiques essentielles pour obtenir un score maximal aux épreuves de calcul.

## II.1 – La méthode de résolution *MCPS*

La méthode de résolution MCPS est somme toute assez basique mais vous devez en suivre scrupuleusement chacune des étapes. C'est de votre capacité à être rigoureux et méthodique le jour de l'examen que dépendra votre score final.

Stress maximum, manque de temps, formalisme de l'épreuve, déconcentration intempestive…Gardez à l'esprit que le jour de l'examen, les conditions sont réunies pour vous mettre sous une pression maximum et vous pousser à la faute. Ne faites pas comme Zidane un soir de final ! Gardez la tête froide et concentrez-vous sur les méthodes, les tactiques et les automatismes acquis lors de votre préparation.

### 1.a - *MCPS* : Mécanisme, Connaissances, Pièges, Solutions

La première étape de toute méthode de résolution consiste évidemment à bien lire l'énoncé. Il ne s'agit pas de survoler ou de lire en diagonale la question en fonçant tête baissée vers la résolution. Avant de gravir un sommet, il faut l'observer, détecter ses spécificités, repérer les dangers puis s'équiper du matériel adéquat. La méthode est identique pour une question de Calcul.

## Quel Mécanisme ?

Le premier réflexe lors de la lecture de l'énoncé d'une question, c'est de vous demander quel mécanisme mathématique est abordé. Tout concepteur de test procède de la même façon, il définit d'abord un mécanisme mathématique (système d'équations, pourcentages, mouvements,...), puis il conçoit sa question en y ajoutant si besoin des pièges. Il vous faut donc deviner, au-delà de la situation décrite par l'énoncé, son fondement mathématique.

Nous avons abordé dans le cours la totalité des connaissances mathématiques au programme. A vous de rattacher la question à ce cours. Ne vous lancez jamais dans la résolution si vous n'avez pas repéré le mécanisme mathématique en question. Vous risqueriez de perdre du temps sans arriver à la solution.

## Quelles Connaissances ?

Le mécanisme mathématique repéré, vous devez être capables de rattacher immédiatement l'exercice au point de cours correspondant. Il vous faut mobiliser les bonnes connaissances : l'essentiel à savoir.

Ce point est crucial. Mobiliser les bonnes connaissances vous permet de démarrer très rapidement la résolution, d'éviter de partir dans une mauvaise direction et vous permet de gagner du temps en évitant des calculs ou des démonstrations inutiles.

## Quels Pièges ?

Une fois le mécanisme mathématique repéré, il vous faut déjouer les pièges tendus par le concepteur du test. Bien souvent, un mécanisme mathématique appliqué simplement à une question ne permet pas d'éliminer suffisamment de candidats ! La réalité est parfois cruelle, mais c'est bien de sélection dont il s'agit.

A vous de repérer ces pièges, en vous concentrant sur la rédaction de la question. Dites-vous que chaque information est utile, que chaque mot compte et qu'il est important d'identifier les données qui introduisent une difficulté supplémentaire.

Nous illustrerons dans les nombreux tests de cet ouvrage cette notion de piège.

## Que m'apprennent les Solutions ?

C'est la spécificité du QCM. Des solutions possibles vous sont proposées, et parmi celles-ci, la bonne réponse !
Apprenez à les utiliser. Cette étape, bien souvent négligée par les étudiants est pourtant primordiale.

J'insiste, les solutions sont aussi importantes que l'énoncé, elles contiennent bien souvent des informations extrêmement utiles pour la résolution. **Il faut rigoureusement les analyser avant de se lancer dans la résolution.**

Voici les principales informations génériques que vous pouvez retirer d'une simple lecture des solutions :

- **Les unités :** km/h, €, kg, %, heures, étudiants, m², z,... Les solutions vous permettent de connaître l'unité dans laquelle votre réponse est attendue.

- **Les ordres de grandeur :** le résultat cherché est-il de l'ordre du millier, de l'unité, du millième ou du million ? La réponse à cette question vous est donnée par les solutions. Par exemple, si à mi-calcul vous vous retrouvez avec des dizaines alors que toutes les solutions sont en centièmes, c'est que vous avez commis une erreur de calcul, de signe, d'unité...

- **La nature arithmétique :** les solutions proposées sont-elles toutes des entiers, des décimaux, des fractions ? Si toutes les solutions sont des entiers, vous savez, par exemple, que les calculs se simplifieront.

- **Les informations tactiques :** ce que j'appelle une information tactique, c'est par exemple un écartement important entre les solutions, cette information nous évitera de « terminer » les calculs (puisque je ne peux pas hésiter entre plusieurs solutions).
  Autres exemples, des solutions qui commencent toutes par le même chiffre, la parité de la réponse...
  Nous aurons l'occasion d'isoler un grand nombre d'informations de ce type au cours de la résolution des tests dans la suite de cet ouvrage.

## 1.b - Quelle tactique de résolution ?

Après avoir dans un premier temps rigoureusement analysé l'énoncé et les solutions, puis dans un second temps mobilisé les connaissances nécessaires, il nous faut choisir la bonne tactique de résolution. Il y en a principalement trois.

Vous apprendrez progressivement avec cet ouvrage à être tour à tour consciencieux(se), malin(gne) et fainéant(e) !

### La tactique du consciencieux.

**Consciencieux, euse** *adj.* Qui fait preuve de probité, de conscience professionnelle ; sérieux.

Cette tactique est la méthode classique de résolution d'un problème mathématique, celle que vous avez apprise dès le CE1 : résoudre un problème à partir de l'énoncé.

1 – J'identifie les données.
2 – Je mets en équation ou j'applique la formule concernée.
3 – Je résous.
4 – Je choisis parmi les solutions proposées la réponse calculée.

Notez que cette tactique permet de répondre à toutes les questions des tests.

## La tactique du malin.

**Malin, igne** *adj. et n.* Qui manifeste une intelligence malicieuse, de l'astuce, de l'ingéniosité ; fin, rusé, habile.

Cette tactique consiste à déterminer la bonne réponse en partant des solutions proposées. **Il s'agit véritablement de TESTER les solutions (backsolving).**

Son nom n'a pas été choisi au hasard ! Cette tactique, bien appliquée, vous fera gagner un temps précieux car elle permet bien souvent d'éviter d'interminables calculs ou de complexes mises en équation.

1 – J'ordonne les solutions par ordre croissant ou décroissant.
2 – Je commence par traiter la solution du milieu.
3 – Je résous « à l'envers » le problème posé par l'énoncé à l'aide de la solution. Si je retombe sur les données de l'énoncé, alors, la solution testée est la bonne réponse.
4 – Sinon, je traite une solution supérieure ou inférieure en fonction du résultat obtenu (nous l'illustrerons plus tard), jusqu'à déterminer la bonne réponse.

## La tactique du fainéant.

**Fainéant, e** adj. et n. Qui ne veut rien faire.

Il ne s'agit en aucun cas d'encourager ici la fainéantise ! Je regroupe sous cette appellation un certain nombre de tactiques de résolution qui minimisent au maximum les calculs.

Vous le constaterez, ces tactiques font le plus souvent appel au bon sens et à quelques ruses. Elles sont toujours basées sur une étude minutieuse des solutions.

# II.2 – Illustrations

## QUESTION 1.

Un capital de 25 000 € est placé pendant un an pour partie à 5 % et pour le reste à 7 %. La somme placée à 7 % a rapporté 910 € d'intérêts. Quel était le montant de la somme placée à 5 % ?

a) 11 000 €
b) 12 000 €
c) 13 000 €
d) 14 000 €
e) 15 000 €

☑ Correction

**1. Lecture MCPS de la question (Mécanisme, Connaissances, Pièges, Solutions)**

**Mécanisme.** Cette question porte clairement sur les notions de mathématiques financières. L'énoncé précise que la durée du placement a été de 1 an, il n'y a donc aucune hésitation sur la formule à appliquer, celle des intérêts simples.

**Connaissances.** Rappelons la formule :

Intérêts = Somme placée × taux d'intérêt × temps

N'oublions pas d'apporter une attention particulière aux unités : les intérêts et la somme seront en euros, le taux en pourcentage et le temps ici en année.

**Pièges.** Le piège est assez mal dissimulé ! L'application de notre formule va nous permettre de calculer la somme placée à 7 %, et, la question porte sur la somme placée à 5 %. A n'en pas douter, le montant de la somme placée à 7 % fera très certainement partie des solutions proposées. Evitons de tomber dans ce grossier piège !

**Solutions.** La réponse est comprise entre 11 000 € et 15 000 €.

**2. Quelle tactique de résolution ?**

La tactique du malin n'est pas vraiment applicable, lançons-nous dans une résolution classique : tactique du consciencieux.

**3. Résolution.**

Somme placée = Intérêts / (taux d'intérêt × temps)

Somme placée = 910 / (7 %×1) Règles de fraction : $\frac{910}{\frac{7}{100}} = \frac{910 \times 100}{7} = \frac{91}{7} \times 1000$

Somme placée à 7 % = 13 000 € $91 = 70 + 21 = 7 \times 10 + 7 \times 3$

Si la somme placée à 7 % vaut 13 000 €, alors la somme placée à 5 % vaut 12 000 € = 25 000€ - 13 000 €.

*Réponse b).*

## QUESTION 2.

La pâtisserie *Le Gai Choc* a augmenté le prix de la baguette tradition de 12 % en 2009 et de 8 % en 2010. Quelle est l'augmentation du prix de la baguette tradition sur les deux années ?

a) 8 %
b) 12 %
c) 19 %
d) 21 %
e) 69 %

☑ Correction

**1. Lecture MCPS de la question (Mécanisme, Connaissances, Pièges, Solutions)**

**Mécanisme.** Il s'agit clairement d'une question portant sur les pourcentages.

**Connaissances.** Il s'agit ici d'un calcul d'une succession de variations, souvenons-nous que : Variation totale = variation 1 × variation 2

L'astuce consiste à partir d'une base 100.

**Pièges.** La question ne présente aucun piège particulier.

**Solutions.** Remarquons que les réponses sont toutes des nombres entiers. Le calcul ne se simplifiant pas *a priori* ($1{,}12 \times 1{,}08$), nous n'aurons pas besoin de le « terminer ». Par ailleurs, nous pouvons d'ores et déjà éliminer les réponses a) et b) qui sont reprises de l'énoncé. Une augmentation de 12 % puis de 8 % ne peut pas donner une augmentation totale de 8 % ou de 12 %.

Eliminons aussi la réponse e) qui semble bien trop grande.

A ce stade, il ne reste que les réponses c) et d).

**2. Quelle tactique de résolution ?**

En utilisant l'astuce base 100.

**3. Résolution.**

Partons d'une base 100 en 2008, en 2009, le prix est de 112.

En 2010, le prix est de :

$$112 \times 1{,}08$$
$$= 112 \times (1 + 0{,}08)$$
$$= 112 + 112 \times 0{,}08$$

*C'est le moment d'être fainéant...*

Le résultat de $112 \times 0{,}08 = 1{,}12 \times 8$ est forcément supérieur à 8.

Donc $112 \times 1{,}08$ sera forcément supérieur à : $112 + 8 = 120$.

Par rapport à une base 100, l'augmentation sera donc forcément supérieure à 20 % !

*Réponse d).*

## QUESTION 3.

Bob met 2h30mn pour éponger la totalité de son jardin sous-marin. Si Bob et son ami Carlo travaillent ensemble, la totalité du jardin sous-marin est épongée en 1h30mn. Combien de temps Carlo mettrait-il s'il travaillait seul ?

a) 2h30mn
b) 4h15mn
c) 3h
d) 3h45mn
e) 5h15mn

☑ Correction

**1. Lecture MCPS de la question (Mécanisme, Connaissances, Pièges, Solutions)**

**Mécanisme.** L'énoncé de cette question aborde des problèmes de temps de travail. Il s'agit de déterminer la vitesse de travail commune de Bob et Carlo.

**Connaissances.** Souvenons-nous que la principale difficulté réside dans le choix d'une base identique de temps et que lorsque plusieurs personnes travaillent ensemble, leurs vitesses s'additionnent.

**Pièges.** La question ne présente aucun piège particulier.

**Solutions.** Les solutions ne nous apprennent rien à ce stade.

**2. Quelle tactique de résolution ?**

Nous utiliserons probablement la tactique classique de résolution en appliquant rigoureusement la formule $Q = v \times t$. Tactique du consciencieux.

**3. Résolution.**

Déterminons la vitesse de Bob :

$Q = v \times t$

1 jardin = $v_{Bob} \times 2{,}5$ heures        rappel : 30mn = 0,5 heure

$V_{Bob} = \frac{1}{2{,}5}$ jardin/h = $\frac{2}{5}$ jardin/h = 0,4 jardin/h

Déterminons leur vitesse commune lorsque Bob et Carlo travaillent ensemble :

1 jardin = $v_{Bob\ et\ Carlo} \times 1{,}5$ heures

$v_{Bob\ et\ Carlo} = \frac{1}{1{,}5}$ jardin/h = $\frac{2}{3}$ jardin/h

Or, $v_{Bob\ et\ Carlo} = v_{Bob} + v_{Carlo}$

Donc, $v_{Carlo} = v_{Bob\ et\ Carlo} - v_{Bob} = \frac{2}{3} - \frac{2}{5} = \frac{10}{15} - \frac{6}{15} = \frac{4}{15}$ jardin/h

Pour éponger la totalité d'un jardin sous-marin, Carlo seul met :

1 jardin = $v_{Carlo} \times t$

$t = \frac{1}{\frac{4}{15}} = \frac{15}{4}$ heures = 3h45mn        Astuce : $\frac{15}{4} = \frac{16-1}{4} = 4 - \frac{1}{4}$

*Réponse d).*

## QUESTION 4.

L'an dernier, mon âge était multiple de 12. L'année prochaine, il sera multiple de 7. Quel est mon âge actuel ?

a) 13 ans
b) 37 ans
c) 48 ans
d) 55 ans
e) 76 ans

☑ Correction

**1. Lecture MCPS de la question (Mécanisme, Connaissances, Pièges, Solutions)**

**Mécanisme.** La question porte sur la notion de divisibilité.

**Connaissances.** Souvenons-nous qu'un nombre N est multiple de 12 si et seulement si N est multiple de 3 et 4.

**Pièges.** Le piège est classique, si *A* est la valeur de mon âge aujourd'hui, l'an dernier, mon âge valait (*A* - 1) et l'an prochain, mon âge vaudra (*A* + 1).

**Solutions.** Les solutions nous apprennent que mon âge est compris entre 13 et 76 ans.

**2. Quelle tactique de résolution ?**

Evitons une mise en équation laborieuse et utilisons la tactique du malin, testons les réponses.

**3. Résolution.**

L'an dernier mon âge était multiple de 12 signifie que (solution - 1) doit être divisible par 12 : j'élimine donc les solutions c), d) et e). *Car*, 47, 54 et 75 ne sont pas multiples de 12.

Ne restent que les solutions a) et b).

L'an prochain mon âge sera multiple de 7 signifie que (solution + 1) doit être multiple de 7 : j'élimine la solution b). *Car*, 38 n'est pas multiple de 7.

*Réponse a).*

**Remarque.** Une résolution par une classique mise en équation pouvait nous conduire au résultat mais était bien plus laborieuse, j et k sont des entiers :

$$\begin{cases} N - 1 = 12k \\ N + 1 = 7j \end{cases} \Leftrightarrow \begin{cases} N = 12k + 1 \\ N = 7j - 1 \end{cases}$$

Donc, $12k + 1 = 7j - 1$

Et, $7j = 12k + 2$

| | | | | | | |
|---|---|---|---|---|---|---|
| Soit, pour k = | 1, | 2, | 3, | 4, | 5, | 6 |
| 7j = | 14, | 26, | 38, | 50, | 62, | 72 |

Je m'arrête à 72 car d'après les solutions, mon âge est inférieur à 76 ans.

Dans cette série, seul 14 est multiple de 7.

## QUESTION 5.

Quelle est la valeur du cube du double de 3 ?

a) 27
b) 36
c) 125
d) 144
e) 216

☑ Correction

**1. Lecture MCPS de la question (Mécanisme, Connaissances, Pièges, Solutions)**

**Mécanisme.** La question après une lecture rapide -trop ?- porte sur les cubes et sur le calcul mental. Mais en fait, une lecture plus attentive permet de comprendre que cette question porte aussi sur la parité.

**Solutions.** Les solutions nous permettent d'éviter les calculs.

**2. Quelle tactique de résolution ?**

Nous utilisons très clairement la tactique du fainéant : après une analyse de l'énoncé, nous faisons « parler » les solutions.

**3. Résolution.**

Ma réponse doit obligatoirement être un cube : j'élimine les réponses b) et d).

D'autre part, réfléchissons. Le double de 3 est forcément pair (6), ma solution doit donc obligatoirement être paire (le cube d'un nombre pair est forcément pair) : j'élimine les réponses a) et c).

La réponse est donc forcément 216.

*Réponse e).*

Il pouvait être aussi rapide de calculer mentalement $(2 \times 3)^3 = 6^3 = 216$, cependant, retenez ces tactiques d'analyse des solutions (parité, nature,...).

## QUESTION 6.

Deux nombres entiers ont pour somme 172 et pour différence 18. Quelle est la valeur du plus grand ?

a) 47
b) 95
c) 77
d) 104
e) 56

☑ Correction

**1. Lecture MCPS de la question (Mécanisme, Connaissances, Pièges, Solutions)**

**Mécanisme.** Il s'agit ici d'un système de deux équations et deux inconnues.

**Connaissances.** Souvenons-nous des trois méthodes de résolution : combinaison, substitution et discriminant.

**Pièges.** Le piège ici, serait de répondre à la question : quelle est la valeur du plus petit ?

**Solutions.** Les solutions nous permettent ici d'éviter les calculs.

**2. Quelle tactique de résolution ?**

Utilisons la tactique du malin et testons les réponses.

**3. Résolution.**

Ordonnons les réponses : 47, 56, 77, 95 et 104.

Commençons par tester la solution du milieu :

c) $77 - 18 = 58$, et, $58 + 77 = 135$

135 étant plus petit que le résultat attendu (172), je sais que la réponse sera supérieure à 77 : j'élimine donc les solutions a), c) et e).

Testons la solution d) :

d) $104 - 18 = 86$, et, $86 + 104 = 190$

J'élimine la réponse d) et je sais que la réponse est b) 95.

__Remarque.__ Vous n'avez pas besoin de tester la solution b), vous savez que c'est la bonne réponse puisque toutes les autres sont fausses. La tactique du malin, appliquée rigoureusement, permet de déterminer le résultat en deux calculs seulement !

*Réponse b).*

__Astuce.__ Une astuce consistait à voir que :

$172 = (\text{solution} - 18) + \text{solution} = 2 \times \text{solution} - 18$

__Remarque.__ Constatez que la valeur du plus petit est une des solutions proposées (77). Je vous assure que statistiquement, 15% des candidats se trompent en répondant c).

# III – Méthodologie du QCM de Conditions minimales

Les questions de Conditions Minimales sont très spécifiques aux tests TAGE MAGE®. Le format Conditions Minimales est une adaptation des questions de « Data sufficiency » du GMAT™ américain.

Leur appellation est plus claire en anglais qu'en français, il s'agit d'étudier les données présentes dans l'énoncé (data) et de vérifier si elles sont suffisantes (sufficiency) pour répondre à la question posée.

Chaque question comprend un énoncé suivi de deux énonciations. L'énoncé s'apparente à une question standard de calcul, il comprend un court problème de logique mathématique et une question. La spécificité des conditions minimales est que l'énoncé du problème ne comprend pas toutes les informations (ou données mathématiques) permettant de répondre à la question posée. C'est pourquoi l'énoncé est suivi de deux énonciations [(1) et (2)] qui contiennent des informations supplémentaires. Il s'agit alors, de déterminer si ces énonciations permettent ou non de répondre à la question posée. Plus précisément, vous devez choisir si l'une, l'autre, les deux ensemble ou aucune des ces deux énonciations vous permet de résoudre le problème.

Voici le détail des réponses. Vous devez les apprendre par cœur !

**A)** Si l'information (1) permet à **elle seule** de répondre à la question, et si l'information (2) à elle seule ne permet pas de répondre à la question.
**B)** Si l'information (2) permet à **elle seule** de répondre à la question, et si l'information (1) à elle seule ne permet pas de répondre à la question.
**C)** Si les deux informations (1) et (2) **ensemble** permettent de répondre à la question, et aucune séparément ne le peut.
**D)** Si **chaque** information permet séparément de répondre à la question.
**E)** Si les deux informations **ensemble** ou **séparément** ne permettent pas de répondre à la question.

Le sous-test de Conditions Minimales recouvre le même champ de compétences que le sous-test de Calcul. En réalité, une question de Conditions minimales est une question de Calcul sous un format différent. Ce sous-test ne pose ainsi aucune difficulté conceptuelle ou programmatique. En revanche, les candidats sont déstabilisés par ce type de questions, le taux de bonnes réponses est assez faible, compris entre 45% et 55%. Il s'agit de vous tester sur votre capacité à comprendre rapidement un énoncé, à en isoler les données puis à déterminer si l'on peut y répondre.

En conclusion, cet exercice extrêmement technique nécessite l'acquisition d'une méthodologie précise.

## III.1 – La méthode de résolution 3,5

Avant de vous lancer dans la résolution des premières questions, vous devez obligatoirement avoir revu les connaissances élémentaires présentes dans le chapitre I de cet ouvrage.

La méthode de résolution que je vous propose est somme toute assez basique mais vous devez en suivre scrupuleusement chacune des étapes. Votre score final dépendra de votre capacité à être rigoureux et méthodique le jour de l'examen.

Le **premier conseil** est qu'il ne faut jamais vous fier à votre intuition, mais toujours appliquer cette méthode. Les questions de Conditions minimales sont souvent déroutantes de par leur facilité apparente (je dis bien apparente !) et de nombreux candidats sont tentés de répondre après une simple lecture de l'énoncé. Ne tombez pas dans ce piège.

Le **second conseil** est que, contrairement à l'épreuve de Calcul, vous devez garder à l'esprit que l'on ne vous demande pas de répondre à la question. Raisonnez toujours en terme de suffisance (Data Sufficiency). Ne vous lancez jamais dans une résolution ou dans des calculs lorsque cela n'est pas nécessaire.

La méthode de résolution s'appelle Méthode 3,5 car la résolution peut se faire en 3 ou en 4 étapes en fonction de la question.

### Etape 1 : Enoncé seulement.

La première étape de toute méthode de résolution consiste évidemment à bien lire l'énoncé, l'énoncé seulement [sans lire les informations (1) et (2)].

Cette analyse *MCP* (Mécanisme, Connaissances, Piège) de l'énoncé doit vous permettre d'identifier la question posée, puis de déterminer les données mathématiques contenues dans l'énoncé.

Notez proprement sur votre brouillon la question posée et les informations.

A ce stade de la résolution, vous devez avoir identifié les données mathématiques manquantes.

### Etape 2 : Information (1) seulement.

Analysez dans un deuxième temps l'information (1) [sans lire l'information (2)]. Isolez les données mathématiques et notez-les sur votre brouillon.

Puis posez-vous les questions : ces données me permettent-elles de répondre à la question identifiée lors de la 1ère étape ? Correspondent-elles aux données manquantes ?

☑ Si vous pouvez répondre, alors les solutions possibles sont : A ou D
☒ Si vous ne pouvez pas répondre, alors les solutions possibles sont : B, C ou E

**Etape 3 : Information (2) seulement.**

Oubliez ce que vous venez de lire dans l'information (1) !

Analysez maintenant l'information (2) **[en oubliant l'information (1)]**. Isolez les données mathématiques et notez-les sur votre brouillon.

Puis posez-vous les questions : ces données me permettent-elles de répondre à la question identifiée lors de la 1ère étape ? Correspondent-elles aux données manquantes ?

☑ Si vous pouvez répondre, alors les solutions possibles sont : B ou D
☒ Si vous ne pouvez pas répondre, alors les solutions possibles sont : A, C ou E

**Etape 3,5 : Information (1) et (2) ensemble**

**UNIQUEMENT si les information (1) et (2) ne permettaient pas séparément de répondre, i.e. si vous avez déjà éliminé les solutions A, B et D.**

Analysez maintenant les informations (1) et (2) ensemble. Reprenez les données mathématiques que vous avez notées sur votre brouillon, puis posez-vous les questions : ces données me permettent-elles de répondre à la question identifiée lors de la 1ère étape ? Correspondent-elles aux données manquantes ?

☑ Si vous pouvez répondre, alors la solution est : C
☒ Si vous ne pouvez pas répondre, alors la solution est : E

# III.2 – Arbre de résolution

Vous l'avez compris, cette méthode en 3 ou 4 étapes permet d'éliminer les solutions possibles une à une. Voici donc, un arbre de décision permettant de synthétiser ce processus.

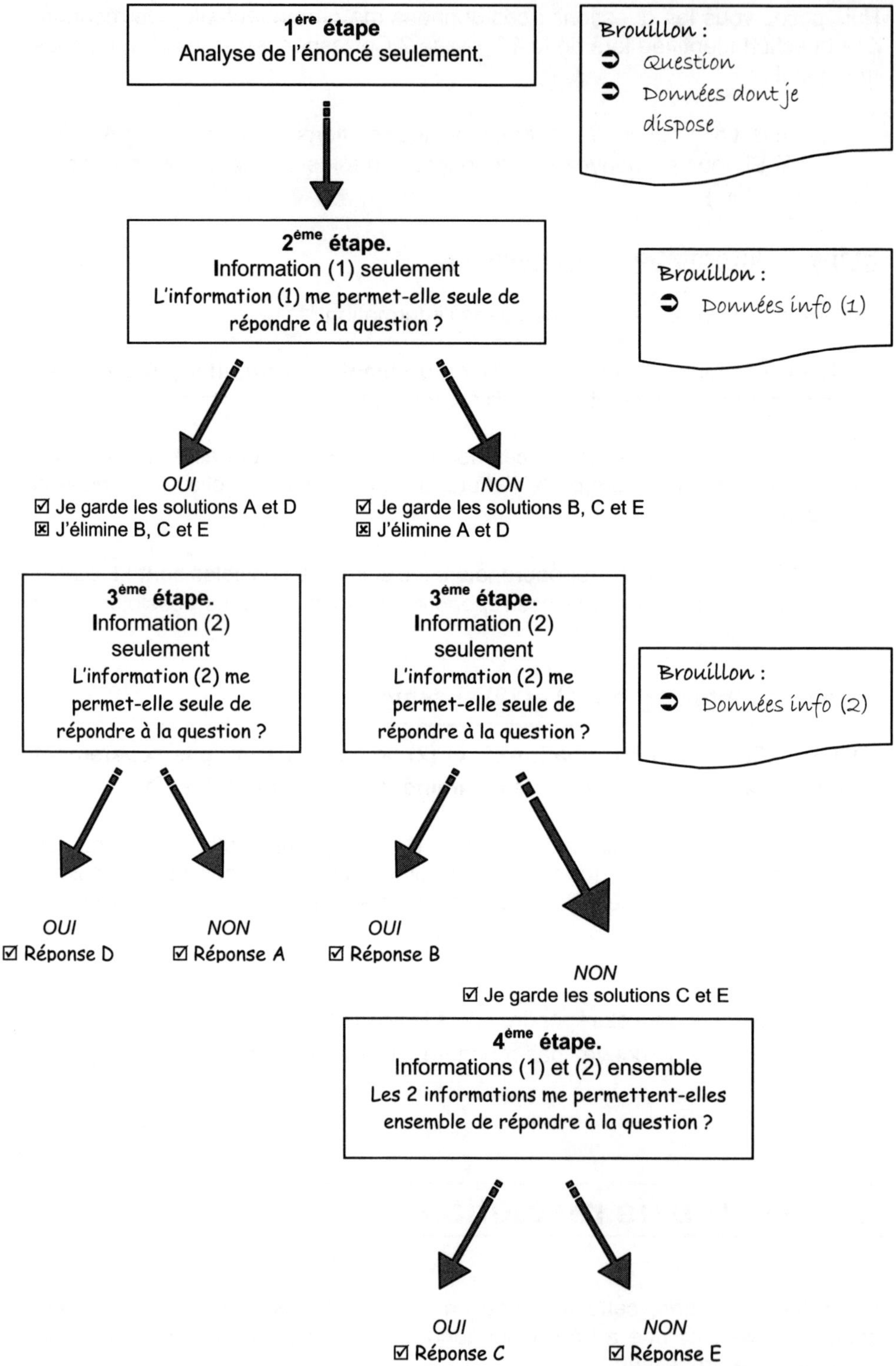
1ère étape
Analyse de l'énoncé seulement.
Brouillon :
➲ Question
➲ Données dont je dispose
2ème étape.
Information (1) seulement
L'information (1) me permet-elle seule de répondre à la question ?
Brouillon :
➲ Données info (1)
OUI
☑ Je garde les solutions A et D
☒ J'élimine B, C et E
NON
☑ Je garde les solutions B, C et E
☒ J'élimine A et D
3ème étape.
Information (2) seulement
L'information (2) me permet-elle seule de répondre à la question ?
3ème étape.
Information (2) seulement
L'information (2) me permet-elle seule de répondre à la question ?
Brouillon :
➲ Données info (2)
OUI
☑ Réponse D
NON
☑ Réponse A
OUI
☑ Réponse B
NON
☑ Je garde les solutions C et E
4ème étape.
Informations (1) et (2) ensemble
Les 2 informations me permettent-elles ensemble de répondre à la question ?
OUI
☑ Réponse C
NON
☑ Réponse E

# III.3 – Illustrations

## Question 1.

L'entier n est-il impair ?

(1) (n – 2) est divisible par 2.
(2) n est le carré d'un nombre entier.

☑ Correction

**1. Etape 1 : analyse de l'énoncé**

Souvenons-nous des principales règles de parité.

**2. Etape 2 : analyse de l'information (1) seule**

(n - 2) divisible par 2.
Donc, n est divisible par 2.
L'information (1) seule nous permet de répondre.

⇨ Nous gardons les solutions A et D.

**Attention** : NON est une réponse en conditions minimales. Dans cette question, nous pouvons répondre que n n'est pas impair.

**3. Etape 3 : analyse de l'information (2) seule**

n est un carré parfait, il peut être égal à 1, 4, 9, 16 ... donc nous ne connaissons pas sa parité.
L'information (2) seule ne nous permet pas de répondre.

*Réponse A).*

## Question 2.

Est-ce que **x** = 3 ?

(1) **x** vérifie : $-x^2 + x + 6 = 0$

(2) **x** vérifie : $x^2 - 8x + 15 = 0$

☑ Correction

**1. Etape 1 : analyse de l'énoncé**

La question est ici clairement énoncée.

**2.Etape 2 : analyse de l'information (1) seule**

Tentons de résoudre l'équation du second degré : $-x^2 + x + 6 = 0$

$\Delta = b^2 - 4ac = 1^2 - 4\times(-1)\times 6 = 25$

$\Delta$ étant positif, nous savons que cette équation admet 2 solutions :

$$x_1 = \frac{-b-\sqrt{\Delta}}{2a} = \frac{-1-\sqrt{25}}{-2} = 3 \text{ et } x_2 = \frac{-b+\sqrt{\Delta}}{2a} = \frac{-1+\sqrt{25}}{-2} = -2$$

L'information (1) seule ne nous permet pas de répondre, en effet, **x** peut être égale à 3 ou à -2.

⇨ Nous gardons les solutions B, C et E.

**3. Etape 3 : analyse de l'information (2) seule**

Tentons de résoudre l'équation du second degré : $x^2 - 8x + 15 = 0$

$\Delta = b^2 - 4ac = (-8)^2 - 4\times 1\times 15 = 64 - 60 = 4$

$\Delta$ étant positif, nous savons que cette équation admet 2 solutions :

$$x_1 = \frac{-b-\sqrt{\Delta}}{2a} = \frac{-(-8)-\sqrt{4}}{2} = 3 \text{ et } x_2 = \frac{-b+\sqrt{\Delta}}{2a} = \frac{-(-8)+\sqrt{4}}{2} = 5$$

L'information (2) seule ne nous permet pas de répondre, en effet, **x** peut être égale à 3 ou à 5.

⇨ Nous gardons les solutions C et E.

**3. Etape 3,5 : analyse des informations (1) & (2) ensemble**

L'information (1) nous apprend que **x** est égale à 3 ou -2, l'information (2) nous apprend que **x** est égale à 3 ou 5.

Alors, les deux informations ensemble nous permettent de répondre que **x** = 3.

*Réponse C).*

**Astuce** : Le jour de l'examen, après avoir calculé mentalement le $\Delta$ de chaque équation, il vous suffit de tester **x** = 3 comme solution évidente. Si cette solution fonctionne dans les 2 équations, alors la réponse est forcément C).

## Question 3.

Le cercle de la figure ci-dessous a pour centre ***O*** ; AB est un diamètre et C est un point quelconque du cercle distinct de A et B.

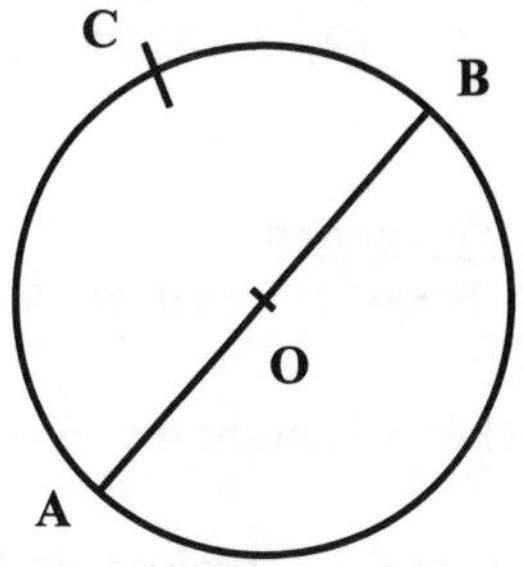


Quelle est la valeur de l'angle **CÔB** ?

(1) OC = CB

(2) CÂB = 30°

☑ Correction

**1. Etape 1 : analyse de l'énoncé**

Les points B et C étant des points du cercle, nous savons que OB = OC, et que le triangle OBC est isocèle. Je vous rappelle que dans un triangle isocèle, 2 côtés mais aussi 2 angles sont égaux, en conclusion : angle OCB = angle OBC.

De plus, intéressons-nous au triangle ACB. Nous savons (propriété simple du cercle) que tout triangle inscrit est rectangle ainsi, ACB est rectangle en C.

**2.Etape 2 : analyse de l'information (1) seule**

Nous savons que OB = OC, ainsi, si OC = CB, alors, OC = OB = CB.

Le triangle OBC est équilatéral et les 3 angles de ce triangle sont égaux à 60°.

L'information (1) seule nous permet de répondre CÔB = 60°.

⇨ Nous gardons les solutions A et D.

**3. Etape 3 : analyse de l'information (2) seule**

1ère méthode : Nous savons que le triangle ACB est rectangle en C, comme l'angle CÂB vaut 30°, nous en déduisons que l'angle OBC est égal à 60°. Je vous rappelle que la somme des angles dans un triangle est égale à 180°.

Comme angle OCB = angle OBC, nous en déduisons que OCB = 60°.

Alors, CÔB est égal à 60° (la somme des angles dans un triangle est égale à 180°).

2ème méthode : Nous savons que dans un cercle, l'angle au centre mesure le double d'un angle inscrit interceptant le même arc. Alors, angle COB = 2×angle CAB = 60°.

L'information (2) seule nous permet de répondre.

*Réponse D).*

## Question 4.

Sandy, Eddy, Sylvie et Sylvain sont réunis tous les quatre autour d'une table ronde. Sandy et Eddy sont-ils voisins ?

(1) Sandy et Sylvie ne sont pas voisines.
(2) Eddy et Sylvain ne sont pas voisins.

☑ Correction

**1. Etape 1 : analyse de l'énoncé**

Schématisons notre table.

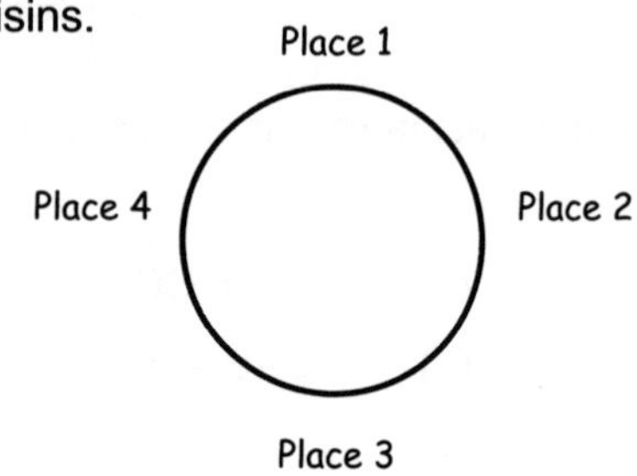


**2. Etape 2 : analyse de l'information (1) seule**

Réfléchissons ... si Sandy et Sylvie ne sont pas voisines, c'est qu'elles sont obligatoirement l'une en face de l'autre.
En positionnant Sandy et Sylvie sur notre schéma, nous nous apercevons que Eddy et Sylvain sont alors forcément voisins de Sandy et Sylvie.

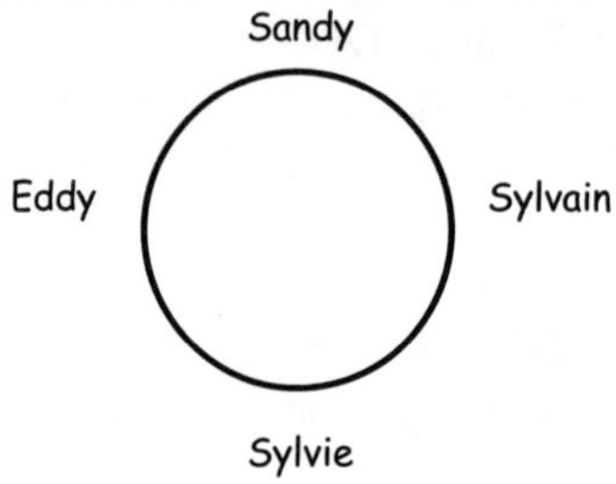


Ou

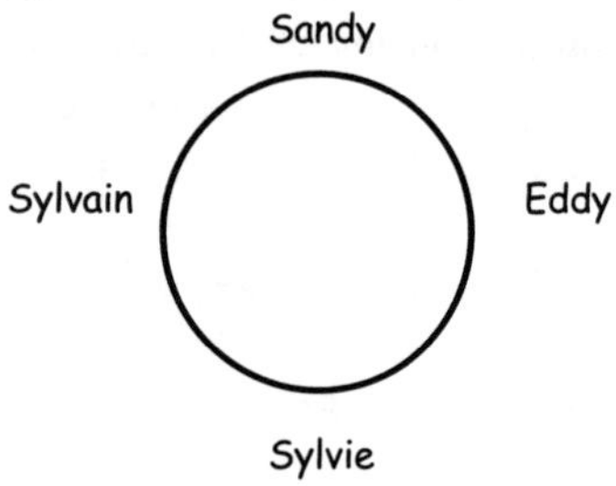


L'information (1) seule nous permet de répondre.

⇨ Nous gardons les solutions A et D.

**3. Etape 3 : analyse de l'information (2) seule**

Réfléchissons ... si Eddy et Sylvain ne sont pas voisins, c'est qu'ils sont obligatoirement l'un en face de l'autre.
En positionnant Eddy et Sylvain sur notre schéma, nous nous apercevons que Sandy et Sylvie sont alors forcément voisines de Eddy et Sylvain.

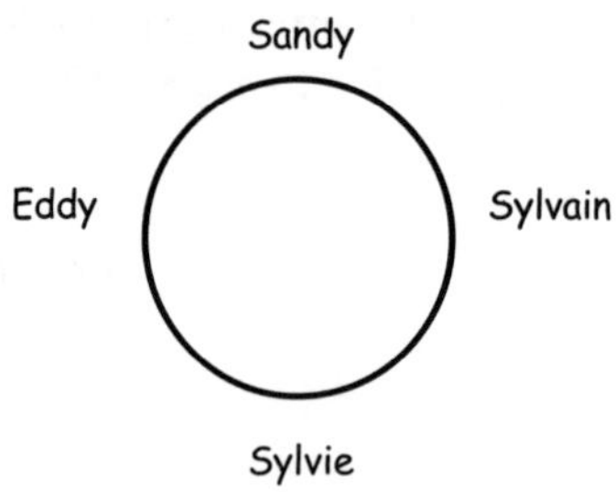


Ou

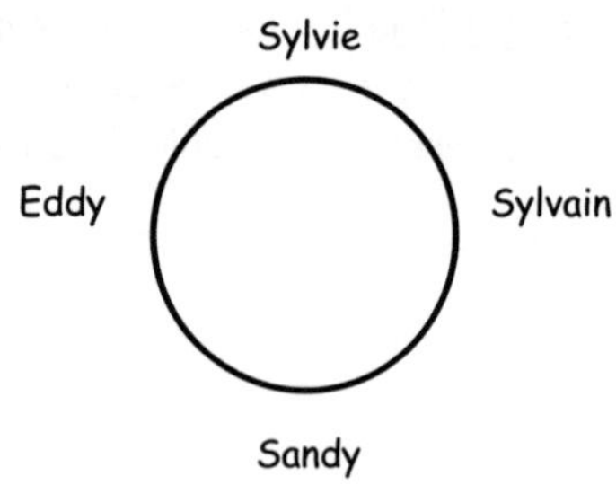


L'information (2) seule nous permet de répondre.

*Réponse D).*

## Question 5.

Anaël est responsable des ventes de la javel *La Croix*, elle analyse les résultats des ventes de janvier à Mai. Chaque mois, à partir de Février, ses ventes ont augmenté de 25 % par rapport au mois précédent. Quelle quantité de javel a-t-elle vendu sur l'ensemble des 5 mois ?

(1) Elle a vendu 256 000 litres de javel en Janvier.
(2) Elle a vendu 625 000 litres de javel en Mai.

☑ Correction

**1. Etape 1 : analyse de l'énoncé**

Cette question porte sur la formule des intérêts composés : $S_n = S_0 \times (1 + t)^n$.

**2. Etape 2 : analyse de l'information (1) seule**

Ventes totales sur les 5 mois

$= V_J + 1{,}25V_J + 1{,}25 \times 1{,}25V_J + 1{,}25 \times 1{,}25 \times 1{,}25V_J + 1{,}25 \times 1{,}25 \times 1{,}25 \times 1{,}25V_J$

Remarque : il est inutile d'effectuer le calcul.

L'information (1) seule nous permet de répondre.

⇨ Nous gardons les solutions A et D.

**3. Etape 3 : analyse de l'information (2) seule**

Ventes totales sur 5 mois

$$= \frac{1}{1{,}25 \times 1{,}25 \times 1{,}25 \times 1{,}25} V_M + \frac{1}{1{,}25 \times 1{,}25 \times 1{,}25} V_M + \frac{1}{1{,}25 \times 1{,}25} V_M + \frac{1}{1{,}25} V_M + V_M$$

**Remarque** : il est inutile d'effectuer le calcul.

L'information (2) seule nous permet de répondre.

*Réponse D).*

## Question 6.

Une bicyclette est mise en loterie par une association sportive. Cette association est assurée de vendre tous les billets émis. Quel a été le prix d'achat de la bicyclette ?

(1) Si l'on fixe le prix du billet à 2 €, l'association réalise un bénéfice de 1 750 €.

(2) Si l'on fixe le prix du billet à 3 €, l'association réalise un bénéfice de 2 750 €.

☑ Correction

**1. Etape 1 : analyse de l'énoncé**

Posons N le nombre de billets vendus, P le prix de chaque billet et A le prix d'achat de la bicyclette.

**2. Etape 2 : analyse de l'information (1) seule**

Nous savons que bénéfice = nbre billets × prix billets – prix bicyclette

Alors, $1\,750 = N \times 2 - A$

L'information (1) seule ne nous permet pas de répondre.

⇨ Nous gardons les solutions B, C et E.

**3. Etape 3 : analyse de l'information (2) seule**

Nous savons que bénéfice = nbre billets × prix billets – prix bicyclette

Alors, $2\,750 = N \times 3 - A$

L'information (2) seule ne nous permet pas de répondre.

⇨ Nous gardons les solutions C et E.

**3. Etape 3,5 : analyse des informations (1) & (2) ensemble**

Information (1) : $1\,750 = 2N - A$

Information (2) : $2\,750 = 3N - A$

En combinant les 2 équations, nous trouvons, $N = 1\,000$ et $A = 250$ €.

Alors, les deux informations ensemble nous permettent de répondre.

*Réponse C).*

**Astuce** : vous n'avez pas besoin de résoudre le système puisqu'il s'agit simplement de savoir si l'on peut répondre.

# Deuxième partie : Entraînez-vous !

## I – Objectif 300
Acquisition des mécanismes de base :
3 séries d'exercices niveau 1★

## II – Objectif 400
Utilisation tactique des outils :
4 séries d'exercices niveau 2★★

## III – Objectif 500
Visez un score maximal :
3 séries d'exercices niveau 3★★★

# I - 1ère série d'exercices Niveau 1★

**Assurer un score minimal dans la partie Calcul des tests :**

## *OBJECTIF 300*

Il s'agit dans ce chapitre d'évaluer votre maîtrise des connaissances essentielles et votre **capacité à manipuler les principaux outils mathématiques** présentés dans la première partie de cet ouvrage.

Les 60 questions que vous retrouverez dans cette rubrique sont principalement des questions d'application du cours et des questions calculatoires.

Ces questions ne nécessitent pas un niveau de réflexion élevé, l'analyse de l'énoncé est rapide et la résolution immédiate.

Ce sont des questions typiques des Tests Sésame, Accès, Arpège, et TAGE2®. Ce sont aussi les questions faciles (celles que vous ne pouvez pas rater !) des Tests TAGE-MAGE® et SIM.

Ces trois séries d'exercices constituent un entraînement indispensable quels que soient les concours que vous présentez, elles vous permettront d'évaluer votre maîtrise des notions abordées dans la première partie de cet ouvrage.

**Niveau : 1★**
**Nombre de questions : 20**
**Temps total : 30 mn**
**Temps par question : 1 mn 30s**
*Les meilleurs candidats pourront tenter de résoudre chaque test en 15 mn (soit 45 secondes par question).*

Découpez la grille de réponses en page 293.

**Remarque :** Je vous conseille vivement de découper la grille de réponses et de vous entraîner à soigneusement noircir les cases. Vous le constaterez, cet exercice est moins évident qu'il n'y paraît. Gardez à l'esprit que chaque année, certains candidats ratent leurs concours pour un simple décalage de ligne ! Les grilles fournies ressemblent aux grilles qui vous seront distribuées le jour du concours.
Vous pourrez vous corriger et calculer votre score à l'aide de la grille de correction en page 287.

*Let's go !*

# I.1 – Test 1 – 20 questions en 30 minutes

**Grille de réponse à détacher en page 293.**

**Question 1.** Parmi les 62 400 candidats à la green card en 2010, il n'y a que 780 français, quel est le pourcentage de candidats français ?

a) 0,825 %
b) 0,975 %
c) 1,125 %
d) 1,25 %
e) 1,325 %

**Question 2.** Le Lac de Côme est victime d'une algue au développement si rapide que les scientifiques prévoient qu'il sera entièrement recouvert au bout de 40 jours, la surface de contamination doublant toutes les 24 heures. En combien de jours, le Lac sera-t-il recouvert au quart de sa superficie ?

a) 10
b) 28
c) 30
d) 38
e) 5

**Question 3.** On multiplie toutes les arêtes d'un cube par trois. Par quel chiffre est multiplié son volume ?

a) 9
b) 27
c) 3
d) 12
e) 81

**Question 4.** Une classe préparatoire a obtenu une moyenne égale à 13 à un examen blanc de mathématiques. La moyenne des 7 élèves qui ont obtenu une note inférieure à 13 est de 7. Les élèves qui ont obtenu une note supérieure à 13 ont pour leur part une moyenne de 18,25. Combien cette classe comprend-elle d'élèves ?

a) 11
b) 12
c) 13
d) 14
e) 15

**Question 5.** Quelle est la valeur de $\frac{r}{p}$ si $r = \frac{r-p}{3}$ ?

a) 3
b) - 2
c) $-\frac{5}{3}$
d) 1
e) $-\frac{1}{2}$

**Question 6.** On découpe les 2/3 d'un torchon, puis, on coupe le morceau ainsi obtenu en quatre. Quelle est la surface du morceau final par rapport à la surface d'origine du torchon ?

a) 3/18
b) 4/17
c) 5/16
d) 6/24
e) 7/28

**Question 7.** La somme des trois entiers naturels consécutifs, a, b et c vaut 66. Quelle est la valeur de (b + c) ?

a) 47
b) 54
c) 45
d) 49
e) 52

**Question 8.** Si a = 4, b = 7 et c = 5, que vaut $(3a^3 - 4b^2 + 2ab + c^3)$ ?

a) 169
b) 154
c) 183
d) 177
e) 191

**Question 9.** Un coureur automobile teste un nouveau mélange de bio-fuel. Il utilise 16 litres d'une solution contenant 20 % d'éthanol dans laquelle il verse 4 litres d'une solution qui contient 50 % d'éthanol. Quelle est la concentration en éthanol de son carburant ?

a) 20 %
b) 26 %
c) 35 %
d) 50 %
e) 70 %

**Question 10.** Un tonneau de bière permet de remplir 300 bouteilles de 25 cl. On augmente la capacité de chaque bouteille de 20 %. Combien de bouteilles pourra-t-on remplir à partir du même tonneau ?

a) 240
b) 245
c) 250
d) 255
e) 260

**Question 11.** Déterminez le PGCD de 48 et 288 ?

a) 108
b) 12
c) 48
d) 16
e) 27

**Question 12.** Une urne contient 18 boules noires et 12 boules blanches. Quelle est la probabilité d'obtenir une boule noire lors du tirage d'une boule ?

a) $\frac{1}{3}$
b) $\frac{1}{2}$
c) $\frac{3}{5}$
d) $\frac{2}{3}$
e) $\frac{5}{3}$

**Question 13.** Si a est égal au tiers de (a – b), quelle est la valeur de $\frac{b}{a}$ ?

a) - 2
b) $-\frac{1}{2}$
c) $\frac{1}{3}$
d) - 3
e) 1

**Question 14.** Chantal, Frédérique et Christine ont 36 ans à elles trois. Chantal a 5 ans de moins que Frédérique et 2 ans de plus que Christine. Quel est l'âge de Christine ?

a) 13 ans
b) 12 ans
c) 11 ans
d) 9 ans
e) 8 ans

**Question 15.** Si $(x^2 - 4) > 0$, laquelle de ces propositions est nécessairement vraie ?

a) $x \geq 2$
b) $x < 2$
c) $x = 0$
d) $x > -2$
e) $x < -2$

**Question 16.** Parmi les valeurs suivantes, quelle est celle dont l'inverse a la plus grande valeur numérique ?

a) $\frac{1}{8}$
b) 4
c) $\frac{1}{2}$
d) $-\frac{3}{4}$
e) $-\frac{7}{16}$

**Question 17.** Un automobiliste parcourt 60 km en 45 minutes, quelle est sa vitesse ?

a) 80 km/h
b) 65 km/h
c) 92 km/h
d) 70 km/h
e) 85 km/h

**Question 18.** $\dfrac{3^4 - 6^3}{3^2} = ?$

a) $3(1 - 2^3)$
b) $3^2 - 2^2$
c) $3^2 - 3(2^3)$
d) $3^3 - 2^3$
e) $3^3 - 2^2$

**Question 19.** La moyenne de 5 nombres est égale à 14. Si j'élimine un des cinq nombres la moyenne est alors égale à 12. Que vaut le nombre éliminé ?

a) 12
b) 13
c) 14
d) 22
e) 24

**Question 20.** Lorsque David range ses caleçons par tas de trois, il en reste toujours deux ; lorsqu'il les range par tas de cinq, il en reste toujours deux également. Combien David possède-t-il de caleçons ?

a) 17
b) 22
c) 37
d) 42
e) 48

**Calculez votre score à l'aide de la grille de correction en page 287.**

# I.1bis - Test 1 - Correction

**Calculez votre score à l'aide de la grille de correction en page 287.**

## Question 1. *Réponse d)*

**1. Lecture MCPS de la question (Mécanisme, Connaissances, Pièges, Solutions)**
Une application basique de calcul de pourcentages.
Souvenons-nous que pourcentage = partie / total.

**2. Quelle tactique de résolution ?**
Appliquons la formule.

**3. Résolution.**

Nous cherchons, $\frac{780}{62\,400} = \frac{78}{6\,240} = \frac{1}{80}$ = 1,25 %

**Astuce** : Nous savons que $\frac{1}{8}$ = 12,5 %

## Question 2. *Réponse d)*

**1. Lecture MCPS de la question (Mécanisme, Connaissances, Pièges, Solutions)**
Une question piège sur les opérations basiques.
La présence des nombres 38 et 28 doit nous intriguer...

**2. Quelle tactique de résolution ?**
Nous allons raisonner de manière logique.

**3. Résolution.**
L'énoncé nous apprend que le Lac de Côme sera recouvert à 100 % en 40 jours et que la surface de contamination double chaque jour (24 heures).
Donc, le Lac de Côme sera recouvert à 50 % au 39$^{ème}$ jour, et à 25 % (au quart) le 38$^{ème}$ jour.

## Question 3. *Réponse b)*

$V = c^3$
Donc, $V' = (3c)^3$
$V' = 27c^3$
$V' = 27V$

## Question 4. *Réponse e)*

**1. Lecture MCPS de la question (Mécanisme, Connaissances, Pièges, Solutions)**
Nous reconnaissons ici le mécanisme des moyennes pondérées.

**2. Quelle tactique de résolution ?**
Calculons.

**3. Résolution.**

Posons N, le nombre d'élèves dans la classe.

Nous voulons,

$$\frac{7\times 7+(N-7)\times 18{,}25}{N}=13$$

$$49+18{,}25N-127{,}75=13N$$

$$5{,}25N=78{,}75$$

$$N=\frac{78{,}75}{5{,}25}=15$$

Astuce : $\frac{78{,}75}{5{,}25}=\frac{52{,}5+26{,}25}{5{,}25}=10+5$

## Question 5. *Réponse e)*

Nous avons : $r=\frac{r-p}{3}$

Alors : $3r=r-p$ Simple produit en croix.

Et, $2r=-p$

Donc, $\frac{r}{p}=-\frac{1}{2}$

## Question 6. *Réponse a)*

**1. Lecture MCPS de la question (Mécanisme, Connaissances, Pièges, Solutions)**

Une série d'opérations impliquant des fractions.

Les solutions sont pour la plupart des fractions non simplifiées. Cette information doit vous sauter aux yeux !

**2. Quelle tactique de résolution ?**

Posons les opérations.

**3. Résolution.**

Posons T, la surface d'origine du torchon.

Alors la surface obtenue par les découpages successifs est : $\frac{2}{3}\times\frac{1}{4}=\frac{2}{12}=\frac{1}{6}$

Evidemment, nous savons que $\frac{1}{6}=\frac{3}{18}$ Quel piège !!

## Question 7. *Réponse c)*

**1. Lecture MCPS de la question (Mécanisme, Connaissances, Pièges, Solutions)**

Une question classique portant sur les entiers naturels. Attention au piège, la question porte sur la somme de (b + c).

Nous sentons bien que nous pouvons partir des solutions.

**2. Quelle tactique de résolution ?**

Les trois tactiques de résolutions sont efficaces sur ce type de question. A vous de déterminer celle qui vous plaît le plus.

**3. Résolution.**

Tactique du consciencieux.

Nous savons que : $a + b + c = 66$

Alors, $a + (a + 1) + (a + 2) = 66$

Et, $3a = 66 - 3$

$a = 63/3$

Donc, $a = 21$

Nos 3 entiers sont (21, 22, 23). Et, $(b + c) = 45$.

Tactique du malin.

Démarrons en testant la solution du milieu : 45, 47, 49, 52, 54

d) $b + c = 49$, donc, $c = 25$, $b = 24$, $a = 23$, et, $a + b + c = 72$ → Non

a) $b + c = 47$, donc, $c = 24$, $b = 23$, $a = 22$, et, $a + b + c = 59$ → Non

La réponse ne peut être que c).

Tactique du fainéant.

Il s'agit ici de calculer la moyenne des trois entiers :

$66/3 = 22$ donc, $(a, b, c) = (21, 22, 23)$. Et, $(b + c) = 45$.

## Question 8. *Réponse d)*

$3a^3 - 4b^2 + 2ab + c^3$

$= 3\times4^3 - 4\times7^2 + 2\times4\times7 + 5^3$

$= 3\times64 - 4\times49 + 56 + 125$

$= 192 - 196 + 181$

$= 177$

## Question 9. *Réponse b)*

Le volume total de fuel est de : $16 + 4 = 20$ litres.

La quantité d'éthanol dans la première solution est de :

$16\times20\% = 3{,}2$ litres d'éthanol.

La seconde solution contient : $4\times50\% = 2$ litres d'éthanol.

Il y a donc 5,2 litres d'éthanol pour un total de 20 litres de fuel.

La concentration est donc de $\frac{5{,}2}{20} = \frac{2{,}6}{10} = 26\%$.

## Question 10. *Réponse c)*

La contenance totale d'un tonneau est égale à $300\times25 = 7\,500$ centilitres

La nouvelle contenance des bouteilles se calcule :

$25 + 20\%\times25 = 25 + 5 = 30$ centilitres

Nous pouvons donc calculer le nombre de bouteilles de 30 centilitres : $\frac{7500}{30} = 250$ bouteilles.

**Question 11.** ***Réponse c)***

Décomposons 48 et 288 en facteurs premiers.

48 = 2×2×2×2×3 = $2^4 \times 3$
Et, 288 = 2×2×2×2×2×3×3 = $2^5 \times 3^2$
Donc, le PGCD est : 2×2×2×2×3 = $2^4 \times 3$ = 48
Astuce : Nous pouvions aussi remarquer que 288 = 48×5 + 48 !

**Question 12.** ***Réponse c)***

**1. Lecture MCPS de la question (Mécanisme, Connaissances, Pièges, Solutions)**
Une application usuelle des probabilités. Souvenons-nous qu'une probabilité se définit comme le rapport du nombre de cas favorables à la réalisation d'un événement aléatoire au nombre total de cas possibles :

$$\text{probabilité} = P = \frac{\text{nombre de cas favorables}}{\text{nbre total de cas possibles équiprobables}}$$

Evidemment, il faut comprendre que les événements sont équiprobables.
Une probabilité est toujours comprise entre 0 et 1. Nous pouvons éliminer e).

**2. Quelle tactique de résolution ?**
Appliquons la formule des probabilités.

**3. Résolution.**
nbre total de cas possibles équiprobables = 18 + 12 = 30
Il y a 30 boules dans l'urne.
nombre de cas favorables = 18
Il y a 18 boules noires dans l'urne.
Soit, P = $\frac{18}{30} = \frac{3}{5}$

**Question 13.** ***Réponse a)***

La solution est forcément négative, nous pouvons d'ores et déjà éliminer c) et e).

$$\boldsymbol{a} = \frac{\boldsymbol{a} - \boldsymbol{b}}{3}$$

Alors, $3\boldsymbol{a} = \boldsymbol{a} - \boldsymbol{b}$
Et, $\boldsymbol{b} = -2\boldsymbol{a}$
Ainsi, $\frac{\boldsymbol{b}}{\boldsymbol{a}} = -2$

## Question 14. *Réponse d)*

Posons le système et résolvons. Nous verrons que la tactique du malin est ici bien plus rapide.

Tactique du consciencieux.

Posons C l'âge de Chantal, F l'âge de Frédérique et N l'âge de Christine.

L'énoncé devient alors,

$$\begin{cases} C + F + N = 36 \\ C = F - 5 \\ C = N + 2 \end{cases} \quad \begin{cases} C + (C + 5) + (C - 2) = 36 \\ F = C + 5 \\ N = C - 2 \end{cases} \quad \begin{cases} 3C = 33 \\ F = C + 5 \\ N = C - 2 \end{cases} \quad \begin{cases} C = 11 \\ F = 16 \\ N = 9 \end{cases}$$

Tactique du malin.

Testons les solutions en commençant par la solution du milieu.

c) Si Christine a 11 ans, Chantal a 13 ans et Frédérique 18 ans,

mais, $11 + 13 + 18 \neq 36$ → Non

Le résultat étant supérieur au résultat attendu, nous éliminons a), b) et c).

d) Si Christine a 9 ans, Chantal a 11 ans et Frédérique 16 ans,

et, $9 + 11 + 16 = 36$ → OUI

## Question 15. *Réponse e)*

Si $x^2 - 4 > 0$ alors $x^2 > 4$. On a donc $x > 2$ ou $x < -2$

## Question 16. *Réponse a)*

**1. Lecture MCPS de la question (Mécanisme, Connaissances, Pièges, Solutions)**

Une question qui nous permet de manipuler des fractions.

Les solutions sont indispensables à la résolution.

**2. Quelle tactique de résolution ?**

Ordonnons l'inverse des solutions.

**3. Résolution.**

a) 8

b) $\frac{1}{4}$

c) 2

d) $-\frac{4}{3}$

e) $-\frac{16}{7}$

## Question 17. *Réponse a)*

$D = V \times t$

$60 = V \times 0{,}75$ $\quad$ 45 mn = 0,75 h

$V = 80$ km/h

## Question 18. *Réponse c)*

$$\frac{3^4-6^3}{3^2}=\frac{3^4}{3^2}-\frac{(2\times3)^3}{3^2}=3^{4-2}-(2^3\times3^{3-2})=3^2-3(2^3)$$

## Question 19. *Réponse d)*

**1. Lecture MCPS de la question (Mécanisme, Connaissances, Pièges, Solutions)**
Une question astucieuse portant sur un calcul de somme et de moyenne pondérées.

**2. Quelle tactique de résolution ?**
Calculons.

**3. Résolution.**
La somme des 5 nombres est égale à $5\times14 = 70$
La somme des 4 nombres restants est égale à $4\times12 = 48$
Le nombre retiré vaut : $70 - 48 = 22$

## Question 20. *Réponse a)*

**1. Lecture MCPS de la question (Mécanisme, Connaissances, Pièges, Solutions)**
Derrière l'apparente originalité de l'histoire, le mécanisme traité est ici la divisibilité.
Les solutions sont ici fondamentales, elles m'apprennent tout d'abord que le nombre de caleçons est compris entre 17 et 48.
Il est clair, que nous allons les utiliser pour la résolution.

**2. Quelle tactique de résolution ?**
Tactique du malin sans aucune hésitation.

**3.Résolution.**
Testons les réponses !
Je veux (réponse - 2) divisible par 3 : j'élimine b), c) et d).
Je veux aussi (réponse - 2) divisible par 5 : j'élimine e).

# I.2 – Test 2 – 20 questions en 30 minutes

**Grille de réponses à détacher en page 293.**

**Question 1.** $4m - 7 > 7m + 2$ vraie si et seulement si …

a) $m < -3$
b) $m < 3$
c) $m > 5$
d) $m < -5$
e) $m > -3$

**Question 2.** Quels sont les deux chiffres qu'il faut retirer au nombre 91 092 pour que le nombre formé dans l'ordre par les 3 chiffres restants soit divisible par 9 ?

a) 1 et 2
b) 9 et 1
c) 9 et 0
d) 0 et 2
e) 1 et 0

**Question 3.** Un particulier achète une moto d'occasion pour un montant de 7 200 €. Il verse 2 200 € au comptant et règle le solde trois mois après son achat. Le taux annuel du crédit est de 9 %. Quel est le coût du crédit ?

a) 112,50 €
b) 76,14 €
c) 115 €
d) 67,36 €
e) 72,46 €

**Question 4.** Soient 2 nombres positifs $\boldsymbol{x}$ et $\boldsymbol{y}$ tels que :
$\boldsymbol{x}^2 + \boldsymbol{y}^2 = 2 \times 10^4$ et $\boldsymbol{x} \times \boldsymbol{y} = 10^4$. Quelle est la valeur de $(2\boldsymbol{x} + 2\boldsymbol{y})$ ?

a) 100
b) 200
c) 400
d) 10 000
e) 20 000

**Question 5.** Une buvette se fait livrer un fût de bière pour la journée. A midi, un cinquième du fût a été consommé soit 40 litres. Le soir à la fermeture, il ne reste dans le fût qu'un dixième de sa contenance. Quelle quantité de bière reste-t-il dans le fût à la fermeture de la buvette ?

a) 80 litres
b) 35 litres
c) 30 litres
d) 25 litres
e) 20 litres

**Question 6.** La somme de 3 entiers naturels consécutifs est 165. Quelle est la valeur du plus grand de ces 3 entiers ?

a) 53
b) 54
c) 56
d) 58
e) 61

**Question 7.** Quelle est la valeur du cube du carré de 3 ?

a) 27
b) 729
c) 54
d) 108
e) 216

**Question 8.** Le magasin Mobalpa de Pointe-À-Pitre a augmenté le prix de ses cuisines de 12 % en 2009 et de 8 % en 2010. Quelle est l'augmentation du prix des cuisines sur les deux années ?

a) 8 %
b) 12 %
c) 20 %
d) 21 %
e) 96 %

**Question 9.** Un ouvrier est payé 25 € de l'heure, les heures supplémentaires sont majorées de 25 %. A quel tarif horaire est payé l'ouvrier lorsqu'il effectue des heures supplémentaires ?

a) 18,75 €
b) 25 €
c) 27,75 €
d) 31,25 €
e) 32,50 €

**Question 10.** Combien peut-on former d'anagrammes, pourvus ou dépourvus de sens, avec les lettres de SANDY ?

a) 30
b) 60
c) 90
d) 120
e) 150

**Question 11.** Combien existent-ils de nombres à trois chiffres dont la somme des chiffres est égale à 24 ?

a) 13
b) 12
c) 11
d) 10
e) 9

**Question 12.** Quelle est la valeur numérique de **x** sachant que $\frac{x+3}{7}=\frac{3x-5}{6}$ ?

a) 3,5
b) $\frac{48}{15}$
c) $\frac{53}{15}$
d) $\frac{49}{12}$
e) 4,25

**Question 13.** Quelle est la valeur du septième du dix-neuvième de 1 463 ?

a) 9
b) 10
c) 11
d) 12
e) 13

**Question 14.** Une chambre rectangulaire a pour longueur 5 m, largeur 3 m et hauteur 2 m. De combien doit-on augmenter la hauteur pour augmenter le volume de la chambre de 60 $m^3$ ?

a) 2 m
b) 3 m
c) 4 m
d) 5 m
e) 6 m

**Question 15.** Si **x** est égal au quart de (**x** - **y**), quelle est la valeur de $\frac{x}{y}$ ?

a) 1
b) - 1/2
c) 0
d) - 1/3
e) -1

**Question 16.** Lorsqu'il roule à 40km/h sur la route de Millery, David effectue son trajet en 1h36, quel serait son temps de trajet s'il roulait à 80 km/h ?

a) 30 mn
b) 34 mn
c) 38 mn
d) 42 mn
e) 48 mn

**Question 17.** Yann achète 3 places de théâtre pour un prix total de 75 €. Sachant que Myriam a acheté sa place 45 €, quelle est la moyenne du prix des places de théâtre achetées par Yann et Myriam ?

a) 30 €
b) 35 €
c) 45 €
d) 75 €
e) 120 €

**Question 18.** Pour obtenir son diplôme d'avocate, il reste à Sandy trois examens, successivement, déontologie, procédure civile et la soutenance de son mémoire tous trois notés sur vingt et cœfficientés par leur rang de passage. A l'issue des deux premiers examens, elle obtient 11 de moyenne. Quelle note doit-elle obtenir à la soutenance de son mémoire pour obtenir une moyenne générale supérieure à 15 afin de pouvoir prêter serment ?

a) Elle ne pourra pas obtenir une moyenne supérieure à 15.
b) 16
c) 17
d) 18
e) 19

**Question 19.** Un train met 4 heures et 52 minutes pour faire le trajet Paris-Cologne. S'il part à 21h14 de Paris, à quelle heure arrivera-t-il ?

a) 2h16
b) 2h06
c) 3h06
d) 3h16
e) 4h16

**Question 20.** Déterminez le PGCD de 1 320 et 1 078 ?

a) 2
b) 7
c) 11
d) 22
e) 3

**Calculez votre score à l'aide de la grille de correction en page 287.**

# I.2bis – Test 2 – Correction

**Calculez votre score à l'aide de la grille de correction en page 287.**

## Question 1. *Réponse a)*

m est négatif, nous pouvons éliminer c).

$4m - 7 > 7m + 2$

$-7 - 2 > 7m - 4m$

$-9 > 3m$

$-3 > m$

## Question 2. *Réponse a)*

**1. Lecture MCPS de la question (Mécanisme, Connaissances, Pièges, Solutions)**
Une question déroutante mais très facile –à condition d'avoir compris son énoncé !

**2. Quelle tactique de résolution ?**
Testons les solutions.

**3. Résolution.**
a) 909 est un multiple de 9 ($9 \times 101$)

## Question 3. *Réponse a)*

**1. Lecture MCPS de la question (Mécanisme, Connaissances, Pièges, Solutions)**
Une question portant sur la formule des intérêts. Attention, la durée de placement est inférieure à 1 an, c'est donc la formule des intérêts simples qu'il nous faut utiliser : Intérêts = Somme empruntée × taux d'intérêt × temps.

**2. Quelle tactique de résolution ?**
Appliquons la formule.

**3. Résolution.**
Il paie 2 200 €, la somme « empruntée » est donc de 5 000 €.

Cette somme est placée pendant 3 mois soit $\frac{3}{12} = \frac{1}{4}$ an.

Appliquons la formule : Intérêts = Somme empruntée × taux d'intérêt × temps

$I = 5\,000 \times 9\% \times \frac{1}{4}$

$I = 1\,250 \times 9\%$

$I = 112{,}5$ €

**Question 4.** *Réponse c)*

On calcule d'abord $(x + y)^2 = x^2 + y^2 + 2x\times y = 2\times10^4 + 2\times10^4 = 4\times10^4$

Donc $(x + y) = \sqrt{4\times10^4} = 2\times10^2 = 200$ ou $(x + y) = -\sqrt{4\times10^4} = -2\times10^2 = -200$

Mais x et y sont positifs, donc, (x + y) est positif.

**Question 5.** *Réponse e)*

**1. Lecture MCPS de la question (Mécanisme, Connaissances, Pièges, Solutions)**

Une série d'opérations impliquant des fractions.

**2. Quelle tactique de résolution ?**

Posons les opérations.

**3. Résolution.**

Nous savons que : $\frac{1}{5}$ du fût correspond à 40 litres.

Donc, la contenance du fût est de $5\times40 = 200$ litres.

**Question 6.** *Réponse c)*

Tactique du consciencieux.

Nous savons que : $a + b + c = 165$

Alors, $a + (a + 1) + (a + 2) = 165$

Et, $3a = 165 - 3$

$a = 162/3$

Donc, $a = 54$

Nos 3 entiers sont (54, 55, 56).

Tactique du malin.

Démarrons en testant la solution du milieu.

c) c = 56, b = 55, a = 54, et, a + b + c = 165 → OUI

Tactique du fainéant.

Il s'agit ici de calculer la moyenne des trois entiers :

165/3 = 55 donc, (a, b, c) = (54, 55, 56).

**Question 7.** *Réponse b)*

Nous cherchons :

$(3^2)^3 = 9^3 = 729$

**Question 8.** *Réponse d)*

**1. Lecture MCPS de la question (Mécanisme, Connaissances, Pièges, Solutions)**

La question porte sur une succession de variations.

Souvenons-nous que : Variation = variation 1 × variation 2 × ...

**2. Quelle tactique de résolution ?**
Appliquons la formule.

**3. Résolution.**
$P_{2009} = (1 + 12\%) \times P_{2008}$
$P_{2010} = (1 + 8\%) \times P_{2009}$
$P_{2010} = 1{,}12 \times 1{,}08 \times P_{2008}$
$P_{2010} = 1{,}2096 \times P_{2008}$
**Astuce** : En partant d'une base 100 en 2008, nous avons 112 en 2009 et, $112 \times 1{,}08 = 120{,}96$ en 2010.

## Question 9. *Réponse d)*

**1. Lecture MCPS de la question (Mécanisme, Connaissances, Pièges, Solutions)**
Une application basique de calcul de pourcentages.
Souvenons-nous que S augmente de x % : $S + x\%.S = (1 + x\%).S$
Les heures supplémentaires étant majorées, elles sont forcément rémunérées plus que 25 €. Nous éliminons a), b) et c).

**2. Quelle tactique de résolution ?**
Appliquons la formule.

**3. Résolution.**
Nous cherchons, $25 \times (1 + 25\%) = 25 \times 1{,}25 = 31{,}25$ €

## Question 10. *Réponse d)*

Ici, les éléments sont ordonnés et distincts, nous devons donc compter le nombre de permutations des 5 lettres de SANDY.
$P = 5\,! = 5 \times 4 \times 3 \times 2 \times 1 = 120$

## Question 11. *Réponse d)*

Nous allons appliquer la tactique classique et poser les nombres qui remplissent la condition énoncée (somme des chiffres = 24).

Le chiffre des centaines ne peut pas être inférieur à 6 [car, $24 - 6 = 2 \times 9$] : 699
Si le chiffre des centaines est égal à 7 : 789 et 798
Si le chiffre des centaines est égal à 8 : 879, 888 et 897
Si le chiffre des centaines est égal à 9 : 969, 978, 987 et 996
Soit au total 10 nombres.

**Astuce** : Pour ne pas en oublier, lorsque vous listez des nombres, faites-le par ordre croissant ou décroissant (ici, nous listons les nombres dans un ordre croissant centaine/dizaine/unité).

## Question 12. *Réponse c)*

**1. Lecture MCPS de la question (Mécanisme, Connaissances, Pièges, Solutions)**

Une résolution d'équation du premier degré qui se simplifie par un produit en croix :

$$\frac{a}{b}=\frac{c}{d} \Leftrightarrow a\times d = c\times b$$

Les réponses sont intéressantes, elles sont exprimées sous forme de fraction, nous en déduisons que nous n'aurons pas à terminer les calculs.

**2. Quelle tactique de résolution ?**

Posons les calculs.

**3. Résolution.**

$$\frac{x+3}{7}=\frac{3x-5}{6}$$

$$6(x+3)=7(3x-5)$$

$$6x+18=21x-35$$

$$18+35=21x-6x$$

$$53=15x$$

$$x=\frac{53}{15}$$

## Question 13. *Réponse c)*

**1. Lecture MCPS de la question (Mécanisme, Connaissances, Pièges, Solutions)**

Une question de calcul et d'habileté.

Les solutions sont toutes des entiers, les calculs se simplifieront. Constatons qu'aucune solution ne se termine par le même chiffre : est-ce un signe du concepteur à notre intention ?

**2. Quelle tactique de résolution ?**

Les trois tactiques sont possibles en fonction de votre aisance en calcul mental.

**3. Résolution.**

Tactique du consciencieux.

Nous cherchons : $\frac{1}{7}\times\frac{1}{19}\times 1\,463=\frac{1\,463}{7\times 19}$

Calculons, $\frac{1\,463}{7}=209$ ; nous cherchons donc : $\frac{209}{19}=11$

Tactique du malin.

$7\times 19 = 133$

Testons la solution du milieu : c) $11\times 133 = 1\,463$.

Tactique du fainéant.

Le dernier chiffre de l'opération $7\times 19 = 133$ est 3.

Notre résultat (1 463) se terminant par 3, la réponse ne peut être que 11.

**Question 14.** ***Réponse c)***

Le volume de la chambre se calcule : $L \times l \times h$.

Posons h' la hauteur cherchée.

Nous voulons :

$5 \times 3 \times h' = 5 \times 3 \times 2 + 60$

$15h' = 30 + 60$

$h' = \frac{90}{15} = 6$ m

**Attention**, nous cherchons la valeur de l'augmentation, soit, 6 - 2 = 4 mètres.

**Question 15.** ***Réponse d)***

$$x = \frac{x - y}{4}$$

$$4x = x - y$$

$$3x = -y$$

$$\frac{x}{y} = -\frac{1}{3}$$

**Question 16.** ***Réponse e)***

Tactique du consciencieux.

David parcourt D km à 40 km/h en 1,6h. Alors, $D = 40 \times 1{,}6 = 64$ km.

Si David roulait à 80 km/h, son temps de trajet serait $t = \frac{64}{80} = 0{,}8$ h = 48 mn.

Tactique du fainéant.

Si David multiplie sa vitesse par 2, il divise son temps de trajet par 2 !

**Question 17.** ***Réponse a)***

Yann et Myriam ont donc acheté 4 places pour un total de : 75 + 45 = 120 €.

Le prix moyen est donc de $\frac{120}{4} = 30$ €

**Question 18.** ***Réponse e)***

**1. Lecture MCPS de la question (Mécanisme, Connaissances, Pièges, Solutions)**

Une question piège portant sur les moyennes pondérées. Attention au mot « coefficienté » : la déontologie est donc coefficientée 1, la procédure civile, 2, et la soutenance, 3.

**2. Quelle tactique de résolution ?**
Calculons.

**3. Résolution.**
Posons M, la note obtenue lors de la soutenance de mémoire.
Total des points en déontologie : $1 \times 11 = 11$
Total des points en procédure civile : $2 \times 11 = 22$
Total des points en soutenance de mémoire : $3 \times M$
Nous voulons,

$$\frac{1\times 11 + 2\times 11 + 3\times M}{6} = 15$$

$$3M = 6\times 15 - 33$$

$$M = \frac{57}{3} = 19$$

## Question 19. *Réponse b)*

Si le train part à 21h14, 52 minutes plus tard, il est 22h06.
Après 4h52 minutes de trajet, il est donc 2h06.

## Question 20. *Réponse d)*

**1. Lecture MCPS de la question (Mécanisme, Connaissances, Pièges, Solutions)**
Le Plus grand commun diviseur (PGCD) est le plus grand entier positif diviseur de deux ou plusieurs entiers sans reste. Le PGCD correspond au produit des facteurs qui sont en commun dans les décompositions des entiers de la série. Pour trouver le PGCD d'une série, il faut décomposer chaque entier en facteurs premiers. Ensuite, il ne faut conserver que les facteurs premiers communs, i.e. présents dans toutes les décompositions. Le PGCD est le produit des facteurs premiers communs.

**2. Quelle tactique de résolution ?**
Décomposons en produit de facteurs premiers.

**3. Résolution.**
$1\,320 = 2\times 2\times 2\times 5\times 3\times 11$ ; et, $1\,078 = 2\times 11\times 7\times 7$
Le PGCD est donc $2\times 11 = 22$.

D'autres tests sont disponibles sur le site internet :
**www.Objectif600.com**

# I.3 – Test 3 – 20 questions en 30 minutes

**Grille de réponses à détacher en page 293.**

**Question 1.** Un théâtre propose deux tarifs. Pour le premier, le spectateur paye la place 80 € pour chaque spectacle. Pour le deuxième, il acquitte un abonnement de 100 € et paye alors sa place 40 € pour chaque spectacle. A partir de combien de spectacle(s) le tarif avec abonnement devient-il intéressant pour le spectateur ?

a) 1
b) 2
c) 3
d) 4
e) 5

**Question 2.** Combien existe-t-il de nombres à trois chiffres dont la somme des chiffres est égale à 25 ?

a) 10
b) 3
c) 8
d) 5
e) 6

**Question 3.** Deux villes sont distantes de 90 km à vol d'oiseau. Quelle est la distance qui les sépare sur une carte à l'échelle 1/500 000$^{e}$ ?

a) 4,5 cm
b) 9 cm
c) 18 cm
d) 36 cm
e) 54 cm

**Question 4.** Que vaut le dix-septième du septième de 1 071 ?

a) 9
b) 8
c) 7
d) 6
e) 5

**Question 5.** Que vaut $\dfrac{1}{\dfrac{2}{1+\dfrac{4}{5+\dfrac{1}{4}}}+3}$ ?

a) $\dfrac{33}{153}$

b) $\dfrac{37}{153}$

c) $\dfrac{37}{163}$

d) $\dfrac{33}{163}$

e) 1

**Question 6.** Laura a besoin d'une heure trente pour laver sa voiture. Sachant que Benjamin met deux fois moins de temps, combien de temps leur faudra-t-il pour laver la voiture ensemble ?

a) 22,5 mn
b) 30 mn
c) 60 mn
d) 90 mn
e) 120 mn

**Question 7.** Soit 5 entiers consécutifs dont la somme des quatre premiers vaut 274. Que vaut la différence entre le plus grand et le plus petit ?

a) 4
b) 8
c) 12
d) 16
e) 20

**Question 8.** Que vaut le quart de la moitié de $16^{10}$ ?

a) $\dfrac{1}{4}\times 16^{11}$

b) $2\times 16^{10}$

c) $32\times 16^{8}$

d) $16^{9}$

e) $\dfrac{1}{2}\times 16^{10}$

**Question 9.** Dans une école, il y a 14 garçons pour 12 filles. Combien y a-t-il de garçons sachant qu'il y a 276 filles ?

a) 288
b) 296
c) 304
d) 316
e) 322

**Question 10.** Lors d'une élection, Robert Chab, candidat de l'Union pour la Maintenance des Prés a obtenu 240 voix correspondant à 40 % des suffrages exprimés dans le bureau de vote de Chaponost et 1 080 voix correspondant à 50 % des suffrages dans le bureau de vote de Brindas. Combien de voix manque-t-il au candidat pour obtenir la majorité absolue sur ces deux villes ?

a) 15
b) 61
c) 360
d) 840
e) 1320

**Question 11.** Que vaut 12 % de 6 % ?

a) 0,66 %
b) 0,72 %
c) 6,6 %
d) 7,2%
e) 8 %

**Question 12.** Eddy revient de ses vacances en Croatie et fait le calcul de ses dépenses. Il a dépensé un quart de son budget pour payer les billets d'avion et la moitié de son budget en frais de logement et nourriture. A son retour, il lui reste 500 €. A combien s'élevaient les économies d'Eddy avant son départ ?

a) 1 300 €
b) 2 000 €
c) 3 100 €
d) 4 300 €
e) 5 500 €

**Question 13.** Pour l'achat de 3 bouteilles de liqueur de poire un grossiste fait cadeau d'une quatrième bouteille. Il livre à Nylsa Café 192 bouteilles. Combien Serge, le directeur du restaurant a-t-il reçu de bouteilles en cadeau ?

a) 64
b) 52
c) 58
d) 48
e) 60

**Question 14.** Dans une entreprise, deux cinquièmes du personnel sont des cadres permanents, 50% sont des ouvriers permanents et le reste, soit 120 personnes sont des intérimaires. Combien de personnes l'entreprise emploie-t-elle actuellement ?

a) 1 200
b) 1 150
c) 1 100
d) 1 050
e) 1 000

**Question 15.** Un aubergiste remplit 25 bouteilles avec un tonneau de vin et 23 verres avec 5 bouteilles. Combien de verres peut-il remplir avec 7 tonneaux ?

a) 775
b) 785
c) 795
d) 805
e) 815

**Question 16.** Deux amis ont réalisé, sur la même moto, un trajet d'une longueur de 300 km. Ils pilotent chacun leur tour. Le premier roule à 90 km/h et conduit pendant une heure et quinze minutes. Sachant que leur temps de pilotage a été identique, à quelle vitesse le second a-t-il piloté ?

a) 125 km/h
b) 138 km/h
c) 150 km/h
d) 160 km/h
e) 145 km/h

**Question 17.** Que vaut le cube de $\frac{7}{3}$ ?

a) 9,70
b) 10,70
c) 11,70
d) 12,70
e) 13,70

**Question 18.** L'âge moyen d'un grand-père, d'une grand-mère et de leurs sept petits enfants est égal à 29 ans. L'âge moyen des sept petits enfants est égal à 9 ans. Quel est l'âge du grand-père sachant qu'il a quatre ans de plus que la grand-mère ?

a) 97 ans
b) 98 ans
c) 99 ans
d) 100 ans
e) 101 ans

**Question 19.** Soit un champ rectangulaire de longueur L. Si on retranche les quatre dixièmes aux trois quarts de sa longueur on obtient 210 mètres. Quelle est sa longueur ?

a) 120 mètres
b) 480 mètres
c) 600 mètres
d) 1 200 mètres
e) 4 800 mètres

**Question 20.** Lequel de ces nombres est divisible par 12 ?

a) 123 245 164
b) 213 677 103
c) 315 789 654
d) 486 321 587
e) 567 993 396

**Calculez votre score à l'aide de la grille de correction en page 287.**

# I.3bis – Test 3 – Correction

**Calculez votre score à l'aide de la grille de correction en page 287.**

## Question 1. *Réponse c)*

<u>Tactique du consciencieux.</u>

Posons N le nombre de pièces, l'énoncé devient alors,

1$^{er}$ tarif : $N \times 80$ €

2$^{ème}$ tarif : $100$ € + $N \times 40$ €

Nous voulons, 2$^{ème}$ tarif < 1$^{er}$ tarif

$100 + 40N < 80N$

$100 < 80N - 40N$

$100 < 40N$

$N > \frac{100}{40}$

$N > 2,5$

<u>Tactique du malin.</u>

Testons les solutions en partant de la solution du milieu.

c) $3 \times 80 = 240$ € et $100 + 3 \times 40 = 220$ €

b) $2 \times 80 = 160$ € et $100 + 2 \times 40 = 180$ €

## Question 2. *Réponse e)*

**1. Lecture MCPS de la question (Mécanisme, Connaissances, Pièges, Solutions)**

Une question sur les nombres entiers. Pas de piège à l'horizon.

Les solutions nous apprennent que la réponse est comprise entre 3 et 10 et que nous allons donc probablement devoir tous les écrire. Si la question paraît effrayante, la liste des solutions doit ici vous rassurer.

**2. Quelle tactique de résolution ?**

Nous allons appliquer la tactique classique et écrire les nombres qui remplissent la condition énoncée (somme des chiffres = 25).

**3. Résolution.**

Le chiffre des centaines ne peut pas être inférieur à 7 [car, $25 - 7 = 2 \times 9$] : 799

Si le chiffre des centaines est égal à 8 : 898 et 889

Si le chiffre des centaines est égal à 9 : 997, 988 et 979

Soit au total 6 nombres.

**Astuce** : Pour ne pas en oublier, lorsque vous listez des nombres faites-le par ordre croissant ou décroissant (ici, nous listons les nombres dans un ordre croissant centaine/dizaine/unité).

**Question 3.** ***Réponse c)***

Les solutions sont toutes exprimées en centimètres, il nous faut donc convertir les données en cm.

90 km = 90 000 m = 9 000 000 cm

Alors, $\frac{9\,000\,000}{500\,000} = \frac{90}{5}$ = 18 cm

**Question 4.** ***Réponse a)***

Tactique du consciencieux.

Nous cherchons : $\frac{1}{17} \times \frac{1}{7} \times 1071 = \frac{1\,071}{17 \times 7}$

Calculons, $\frac{1\,071}{7} = 153$ ; nous cherchons donc : $\frac{153}{17} = 9$

Tactique du malin.

17×7 = 119

Testons la solution du milieu : c) 7×119 = 833. Nous éliminons c), d), et e).

b) 8×119 = 952, nous éliminons b).

Tactique du fainéant.

Le dernier chiffre de l'opération 17×7 = 119 est 9.

Notre résultat (1 071) se terminant par 1, la réponse ne peut être que 9.

**Question 5.** ***Réponse b)***

Calculons en commençant toujours par les « extérieurs ».

$$\frac{1}{\dfrac{2}{1+\dfrac{4}{5+\dfrac{1}{4}}}+3}$$

$$= \frac{1}{\dfrac{2}{1+\dfrac{4}{\dfrac{20}{4}+\dfrac{1}{4}}}+3}$$

$$= \frac{1}{\dfrac{2}{1+\dfrac{4}{\dfrac{21}{4}}}+3}$$

$$= \frac{1}{\frac{2}{\frac{21}{21}+4\times\frac{4}{21}}+3}$$

$$= \frac{1}{\frac{2}{\frac{37}{21}}+3}$$

$$= \frac{1}{2\times\frac{21}{37}+\frac{111}{37}}$$

$$= \frac{1}{\frac{153}{37}}$$

$$= \frac{37}{153}$$

## Question 6. *Réponse b)*

**1. Lecture MCPS de la question (Mécanisme, Connaissances, Pièges, Solutions)**

Une question portant sur le mécanisme des rendements (ou temps de travail), souvenons-nous de la formule Q = V×t. Les vitesses de travail s'additionnent.

**2. Quelle tactique de résolution ?**

Appliquons la formule et calculons.

**3. Résolution.**

Calculons la vitesse de Laura : $V = \frac{Q}{t} = \frac{1\ \textit{voiture}}{\frac{3}{2}\ \textit{heures}} = \frac{2}{3}$ voiture/h

Benjamin travaille 2 fois plus vite soit, $V = \frac{4}{3}$ voitures/h

Ensemble, Laura et Benjamin travaillent à une vitesse de $\frac{2}{3} + \frac{4}{3} = 2$ voitures/h.

## Question 7. *Réponse a)*

**1. Lecture MCPS de la question (Mécanisme, Connaissances, Pièges, Solutions)**

Une question classique portant sur les entiers naturels.

Attention au piège, 274 est le résultat de la somme des QUATRE premiers.

Vous devez rapidement comprendre l'astuce !

Nous sentons bien que nous pourrions partir des solutions.

**2. Quelle tactique de résolution ?**

Les trois tactiques de résolutions sont efficaces sur ce type de question. A vous de déterminer celle qui vous plaît le plus.
Mais l'astuce ici, est que la différence entre le plus grand et le plus petit d'une série de cinq entiers consécutifs est forcément 4 !!

**3. Résolution.**

La réponse est évidente.

## Question 8. *Réponse c)*

**1. Lecture MCPS de la question (Mécanisme, Connaissances, Pièges, Solutions)**

Une question très fréquente.
Un œil aiguisé peut répondre simplement en visualisant les réponses, et vous ?

**2. Quelle tactique de résolution ?**

Appliquons basiquement les règles de puissance.

**3. Résolution.**

Nous cherchons : $\frac{1}{4}\times\frac{1}{2}\times 16^{10}$

= $\frac{1}{4}\times\frac{1}{2}\times 16\times 16^{9}$

= $2\times 16^{9}$

= $32\times 16^{8}$

## Question 9. *Réponse e)*

| Garçons | Filles |
|---|---|
| 14 | 12 |
| **x** | 276 |

Alors, **x** = $\frac{276\times 14}{12} = 322$ garçons.

## Question 10. *Réponse b)*

Il nous faut calculer le nombre total de voix.

A Chaponost : nbre total de voix = $\frac{240}{40\%} = \frac{240}{0{,}4} = 600$ voix.

A Brindas : nbre total de voix = $\frac{1\,080}{50\%} = \frac{1\,080}{0{,}5} = 2.160$ voix.

Ainsi, le nombre total de votants est 600 + 2 160 = 2 760 voix.

La majorité absolue s'obtient à partir de 1 381 voix ($\frac{2\,760}{2}$ + 1 voix).

Il faut 1 381 voix au candidat pour atteindre la majorité absolue, il en a reçu :
1 080 + 240 = 1 320
Il lui manque : 1 381 - 1 320 = 61 voix.

**Question 11.** ***Réponse b)***

Nous cherchons à calculer $12\% \times 6\% = 0{,}12 \times 0{,}06 = 0{,}0072 = 0{,}72\ \%$

**Question 12.** ***Réponse b)***

Posons B le montant du budget d'Eddy, l'énoncé devient :
billets + logement + 500 € = budget

$\frac{1}{4}B + \frac{1}{2}E + 500 = B$

$0{,}75B + 500 = B$

$0{,}25B = 500$

$B = 2\,000$ €

**Question 13.** ***Réponse d)***

**1. Lecture MCPS de la question (Mécanisme, Connaissances, Pièges, Solutions)**
Une question piège par excellence lorsque vous vous précipitez sur les réponses.
Nous pourrions utiliser les solutions mais ce n'est pas la tactique la plus efficace.

**2. Quelle tactique de résolution ?**
Raisonnons un peu ...

**3. Résolution.**
Si le grossiste offre 1 bouteille pour 3 achetées, alors, il propose des lots de 4 bouteilles pour le prix de 3, il offre 1 bouteille pour chaque lot de 4.

Il a donc offert : $\frac{192}{4} = 48$ bouteilles.

**Attention,** vous ne devez surtout pas diviser le nombre total de bouteilles par 3 ! C'est le piège dans lequel tombent de nombreux candidats.

**Question 14.** ***Réponse a)***

Posons N le nombre d'employés dans cette entreprise, l'énoncé devient alors :
cadres + ouvriers + intérimaires = nbre total d'employés

$\frac{2}{5}N + 50\%N + 120 = N$

$120 = N - \frac{2}{5}N - \frac{1}{2}N$ $\quad\quad$ $N - \frac{2}{5}N - \frac{1}{2}N = \frac{10}{10}N - \frac{4}{10}N - \frac{5}{10}N$

$120 = \frac{1}{10}N$

$N = 1\,200$

## Question 15. *Réponse d)*

**1. Lecture MCPS de la question (Mécanisme, Connaissances, Pièges, Solutions)**

Un système de 2 équations et 3 inconnues, a priori impossible à résoudre ... mais attention, la question porte sur un rapport d'équivalence et non sur une quantité.

**2. Résolution.**

Posons T la contenance en litres d'un tonneau, B la contenance d'une bouteille et V la contenance d'un verre, l'énoncé devient alors,

$\begin{cases} T = 25B \\ 5B = 23V \end{cases}$ $\begin{cases} T = 5 \times 23V \\ 5B = 23V \end{cases}$ $\begin{cases} T = 115\ V \\ 5B = 23V \end{cases}$

L'aubergiste peut remplir : $7 \times 115 = 805$ verres avec 7 tonneaux.

## Question 16. *Réponse c)*

Complétons le tableau.

| | Ami A | Ami B |
|---|---|---|
| Vitesse | 90 km/h | V km/h |
| Temps | 1,25 h | 1,25 h |
| Distance | Da | Db |

Da + Db = 300 km

$300 = Da + Db$

$300 = 90 \times 1{,}25 + V \times 1{,}25$

$187{,}5 = 1{,}25V$

$V = 150$ km/h

## Question 17. *Réponse d)*

**1. Lecture MCPS de la question (Mécanisme, Connaissances, Pièges, Solutions)**

Des calculs de puissances.

L'écartement entre les réponses nous permettra très certainement de ne pas « terminer » les calculs.

**2. Quelle tactique de résolution ?**

Posons les calculs ... sans les terminer.

**3. Résolution.**

$$\left(\frac{7}{3}\right)^3 = \frac{7^3}{3^3} = \frac{343}{27} \approx \frac{270}{27} + \frac{81}{27} \approx 13 \qquad \text{et, } \frac{81}{27} > \frac{73}{27}$$

## Question 18. *Réponse e)*

Ensemble, les 2 grands-parents et les 7 petits enfants ont : 9×29 = 261 ans
Ensemble, les 7 petits enfants ont : 7×9 = 63 ans
Ensemble, les 2 grands-parents ont donc : 261 - 63 = 198 ans
Posons M l'âge de la grand-mère et P l'âge du grand-père, l'énoncé devient :

$$\begin{cases} M + P = 198 \\ P = M + 4 \end{cases} \quad \begin{cases} M + M + 4 = 198 \\ P = M + 4 \end{cases} \quad \begin{cases} 2M = 194 \\ P = M + 4 \end{cases} \quad \begin{cases} M = 97 \text{ ans} \\ P = 101 \text{ ans} \end{cases}$$

## Question 19. *Réponse c)*

**1. Lecture MCPS de la question (Mécanisme, Connaissances, Pièges, Solutions)**
Une question qui contrairement aux apparences ne porte pas sur la géométrie mais sur les équations du premier degré.

**2. Quelle tactique de résolution ?**
Posons l'équation et résolvons.

**3. Résolution.**

$$\frac{3}{4}L - \frac{4}{10}L = 210$$

$$\frac{15}{20}L - \frac{8}{20}L = 210$$

$$\frac{7}{20}L = 210$$

$$L = 210 \times \frac{20}{7} = 600 \text{ mètres.}$$

## Question 20. *Réponse e)*

**1. Lecture MCPS de la question (Mécanisme, Connaissances, Pièges, Solutions)**
Une question de divisibilité. Souvenons-nous qu'un nombre N est divisible par 4 si et seulement si ses deux derniers chiffres sont divisibles par 4, et, qu'un nombre N est divisible par 3 si et seulement si la somme de ses chiffres est divisible par 3.
Il existe évidemment une infinité de nombres divisibles par 12. Les solutions réduisent les possibilités.

**2. Quelle tactique de résolution ?**
Testons les solutions.

**3. Résolution.**

Un nombre N est divisible par 12 si et seulement si N est divisible par 3 et par 4.

a) 123 245 164 n'est pas divisible par 3, → non

b) 213 677 103 n'est pas divisible par 4, → non

c) 315 789 654 n'est pas divisible par 4, → non

d) 486 321 587 n'est pas divisible par 4, → non

e) 567 993 396 est divisible par 4 (96 est divisible par 4) et est divisible par 3 (somme des chiffres = 57). → OUI

# II – 2ème série d'exercices Niveau 2★★

**Assurer un bon score dans les parties mathématiques des tests.**

## OBJECTIF 400

Votre maîtrise des connaissances est déjà acquise, i**l s'agit maintenant de travailler votre habileté et votre rapidité.**

Le rattachement aux connaissances n'est plus une évidence, il faut avant tout comprendre l'énoncé, le formaliser en question mathématique et recourir aux bons outils. L'analyse de l'énoncé comme des solutions devient impérative, et le choix de la tactique de résolution est désormais déterminant pour tenir le « timing » !

Ces questions nécessitent un niveau de réflexion élevé. Prenez le temps d'analyser l'énoncé, d'observer les solutions et de réfléchir à la méthode de résolution à employer.

Ce sont des questions typiques des Tests TAGE-MAGE®, SIM, et, les questions difficiles des Tests Arpège, TAGE2®, Sésame et Accès.

Ces quatre séries d'exercices constituent un entraînement indispensable sur des questions très probables le jour de l'examen. Ce sont les questions auxquelles il vous faut répondre pour obtenir un bon score.

**Niveau : 2★★**
**Nombre de questions : 15**
**Temps total : 30 mn**
**Temps par question : 2 mn**
*Les meilleurs candidats pourront tenter de les résoudre en 20 mn.*

Découpez la grille de réponses en page 295.

**Remarque :** Je vous conseille vivement de découper la grille de réponses et de vous entraîner à soigneusement noircir les cases. Vous le constaterez, cet exercice est moins évident qu'il n'y paraît. Gardez à l'esprit que chaque année, certains candidats ratent leurs concours pour un simple décalage de ligne ! Les grilles fournies ressemblent aux grilles qui vous seront distribuées le jour du concours.
Vous pourrez vous corriger et calculer votre score à l'aide de la grille de correction en page 288.

*Let's go !*

## II.1 – Test 1 – 15 questions en 30 minutes

**Grille de réponses à détacher en page 295.**

**Question 1.** Une société compte deux ouvriers et un apprenti. Ce dernier travaille deux fois moins vite qu'un ouvrier et nettoie 3 m² de façade en 24 heures. Quelle durée leur faut-il pour nettoyer 9 m² de façade à trois ?

a) 12h48mn
b) 14h24mn
c) 13h48mn
d) 14h12mn
e) 14h48mn

**Question 2.** Une somme de 3 410 € est composée de 91 billets de 20 € et 50 €. Quel est le nombre de billets de 20 € ?

a) 35
b) 38
c) 40
d) 43
e) 44

**Question 3.** Dan, Noa et Eve prennent chacun deux comprimés de « Super intelligent » par jour tandis que Sandy n'en prend qu'un seul. Leur mère utilise une boîte de comprimés pour 16 jours de traitement pour les 4 enfants. Si Sandy prenait aussi deux comprimés par jour, combien de jours durerait la boîte de comprimés ?

a) 14
b) 15
c) 16
d) 17
e) 18

**Question 4.** Le Bloody Monceau est un cocktail composé de 12 cl de manzana titrant 25 % d'alcool et de 13 cl de champagne titrant 10 % d'alcool. Quel est le pourcentage d'alcool dans le Bloody Monceau (arrondi au pourcentage inférieur) ?

a) 13 %
b) 14 %
c) 15 %
d) 16 %
e) 17 %

**Question 5.** Que vaut $\frac{3\sqrt{2}+2\sqrt{3}}{\sqrt{3}}$ ?

a) $\sqrt{2}+\sqrt{3}$
b) $2\sqrt{2}+\sqrt{3}$
c) $\sqrt{2}+2\sqrt{3}$
d) $2+\sqrt{3}$
e) $2+\sqrt{6}$

**Question 6.** On lance deux dés puis on additionne les chiffres obtenus, quelle est la probabilité d'obtenir un résultat multiple de 3 ?

a) $\frac{9}{48}$
b) $\frac{7}{36}$
c) $\frac{1}{6}$
d) $\frac{1}{3}$
e) $\frac{1}{2}$

**Question 7.** Quelle est la valeur numérique de **x** sachant que $\frac{4x+4}{3(x-4)}=8$ ?

a) 1
b) 2
c) 3
d) 4
e) 5

**Question 8.** Une boutique Fnouc propose à ses clients une carte de 10 % de réduction coûtant 20 €. Un client achète la carte et achète ensuite pour 300 € l'intégrale de Dick Rivers. Quelle est la réduction réelle si l'on tient compte du coût d'achat de la carte ?

a) 2,82 %
b) 3,33 %
c) 6,66 %
d) 7 %
e) 10 %

**Question 9.** Un silo de stockage parallélépipédique mesure 7 mètres de longueur, 4 mètres de largeur et 3 mètres de hauteur. De combien faut-il augmenter la longueur pour accroître la contenance du silo de 36 $m^3$ ?

a) 1 mètre
b) 3 mètres
c) 5 mètres
d) 7 mètres
e) 10 mètres

**Question 10.** Une entreprise compte 7 ouvriers pour 2 cadres. Sachant que l'entreprise compte un effectif salarié de 162 personnes, combien y a-t-il d'ouvriers dans l'entreprise ?

a) 36
b) 42
c) 56
d) 72
e) 126

**Question 11.** Une somme de 1 350 € est constituée de 118 billets de 10 € et de 20 €. Combien y a-t-il de billets de 10 € ?

a) 103
b) 101
c) 98
d) 95
e) 90

**Question 12.** Sarah et Bettina décident de descendre ensemble à Juan-les-Pins. Le trajet Paris-Juan est de 962 km, Sarah a conduit 3 fois plus de temps que Bettina et les deux amies ont roulé à la même vitesse. Sur quelle distance Sarah a-t-elle conduit ?

a) 240,5 km
b) 361 km
c) 481 km
d) 721,5 km
e) 821,5 km

**Question 13.** Un village entreprend des travaux afin de réaliser une retenue d'eau. La retenue sera de 1 000 $m^3$. Combien faudra-t-il de temps pour la remplir, sachant que l'eau s'accumule à raison de 30 $m^3$ en 10 heures ?

a) 13 jours, 5 heures et 35 minutes
b) 15 jours, 8 heures et 9 minutes
c) 13 jours, 21 heures et 20 minutes
d) 14 jours, 37 heures et 29 minutes
e) 16 jours, 20 heures et 13 minutes

**Question 14.** Quelle est la valeur du cinquième de $10^{155}$ ?

a) $2 \times 10^{154}$
b) $2 \times 10^{31}$
c) $2^{155}$
d) $5^{155}$
e) $2^{154}$

**Question 15.** Si $a\Phi b = \dfrac{a+b}{a}$ avec a ≠ 0 et a ≠ b, laquelle des propositions suivantes est vraie ?

(1) $a\Phi 0 = 1$
(2) $a\Phi - b = -a\Phi b$
(3) $(a+b)\Phi(b-a) = 1\Phi(-b-a)$

a) 1 seulement
b) 1 et 2
c) 1 et 3
d) 2 et 3
e) 1, 2 et 3

**Calculez votre score à l'aide de la grille de correction en page 288.**

# II.1bis – Test 1 – Correction

**Calculez votre score à l'aide de la grille de correction en page 288.**

## Question 1. *Réponse b)*

**1. Lecture MCPS de la question (Mécanisme, Connaissances, Pièges, Solutions)**
Pour une question portant sur le mécanisme des rendements (ou temps de travail), souvenons-nous de la formule Q = V×t, et du fait que les vitesses de travail s'additionnent.

**2. Quelle tactique de résolution ?**
Appliquons la formule et calculons.

**3. Résolution.**

Calculons la vitesse de l'apprenti : $V = \frac{Q}{t} = \frac{3}{24} = \frac{1}{8}$ m²/h

Un ouvrier travaille deux fois plus vite soit une vitesse de : $2 \times \frac{1}{8}$ m²/h = $\frac{1}{4}$ m²/h

Ensemble, les 3 salariés travaillent à une vitesse de : $\frac{1}{8} + \frac{1}{4} + \frac{1}{4} = \frac{5}{8}$ m²/h

Alors, $t = \frac{Q}{V} = \frac{9}{\frac{5}{8}} = \frac{9 \times 8}{5}$ = 14,4 heures = 14h24mn

## Question 2. *Réponse b)*

Tactique du consciencieux.

Posons X le nombre de billets de 20 € et Y le nombre de billets de 50 €. Il faut comprendre que la somme en billets de 20 € est égale à (20×X) € et la somme en billets de 50 € est égale à (50×Y) €. L'énoncé devient alors,

$\begin{cases} X + Y = 91 \\ 20X + 50Y = 3\,410 \end{cases}$ $\begin{cases} X = 91 - Y \\ 20(91 - Y) + 50Y = 3\,410 \end{cases}$ $\begin{cases} X = 91 - Y \\ 30Y + 1\,820 = 3\,410 \end{cases}$

$\begin{cases} X = 38 \\ Y = \frac{1\,590}{30} = 53 \end{cases}$

Tactique du malin.

Testons les solutions en commençant par la solution du milieu.

c) Il y a 40 billets de 20 €

| | Billets de 20 € | Billets de 50 € |
|---|---|---|
| Nombre de billets | 40 | 51 |
| Montant total | 800 | 2 550 |

Mais, (800 + 2 550 = 3 350) n'est pas égale à 3 410 €.

Le résultat étant inférieur au résultat attendu, nous éliminons c), d) et e).

b) Il y a 38 billets de 20 €

| | Billets de 20 € | Billets de 50 € |
|---|---|---|
| Nombre de billets | 38 | 53 |
| Montant total | 760 | 2 650 |

Et, (760 + 2 650) est bien égal à 3 410 €.

**Astuce** : Lorsque vous testez la solution c), il manque 60, il faut donc « échanger » 2 billets de 20 € contre 2 billets de 50 €.

**Question 3.** ***Réponse a)***

Les quatre enfants consomment $(3\times2 + 1) = 7$ comprimés par jour. La boite contient $16\times7 = 112$ comprimés.

Si Sandy prenait 2 comprimés par jour, les quatre enfants consommeraient 8 comprimés par jour, les 112 comprimés ne couvriraient que $\frac{112}{8} = 14$ jours de traitement.

**Astuce** : la consommation quotidienne de comprimés passe de 7 à 8, le nombre de jours est donc égal à $16\times\frac{7}{8} = 14$ jours.

**Question 4.** ***Réponse e)***

Calculons la quantité d'alcool dans la manzana : 12 cl × 25% = 3 cl d'alcool.

Calculons la quantité d'alcool dans le champagne : 13 cl × 10% = 1,3 cl d'alcool.

Il y a donc au total 4,3 cl d'alcool dans ce cocktail.

Pour calculer le pourcentage d'alcool : $\frac{4{,}3}{25} = 0{,}172 = 17{,}2\ \% \approx 17\ \%$

**Question 5.** ***Réponse e)***

$$\frac{3\sqrt{2}+2\sqrt{3}}{\sqrt{3}}$$

$$= \frac{3\sqrt{2}}{\sqrt{3}}+\frac{2\sqrt{3}}{\sqrt{3}}$$

$$= \frac{\sqrt{3}\times\sqrt{3}\times\sqrt{2}}{\sqrt{3}}+2$$

$$= \sqrt{3}\times\sqrt{2}+2$$

$$= 2+\sqrt{6}$$

## Question 6. *Réponse d)*

**1. Lecture MCPS de la question (Mécanisme, Connaissances, Pièges, Solutions)**

Une question particulièrement difficile portant sur un calcul de probabilités.

Souvenons-nous qu'une probabilité se définit comme le rapport du nombre de cas favorables à la réalisation d'un événement aléatoire au nombre total de cas possibles :

$$\text{probabilité} = P = \frac{\text{nombre de cas favorables}}{\text{nbre total de cas possibles équiprobables}}$$

Une probabilité est toujours comprise entre 0 et 1.

**2. Quelle tactique de résolution ?**

Raisonnons puis posons le calcul des probabilités.

**3. Résolution.**

Rappelons qu'un dé est composé de 6 faces numérotées de 1 à 6, la somme des deux chiffres obtenus est donc comprise entre 2 et 12 (double 1 et double 6).

Listons à présent l'ensemble des résultats possibles en identifiant les résultats multiples de 3 (soulignés).

| Dé 1 | Dé 2 | Somme | Dé 1 | Dé 2 | Somme | Dé 1 | Dé 2 | Somme |
|---|---|---|---|---|---|---|---|---|
| 1 | 1 | 2 | 2 | 1 | <u>3</u> | 3 | 1 | 4 |
| 1 | 2 | <u>3</u> | 2 | 2 | 4 | 3 | 2 | 5 |
| 1 | 3 | 4 | 2 | 3 | 5 | 3 | 3 | <u>6</u> |
| 1 | 4 | 5 | 2 | 4 | <u>6</u> | 3 | 4 | 7 |
| 1 | 5 | <u>6</u> | 2 | 5 | 7 | 3 | 5 | 8 |
| 1 | 6 | 7 | 2 | 6 | 8 | 3 | 6 | <u>9</u> |

| Dé 1 | Dé 2 | Somme | Dé 1 | Dé 2 | Somme | Dé 1 | Dé 2 | Somme |
|---|---|---|---|---|---|---|---|---|
| 4 | 1 | 5 | 5 | 1 | <u>6</u> | 6 | 1 | 7 |
| 4 | 2 | <u>6</u> | 5 | 2 | 7 | 6 | 2 | 8 |
| 4 | 3 | 7 | 5 | 3 | 8 | 6 | 3 | <u>9</u> |
| 4 | 4 | 8 | 5 | 4 | <u>9</u> | 6 | 4 | 10 |
| 4 | 5 | <u>9</u> | 5 | 5 | 10 | 6 | 5 | 11 |
| 4 | 6 | 10 | 5 | 6 | 11 | 6 | 6 | <u>12</u> |

Il y a donc au total 36 résultats possibles, dont 12 résultats multiples de 3.

Appliquons maintenant la formule des probabilités : $P = \frac{12}{36} = \frac{1}{3}$

## Question 7. *Réponse e)*

$$\frac{4x+4}{3(x-4)} = 8$$

$$4x+4 = 8 \times 3(x-4)$$

$$4x+4 = 24x-96$$

$100 = 20x$

$$x = \frac{100}{20} = 5$$

**Question 8.** ***Réponse b)***

La réduction obtenue sur l'achat de 300 € est : 300 €×10 % = 30 €.
Le client a payé en définitive, 300 € - (30 € - 20 €) = 290 €.

La réduction est donc de $\frac{300-290}{300} = \frac{10}{300} = \frac{1}{30}$ = 3,33 %

**Question 9.** ***Réponse b)***

Le volume du silo se calcule : L×l×h.

Posons L la longueur cherchée.
Nous voulons :
L×4×3 = 7×4×3 + 36
12L = 84 + 36

L = $\frac{120}{12}$ = 10 m

**Attention**, nous cherchons la valeur de l'augmentation de la longueur : 10 - 7 = 3 m.

**Question 10.** ***Réponse e)***

L'énoncé nous apprend qu'il y a 7 ouvriers pour 2 cadres, il y a donc 7 ouvriers pour 9 employés ou $\frac{7}{9}$ d'ouvriers dans cette société.

Il y a donc, $\frac{7}{9} \times 162 = 7 \times 18 = 126$ ouvriers.

**Question 11.** ***Réponse b)***

**1. Lecture MCPS de la question (Mécanisme, Connaissances, Pièges, Solutions)**
Une question portant sur la résolution d'un système d'équations et de pondération.

**2. Quelle tactique de résolution ?**
Posons le système et résolvons, nous verrons que la tactique du malin est ici à privilégier pour sa rapidité.

**3. Résolution.**

Tactique du consciencieux.

Posons X le nombre de billets de 10 € et Y le nombre de billets de 20 €. Il faut comprendre, que la somme en billets de 10 € est égale à (10×X) € et la somme en billets de 20 € est égale à (20×Y) €. L'énoncé devient alors,

$$\begin{cases} X + Y = 118 \\ 10X + 20Y = 1\,350 \end{cases} \quad \begin{cases} X = 118 - Y \\ 10(118 - Y) + 20Y = 1\,350 \end{cases} \quad \begin{cases} X = 118 - Y \\ 10Y = 1\,350 - 1\,180 \end{cases} \quad \begin{cases} X = 101 \\ Y = 17 \end{cases}$$

Tactique du malin.

Testons les solutions en commençant par la solution du milieu .

c) Il y a 98 billets de 10 €

| | Billets de 10 € | Billets de 20 € |
|---|---|---|
| Nombre de billets | 98 | 20 |
| Montant total | 980 | 400 |

Mais, 980 + 400 = 1380 ≠ 1 350.

Le résultat obtenu étant supérieur au résultat attendu (il y a trop de billets de 20 €), nous éliminons c), d) et e).

b) Il y a 101 billets de 10 €

| | Billets de 10 € | Billets de 20 € |
|---|---|---|
| Nombre de billets | 101 | 17 |
| Montant total | 1 010 | 340 |

Et, (1 010 + 340) est bien égal à 1 350 €.

## Question 12. *Réponse d)*

Tactique du consciencieux.

Complétons le tableau.

| | Sarah | Bettina |
|---|---|---|
| Vitesse | V km/h | V km/h |
| Temps | Ts | Tb |
| Distance | Ds | Db |

Ts = 3Tb

Ds + Db = 962 km

Nous savons que, Ds = V×Ts et Db = V×Tb

Si Ts = 3Tb, alors, Ds = 3Db

Ainsi, Ds + Db = 962

3Db + Db = 962

$Db = 962 \times \frac{3}{4} = 721{,}5$ km

Tactique du fainéant.

Si Sarah conduit trois fois plus de temps que Bettina, alors Bettina conduit pendant le quart du trajet.

Sarah conduit donc pendant les 3/4 du trajet soit : $962 \times \frac{3}{4} = 721{,}5$ km.

**Question 13.** *Réponse c)*

**1. Lecture MCPS de la question (Mécanisme, Connaissances, Pièges, Solutions)**
Une question moins évidente qu'elle n'y paraît portant sur des conversions de temps. Souvenons-nous de la formule Q = V×t. Les solutions sont suffisamment différentes pour que nous n'ayons pas à terminer les calculs.

**2. Résolution.**
L'eau s'accumule à raison de 30 $m^3$ en 10 heures, soit un débit de 3 $m^3/h$.

$$t = \frac{Q}{V} = \frac{1\,000}{3} = 333{,}33 \text{ heures} = 13 \text{ jours, } 21 \text{ heures et } 20 \text{ minutes}$$

**Astuce :** n'effectuez pas ce dernier calcul, lorsque vous divisez 1 000 par 3, il restera forcément un tiers d'heure, la réponse se termine donc forcément par 20 minutes !

**Question 14.** *Réponse a)*

**1. Lecture MCPS de la question (Mécanisme, Connaissances, Pièges, Solutions)**
Une question très fréquente dans tous les concours quels qu'ils soient.
Une lecture des solutions nous permet d'éliminer c), d) et e).

**2. Quelle tactique de résolution ?**
Un calcul de base que vous pouvez faire de tête.

**3. Résolution.**
Nous cherchons : $\frac{1}{5} \times 10^{155}$

$= \frac{1}{5} \times 10 \times 10^{154}$

$= 2 \times 10^{154}$

**Question 15.** *Réponse b)*

(1) : $a\Phi 0 = \frac{a+0}{a} = 1$, la proposition (1) est vraie : nous éliminons d).

(2) : $a\Phi - b = \frac{a-b}{a} = \frac{-(-a+b)}{a} = \frac{-a+b}{-a} = -a\Phi b$, la proposition (2) est vraie : nous éliminons a) et c).

(3) : $(a+b)\Phi(b-a) = \frac{a+b+b-a}{a+b} = \frac{2b}{a+b}$, la proposition (3) est fausse : nous éliminons e).

# II.2 – Test 2 – 15 questions en 30 minutes

**Grille de réponses à détacher en page 295.**

**Question 1.** Dans un même groupe industriel, l'usine de Paris emploie trois fois plus de femmes que l'usine de Marseille. Après incitation financière, 5 femmes de l'usine parisienne ont accepté de rejoindre l'usine marseillaise. L'usine parisienne n'emploie plus alors que deux fois plus de femmes que l'usine de Marseille. Combien de femmes, l'usine marseillaise emploie-t-elle après l'arrivée des cinq femmes parisiennes ?

a) 45
b) 35
c) 30
d) 20
e) 15

**Question 2.** Soit XX un nombre à deux chiffres et YXZ un nombre à trois chiffres tels que XX + XX = YXZ. Que vaut X + Y + Z ?

a) 18
b) 9
c) 23
d) 7
e) 12

**Question 3.** Que vaut $3\sqrt{6}(4\sqrt{2}+3\sqrt{2)}$ ?

a) $21\sqrt{3}$
b) $21\sqrt{6}$
c) $42\sqrt{3}$
d) $42\sqrt{6}$
e) $21\sqrt{24}$

**Question 4.** Une voiture consomme 8 litres au 100 km en roulant à 90 km/h. Son réservoir peut contenir 60 litres d'essence. Quelle distance peut-elle parcourir avec un plein de 54 litres en roulant à 90 km/h ?

a) 600 km
b) 625 km
c) 650 km
d) 675 km
e) 700 km

**Question 5.** Au cours d'enchères à Drouot, le prix d'un lustre ancien est réduit de 25 % faute d'acheteur. Puis, le lustre n'ayant toujours pas trouvé de client, le prix est de nouveau diminué de 40 %. Quel est le pourcentage total de réduction ?

a) 55 %
b) 65 %
c) 75 %
d) 85 %
e) 95 %

**Question 6.** Xavier s'installe à un bandit manchot au casino de Charbonnière. Il joue à chaque partie la totalité de son argent. A la première partie, il mise la totalité de son argent et gagne 5 €. Lors de la seconde partie, il double sa mise. Lors de la troisième, partie il perd 20 €, enfin, lors de la dernière partie, il divise son argent par quatre. Il repart du casino avec 24 € en poche. Quel était le montant de sa mise de départ ?

a) 53 €
b) 48 €
c) 73 €
d) 38 €
e) 68 €

**Question 7.** Jean place 60 000 € à 5% pendant trois ans. Quel est le montant du capital augmenté des intérêts qu'il retire sachant que son placement offrait une capitalisation des intérêts ?

a) 60 256,50 €
b) 72 245,58 €
c) 66 874,12 €
d) 62 845,36 €
e) 69 457,50 €

**Question 8.** La somme de 7 entiers consécutifs est de 161. Quelle est la valeur du plus grand de ces 7 chiffres ?

a) 20
b) 22
c) 25
d) 26
e) 27

**Question 9.** Un théâtre propose 2 formules d'abonnement. Avec la première formule, le client paye un abonnement annuel fixe de 215 € et peut assister à un nombre de représentations illimitées. Avec la seconde formule, il paye un abonnement de 50 € et 11 € pour chaque représentation.
A partir de combien de représentations, la première formule devient-elle plus avantageuse ?

a) 14
b) 15
c) 16
d) 17
e) 18

**Question 10.** Sandy et Eddy démarrent simultanément un même trajet de 270 km. Ils prennent chacun leur voiture. Sandy roule a une vitesse moyenne 12 km/h supérieure à celle d'Eddy et arrive 45 minutes avant lui. Quelle est la vitesse moyenne d'Eddy ?

a) 20 km/h
b) 37,5 km/h
c) 45 km/h
d) 54 km/h
e) 62 km/h

**Question 11.** Que vaut la moyenne des nombres -15, -4, -2, 3, 4, 7, 11 et 14 pondérés respectivement par 1, 2, 3, 4, 5, 6, 7 et 8 ?

a) 3,2
b) 4,5
c) 6,5
d) 9,2
e) 7

**Question 12.** Brigitte met 2h30 pour tondre le gazon de son jardin. Si Brigitte et Victoria travaillent ensemble, le gazon est tondu en 1h30. Combien de temps Victoria mettrait-elle si elle travaillait seule ?

a) 2h30
b) 3h45
c) 4h
d) 4h15
e) 5h45

**Question 13.** On augmente de 100 % la hauteur d'un cylindre et l'on diminue son rayon de 50 %, le volume du cylindre ..............

a) diminue de 50 %
b) diminue de 25 %
c) reste inchangé
d) augmente de 25 %
e) augmente de 50 %

**Question 14.** Que vaut le treizième du dix-septième de 1 768 ?

a) 6
b) 7
c) 8
d) 9
e) 10

**Question 15.** Lors des éliminatoires de la Coupe d'Europe 2014, chaque équipe a rencontré toutes les autres équipes une seule fois. Combien d'équipes étaient en compétition sachant que 120 matchs ont été disputés ?

a) 15
b) 16
c) 17
d) 18
e) 19

**Calculez votre score à l'aide de la grille de correction en page 288.**

# II.2bis - Test 2 - Correction

**Calculez votre score à l'aide de la grille de correction en page 288.**

## Question 1. *Réponse d)*

**1. Lecture MCPS de la question (Mécanisme, Connaissances, Pièges, Solutions)**
Une question classique de mise en équation (2 inconnues, 2 équations). La difficulté de ce genre de question réside dans le choix des variables. Les solutions nous permettent d'arriver rapidement à la réponse dans ce type d'exercice.

**2. Quelle tactique de résolution ?**
Résolvons par une mise en équation classique dans un premier temps, nous verrons dans un second temps que la tactique du malin s'avère très efficace.

**3. Résolution.**
Tactique du consciencieux.
Posons M le nombre de femmes employées par l'usine marseillaise avant transfert, et P le nombre de femmes employées par l'usine parisienne avant transfert. L'énoncé devient :
Avant transfert : P = 3M
Après transfert de 5 employées : (P – 5) = 2(M + 5)

$$\begin{cases} P = 3M \\ (P - 5) = 2(M + 5) \end{cases} \quad \begin{cases} P = 3M \\ 3M - 5 = 2M + 10 \end{cases} \quad \begin{cases} P = 3M \\ M = 15 \end{cases} \quad \begin{cases} P = 45 \\ M = 15 \end{cases}$$

Attention, la question porte sur le nombre de femmes dans l'usine marseillaise après le transfert de 5 employées, soit : 15 + 5 = 20 femmes.

Tactique du malin.
Testons les solutions en partant de la solution du milieu : 15, 20, 30, 35, 45
c) l'usine marseillaise compte 30 employées après l'arrivée de 5 employées

| | Marseille | Paris |
|---|---|---|
| Avant le transfert de 5 employées | 25 | 65 |
| Après le transfert de 5 employées | *30* | 60 |

Mais, 55 n'est pas égal à 3 fois 25 employées.
Le résultat étant supérieur au résultat attendu (3×25 = 75), nous éliminons c), b) et a).
d) l'usine marseillaise compte 20 employées après l'arrivée de 5 employées

| | Marseille | Paris |
|---|---|---|
| Avant le transfert de 5 employées | 15 | 45 |
| Après le transfert de 5 employées | *20* | 40 |

45 est bien égal à 3 fois 15 employées.

## Question 2. *Réponse a)*

Nous allons lister tous les nombres XX possibles. Il y en a 9 !

| Valeur de X | Valeur de XX | Valeur de 2×XX | Valeur de Y | Valeur de Z |
|---|---|---|---|---|
| 1 | 11 | 22 | impossible | |
| 2 | 22 | 44 | impossible | |
| 3 | 33 | 66 | impossible | |
| 4 | 44 | 88 | impossible | |
| 5 | 55 | 110 | impossible | |
| 6 | 66 | 132 | impossible | |
| 7 | 77 | 154 | impossible | |
| 8 | 88 | 176 | impossible | |
| 9 | 99 | 198 | 1 | 8 |

On a donc : 9 + 1 + 8 = 18

## Question 3. *Réponse c)*

$3\sqrt{6}(4\sqrt{2}+3\sqrt{2})$

$= 3\times\sqrt{6}\times 7\sqrt{2}$

$= 3\times\sqrt{3}\times\sqrt{2}\times 7\sqrt{2}$

$= 21\times 2\times\sqrt{3}$

$= 42\sqrt{3}$

## Question 4. *Réponse d)*

| Distance | Consommation d'essence |
|---|---|
| 100 | 8 |
| **x** | 54 |

Alors, $\mathbf{x} = \dfrac{100\times 54}{8} = 675\,\text{km}$.

## Question 5. *Réponse a)*

**1. Lecture MCPS de la question (Mécanisme, Connaissances, Pièges, Solutions)**
La question porte sur une succession de diminutions.
Souvenons-nous que : Variation = variation 1 × variation 2 × ...

**2. Résolution.**
$P_2 = (1 - 25\%)\times P_1$
$P_3 = (1 - 40\%)\times P_2$
$P_3 = 0{,}75\times 0{,}6\times P_1$

$P_3 = 0{,}45 \times P_1$
$P_3 = (1 - 55\%)P_1$

## Question 6. *Réponse a)*

**1. Lecture MCPS de la question (Mécanisme, Connaissances, Pièges, Solutions)**
Ne vous laissez pas impressionner par la longueur de l'énoncé.

**2. Quelle tactique de résolution ?**
Avançons par étape.

**3. Résolution.**
Posons X la somme initiale de Xavier.
$1^{ère}$ partie : il reste $(X + 5)$ €
$2^{ème}$ partie : il reste $2 \times (X + 5)$ €
$3^{ème}$ partie : il reste $[2 \times (X + 5) - 20]$ €
Dernière partie : il reste $\frac{1}{4}[2 \times (X + 5) - 20]$ €
L'énoncé nous donne l'égalité suivante :
$\frac{1}{4}[2 \times (X + 5) - 20] = 24$
$2 \times (X + 5) - 20 = 96$
$2 \times (X + 5) = 116$
$X + 5 = 58$
$X = 53$ €

## Question 7. *Réponse e)*

**1. Lecture MCPS de la question (Mécanisme, Connaissances, Pièges, Solutions)**
Une question délicate portant sur l'application de la formule des intérêts composés :
$S_n = S_0 \times (1 + t)^n$

**2. Quelle tactique de résolution ?**
Appliquons la formule.

**3. Résolution.**
Appliquons la formule : I = 5%, n = 3 et $S_0 = 60\,000$ €.
$S_3 = S_0 \times (1 + t)^n$
$S_3 = 60\,000 \times 1{,}05^3$
$S_3 \approx 60\,000 \times 1{,}15$ Simplifiez au maximum les calculs
$S_3 \approx 69\,500$ €
Il n'y a pas de doute possible sur le choix de la solution.

## Question 8. *Réponse d)*

Tactique du consciencieux.

$n + (n + 1) + (n + 2) + (n + 3) + (n + 4) + (n + 5) + (n + 6) = 161$

$7n = 161 - 21$

$7n = 140$

$n = 20$

Les 7 entiers naturels sont donc : 20, 21, 22, 23, 24, 25 et 26.

Tactique du malin.

Démarrons en testant la solution du milieu.

c) $25 + 24 + 23 + 22 + 21 + 20 + 19 = 154$ → Non

Le résultat étant inférieur au résultat attendu, nous éliminons a), b) et c).

d) $26 + 25 + 24 + 23 + 22 + 21 + 20 = 161$ → OUI

Tactique du fainéant.

Il s'agit ici de calculer la moyenne des sept entiers :

$\frac{161}{7} = 23$

Les 7 entiers naturels sont donc : 20, 21, 22, 23, 24, 25 et 26.

## Question 9. *Réponse c)*

Tactique du consciencieux.

Posons N le nombre de pièces, l'énoncé devient alors,

1$^{er}$ tarif : 215 €

2$^{ème}$ tarif : 50 € + N×11 €

Nous voulons, 2$^{ème}$ tarif > 1$^{er}$ tarif

$50 + 11N > 215$

$11N > 215 - 50$

$11N < 165$

$N > \frac{165}{11}$

$N > 15$

Tactique du malin.

Testons les solutions en démarrant par la solution du milieu.

c) $16 \times 11 + 50 = 226$ €

b) $14 \times 11 + 50 = 204$ €

## Question 10. *Réponse e)*

**1. Lecture MCPS de la question (Mécanisme, Connaissances, Pièges, Solutions)**

Une question de mouvement particulièrement complexe.

**2. Quelle tactique de résolution ?**

La tactique du malin est ici inévitable si vous ne voulez pas vous embourber dans d'interminables calculs.

**3. Résolution.**

Testons les solutions en commençant par la solution du milieu.

c) Eddy roule à 45 km/h, il parcourt les 270 km en : $t = \frac{270}{45} = 6$ h

Alors, Sandy roule à 57 km/h et parcourt les 270 km en :

$t = \frac{270}{57} \approx 4{,}75$ h = 4h45mn

Le résultat étant inférieur au résultat attendu, nous éliminons a), b) et c).

d) Eddy roule à 54 km/h, il parcourt les 270 km en : $t = \frac{270}{54} = 5$ h

Alors, Sandy roule à 66 km/h et parcourt les 270 km en :

$t = \frac{270}{66} \approx 4{,}1$ h = 4h6mn → Non

## Question 11. *Réponse c)*

Nous cherchons,

$$\frac{1\times(-15)+2\times(-4)+3\times(-2)+4\times3+5\times4+6\times7+7\times11+8\times14}{1+2+3+4+5+6+7+8}$$

$$= \frac{-15-8+-6+12+20+42+77+112}{36}$$

$$= \frac{234}{36}$$

= 6,5

## Question 12. *Réponse b)*

Calculons la vitesse de Brigitte : $V = \frac{Q}{t} = \frac{1\ \textit{gazon}}{\frac{5}{2}\ \textit{heures}} = \frac{2}{5}$ gazon/h

Ensemble, elles tondent à une vitesse de : $V = \frac{Q}{t} = \frac{1\ \textit{gazon}}{\frac{3}{2}\ \textit{heures}} = \frac{2}{3}$ gazon/h.

Nous savons que leurs vitesses s'additionnent, soit : $\frac{2}{5} + V_V = \frac{2}{3}$

Donc, $V_V = \frac{2}{3} - \frac{2}{5} = \frac{10}{15} - \frac{6}{15}$

$V_V = \frac{4}{15}$ gazon/h.

Alors, Victoria mettrait 3h45 ($\frac{15}{4}$ h) pour tondre le gazon seule.

## Question 13. *Réponse a)*

Souvenons-nous que le volume d'un cylindre se calcule base×hauteur.

On note *V* le volume du cylindre. Notons *h* la hauteur du cylindre et *r* son rayon. On sait déjà que $V = \pi r^2 \times h$

La nouvelle hauteur vaut : 2h.

Le nouveau rayon vaut : 0,5r

Le volume du nouveau cylindre vaut donc :

$V' = \pi(0{,}5r)^2 \times 2h = 0{,}25 \times 2 \times (\pi r^2 \times h) = 0{,}5(\pi r^2 \times h) = 0{,}5\ V$

Le volume du nouveau cylindre est donc diminué de 50 %.

## Question 14. *Réponse c)*

Les solutions sont toutes des entiers, les calculs se simplifieront.

Tactique du consciencieux.

Nous cherchons : $\frac{1}{13} \times \frac{1}{17} \times 1\,768 = \frac{1\,768}{13 \times 17}$

Calculons, $\frac{1\,768}{13} = 136$ ; nous cherchons donc : $\frac{136}{17} = 8$

Tactique du malin.

$13 \times 17 = 221$

Testons la solution du milieu : $8 \times 221 = 1\,768$.

Tactique du fainéant.

Le dernier chiffre de l'opération $13 \times 17 = 221$ est 1.

Notre résultat (1 768) se terminant par 8, la réponse ne peut être que 8.

## Question 15. *Réponse b)*

**1. Lecture MCPS de la question (Mécanisme, Connaissances, Pièges, Solutions)**

Une question moins évidente qu'elle n'y paraît qui s'appuie sur le dénombrement.

Souvenons-nous de la formule : $\frac{n(n-1)}{2}$ et que lorsque l'ordre ne compte pas, nous utilisons les combinaisons.

Les solutions seront très certainement utiles.

**2. Quelle tactique de résolution ?**

Nous pouvons utiliser plusieurs tactiques de résolution, choisissez celle qui vous convient le mieux.

**3. Résolution.**

<u>En utilisant l'analyse combinatoire.</u>

Compter les matchs, revient à compter des combinaisons.

Alors, $C_n^2 = \frac{n!}{(n-2)!2!} = \frac{n(n-1)}{2} = 120$

Et, n(n-1) = 2×120

n(n-1) = 240 240 = 16×15

Donc, n = 16

<u>Sans utiliser l'analyse combinatoire.</u>

Chaque équipe rencontre (n - 1) équipes, il y a donc $\frac{n(n-1)}{2}$ matchs disputés.

Alors, n(n-1) = 2×120

n(n-1) = 240 240 = 16×15

Donc, n = 16

D'autres tests sont disponibles sur le site internet :
**www.Objectif600.com**

# II.3 – Test 3 – 15 questions en 30 minutes

**Grille de réponses à détacher en page 295.**

**Question 1.** Jérémie révise le TAGE-MAGE, il effectue d'incessants allers-retours entre le réfrigérateur au rez-de-chaussée et sa chambre à l'étage. Il a constaté que lorsqu'il monte l'escalier 2 marches à la fois, il reste toujours une marche ; lorsqu'il monte l'escalier 3 marches à la fois, il reste toujours deux marches ; lorsqu'il monte 4 marches à la fois, il reste toujours trois marches. Combien de marches l'escalier comprend-t-il ?

a) 9
b) 12
c) 17
d) 23
e) 26

**Question 2.** Une entreprise compte 7 ouvriers pour 2 cadres. Sachant que l'entreprise salarie 46 cadres, combien y a-t-il d'ouvriers dans l'entreprise ?

a) 42
b) 56
c) 72
d) 126
e) 161

**Question 3.** $\sqrt{216}+\sqrt{72}=?$

a) $3(\sqrt{6}+\sqrt{2})$
b) $3(\sqrt{6}+\sqrt{3})$
c) $6(\sqrt{6}+\sqrt{2})$
d) $6(\sqrt{6}+\sqrt{3})$
e) $6(\sqrt{12}+\sqrt{2})$

**Question 4.** Une école a vu ses effectifs de 2009 progresser de 10 % par rapport à ses effectifs de 2008. En revanche, ses effectifs en 2010 ont baissé de 25 % par rapport à ceux de 2009. Quelle est l'évolution des effectifs en 2010 par rapport aux effectifs en 2008 ?

a) + 22,5 %
b) - 12,5 %
c) + 12,5 %
d) - 17,5 %
e) + 17,5 %

**Question 5.** De combien de façons une association de 10 personnes peut-elle désigner un bureau comprenant un Président et un Trésorier ?

a) 10
b) 120
c) 72
d) 90
e) 252

**Question 6.** Un champ rectangulaire d'une longueur de 11 mètres et d'une largeur de 7 mètres est entouré d'une clôture espacée de **x** mètres. Quel est le périmètre de la clôture ?

a) 18 + **x**
b) 36 + 2**x**
c) 36 + 4**x**
d) 36 + 8**x**
e) 36 + 12**x**²

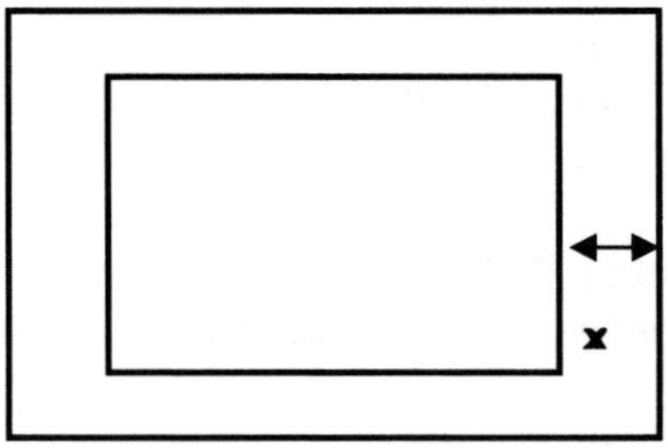


**Question 7.** Deux cyclistes A et B dont l'un est professionnel, décident de faire une course poursuite. A démarre le premier et roule à une vitesse de 42 km/h. B démarre 20 minutes après et rattrape A au bout de 60 minutes. A quelle vitesse B a-t-il roulé ?

a) 39 km/h
b) 54 km/h
c) 56 km/h
d) 58 km/h
e) 48 km/h

**Question 8.** Soit XX un nombre à deux chiffres et YYZ un nombre à trois chiffres tel que XX + XX = YYZ. Que vaut X + 2Y + 3Z ?

a) 16
b) 34
c) 23
d) 7
e) 42

**Question 9.** Dans un jeu de 20 questions, si l'on répond juste, on marque sept points, si l'on ne répond pas, on ne marque rien et si l'on répond faux, on perd deux points. A combien de questions Sandy a-t-elle répondu sachant que son score est de 87 points ?

a) 9
b) 11
c) 13
d) 15
e) 17

**Question 10.** Si l'équation « $\mathbf{x}^2 + k\mathbf{x} + 9 = 0$ » a une seule et unique solution, quelle peut être la valeur de k ?

a) 0
b) 1
c) 3
d) 6
e) 9

**Question 11.** La somme de 3 entiers consécutifs est égale à 249. Que vaut le tiers du plus grand ?

a) 16
b) 24
c) 14
d) 32
e) 28

**Question 12.** La cabinet Latham, Elkaïm & Partners compte 500 avocats. Ce prestigieux cabinet facture en moyenne 80 € l'heure de consultation. Les avocats seniors sont facturés 125 € de l'heure, en revanche, les avocats juniors ne sont facturés que 75 € de l'heure. Combien d'avocats seniors compte le cabinet Latham, Elkaïm & Partners ?

a) 50
b) 75
c) 25
d) 450
e) 250

**Question 13.** Un capital de 40 000 € est placé pour partie à 8 % et pour le reste à 5 %. Au bout d'un an les intérêts s'élèvent à 2 900 €. Quel est le rapport entre la partie placée à 8 % et la partie placée à 5 % ?

a) 2
b) 5
c) 4
d) 3
e) 1

**Question 14.** La figure ci dessous est un cube de 2 cm de côté. Le point I est le milieu de AB. Quelle est la longueur de IC ?

a) $\sqrt{2}$ cm
b) $2\sqrt{5}$ cm
c) $5\sqrt{2}$ cm
d) 1,75 cm
e) $\sqrt{5}$ cm

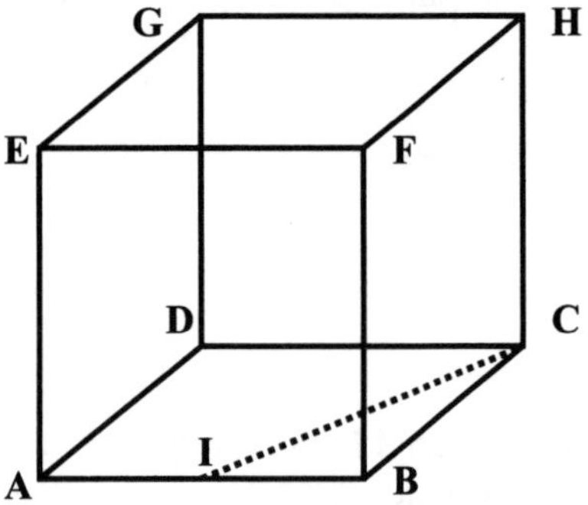


**Question 15.** Stanley, Senior manager chez Bouse & Co est en mission à l'étranger. Son entreprise lui a alloué pour ses déplacements, une somme forfaitaire de 2 000 €. Il loue une voiture dans les conditions suivantes : versement de 500 € pour les frais d'inscription, 100 € par jour de location et 0,50 € du kilomètre. Sa mission dure 13 jours. Combien de kilomètres peut-il parcourir avec la somme forfaitaire de 2 000 € ?

a) 523 km
b) 425 km
c) 400km
d) 475 km
e) 395 km

**Calculez votre score à l'aide de la grille de correction en page 288.**

# II.3bis - Test 3 - Correction

**Calculez votre score à l'aide de la grille de correction en page 288.**

**Question 1.** ***Réponse d)***

**1. Lecture MCPS de la question (Mécanisme, Connaissances, Pièges, Solutions)**

Une question qui de par sa rédaction peut vous surprendre. Pourtant, c'est une simple question de divisibilité par 2, 3 et 4 !

**2. Quelle tactique de résolution ?**

Testons les solutions.

**3. Résolution.**

Je veux (nombre de marches - 3) divisible par 4. Nous éliminons a), c) et e).
Je veux (nombre de marches - 2) divisible par 3. Nous éliminons b).
Je veux (nombre de marches - 1) divisible par 2.

**Question 2.** ***Réponse e)***

L'énoncé nous apprend qu'il y a 7 ouvriers pour 2 cadres, il y a donc 7 ouvriers pour 9 employés ou $\frac{7}{9}$ d'ouvriers et $\frac{2}{9}$ de cadres dans cette société.

Il y a donc, $46 \times \frac{9}{2} = 23 \times 9 = 207$ employés.

Et, $207 \times \frac{7}{9} = 23 \times 7 = 161$ ouvriers.

**Astuce** : S'il y a 7 ouvriers pour 2 cadres, un banal produit en croix nous indique qu'il y a $46 \times \frac{7}{2} = 161$ ouvriers pour 46 cadres.

**Question 3.** ***Réponse c)***

$$\sqrt{216} + \sqrt{72} = \sqrt{6 \times 36} + \sqrt{2 \times 36} = \sqrt{6} \times \sqrt{36} + \sqrt{2} \times \sqrt{36} = 6\sqrt{6} + 6\sqrt{2} = 6(\sqrt{6} + \sqrt{2})$$

**Question 4.** ***Réponse d)***

Souvenons-nous : Variation totale = variation 1 × variation 2 × ...

$P_{2009} = (1 + 10\%) \times P_{2008}$
$P_{2010} = (1 - 25\%) \times P_{2009}$
$P_{2010} = 1{,}1 \times 0{,}75 \times P_{2008}$ Décomposez : $1{,}1 \times 0{,}75 = 1 \times 0{,}75 + 0{,}1 \times 0{,}75 = 0{,}75 + 0{,}075$
$P_{2010} = 0{,}825 \times P_{2008}$
$P_{2010} = (1 - 17{,}5)P_{2008}$

## Question 5. *Réponse d)*

**1. Lecture MCPS de la question (Mécanisme, Connaissances, Pièges, Solutions)**
Une question portant sur l'analyse combinatoire. Souvenons-nous que les deux questions à se poser sont : l'ordre compte-t-il ? Les éléments sont-ils distincts ?
Les solutions pourront éventuellement nous servir plus tard dans la résolution.

**2. Quelle tactique de résolution ?**
Appliquons les formules.

**3. Résolution.**
<u>En utilisant l'analyse combinatoire.</u>
Les éléments sont ordonnés et distincts, nous devons donc utiliser la formule des arrangements.

$A_{10}^{2} = \frac{10!}{(10-2)!} = 10 \times 9 = 90$ choix possibles.

<u>Sans l'analyse combinatoire.</u>
Il y a 10 choix possibles pour le président et 9 pour le trésorier.
On a donc 10×9 = 90 possibilités.

## Question 6. *Réponse d)*

Souvenons-nous que le périmètre se calcule : 2L + 2l.

Le périmètre de la clôture se calcule :
2×Longueur + 2×largeur
= 2(11 + 2x)+ 2(7 + 2x) **Attention** : Longueur = 11 + 2x et Largeur = 7 + 2x
= 36 + 8x

## Question 7. *Réponse c)*

**1. Lecture MCPS de la question (Mécanisme, Connaissances, Pièges, Solutions)**
Une question de mouvement : premier réflexe, sommes-nous dans un cas de croisement ou de rattrapage ? Puis, appliquons la méthode de résolution en 3 étapes.

**2. Quelle tactique de résolution ?**
Méthode du tableau.

**3. Résolution.**
Etape 1 : Schématisons la situation.

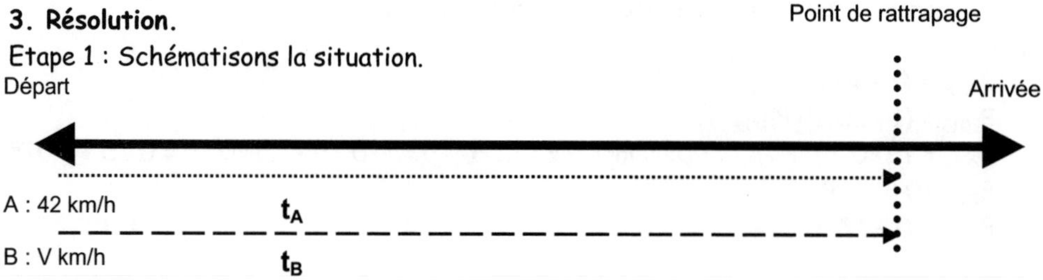

Etape 2 : Complétons le tableau.

| | A | B |
|---|---|---|
| Vitesse | 42 km/h | V km/h |
| Temps | 1 + 1/3 | 1 heure |
| Distance | Da | Db |

A a roulé 1/3 heure de plus que B.
Da = Db

Etape 3 : Ecrivons l'égalité du rattrapage et calculons.

Da = Db

$$42(1 + \frac{1}{3}) = V \times 1$$

V = 56 km/h

## Question 8. *Réponse d)*

Nous allons lister tous les nombres XX possibles. Il y en a 9 !

| Valeur de X | Valeur de XX | Valeur de 2×XX | Valeur de Y | Valeur de Z |
|---|---|---|---|---|
| 1 | 11 | 22 | impossible | |
| 2 | 22 | 44 | impossible | |
| 3 | 33 | 66 | impossible | |
| 4 | 44 | 88 | impossible | |
| 5 | 55 | 110 | 1 | 0 |
| 6 | 66 | 132 | impossible | |
| 7 | 77 | 154 | impossible | |
| 8 | 88 | 176 | impossible | |
| 9 | 99 | 198 | impossible | |

On a donc 5 + 2x1 + 3x0 = 7

## Question 9. *Réponse d)*

**1. Lecture MCPS de la question (Mécanisme, Connaissances, Pièges, Solutions)**
Un système d'équations relativement classique. Nous pouvons d'ores et déjà éliminer a) et b) qui sont manifestement trop basses.

**2. Quelle tactique de résolution ?**
Il faut être astucieux sur ce genre de question.

**3. Résolution.**
Tactique du consciencieux.

Posons X le nombre de réponses justes, Y le nombre de réponses fausses et Z le nombre de non réponses, l'énoncé devient alors,

$$\begin{cases} X + Y + Z = 20 \\ 7 \times X - 2 \times Y + 0 \times Z = 87 \end{cases} \qquad \begin{cases} X + Y + Z = 20 \\ 7X = 87 + 2Y \end{cases}$$

**Astuce :** Bien évidemment, X le nombre de réponses justes est un entier, nous en déduisons que (87 + 2Y) est un multiple de 7 : 91 [13×7], 98 [14×7], 105 [15×7], 112 [16×7], 119 [17×7], 126 [18×7], 133 [19×7] ou 140 [20×7]

Si 7X = 91, alors X = 13, Y = 2 et Z = 5

Si 7X = 98, alors X = 14, Y = 5,5 Non

Si 7X = 105, alors, X = 15, Y = 9 Non

A ce stade, nous pouvons nous arrêter car toutes les valeurs possibles suivantes seront trop grandes. Le nombre de questions répondues se calcule : (X + Y) = 15.

## Question 10. *Réponse d)*

Calculons le $\Delta = k^2 - 4 \times 1 \times 9 = k^2 - 36$

Alors, s'il n'y a qu'une solution à l'équation c'est que le discriminant est nul donc : $k^2 = 36$, c'est à dire k = 6 ou k = -6.

## Question 11. *Réponse e)*

Tactique du consciencieux.

Nous savons que : a + b + c = 249

Alors, a + (a + 1) + (a + 2) = 249

Et, 3a = 249 - 3

a = 246/3

Donc, a = 82

Nos 3 entiers sont (82, 83, 84), et, 84/3 = 28.

Tactique du malin.

Ordonnons les solutions et démarrons en testant la solution du milieu : 14, 16, 24, 28, 32

b) c = 24×3 = 72, b = 71, a = 70, et, a + b + c = 213 → Non

Le résultat étant plus petit que le résultat attendu (249), nous éliminons a), b) et c).

d) c = 32×3 = 96, b = 95, a = 94, a + b + c = 285 → Non, éliminons d).

La réponse est donc e). Nous n'avons pas besoin de tester cette solution.

Tactique du fainéant.

Il s'agit ici de calculer la moyenne des trois entiers :

249/3 = 83 donc, (a, b, c) = (82, 83, 84). 84/3 = 28.

## Question 12. *Réponse a)*

Posons X le nombre d'avocats seniors. Alors, le nombre d'avocats juniors est (500 - X). L'énoncé devient,

$$\frac{125 \times X + 75(500 - X)}{500} = 80$$

$$50X + 37\,500 = 80 \times 500$$

$$50X = 40\,000 - 37.500$$

$$X = \frac{2500}{50} = 50 \text{ avocats}$$

## Question 13. *Réponse d)*

**1. Lecture MCPS de la question (Mécanisme, Connaissances, Pièges, Solutions)**

Une question portant sur la formule des intérêts. Attention, la durée de placement est égale à 1 an, c'est donc la formule des intérêts simples qu'il nous faut utiliser : Intérêts = Somme placée × taux d'intérêt × temps.

**2. Quelle tactique de résolution ?**

Appliquons la formule.

**3. Résolution.**

Posons X la somme placée à 8% et Y la somme placée à 5%, nous savons que :
X + Y = 40 000 €.
Appliquons la formule : Intérêts = Somme placée × taux d'intérêt × temps
$2\,900 = X \times 8\% \times 1 + Y \times 5\% \times 1$
Nous nous retrouvons avec un système de 2 équations et 2 inconnues.

$$\begin{cases} X + Y = 40\,000 \\ 2\,900 = X \times 8\% \times 1 + Y \times 5\% \times 1 \end{cases} \qquad \begin{cases} X = 40\,000 - Y \\ 2\,900 = (40\,000 - Y) \times 8\% + Y \times 5\% \end{cases}$$

$$\begin{cases} X = 40\,000 - Y \\ 2\,900 = 3\,200 - 3\%Y \end{cases} \qquad \begin{cases} X = 30\,000 \text{ €} \\ Y = \dfrac{300}{3\%} = 10\,000 \text{ €} \end{cases}$$

## Question 14. *Réponse e)*

Dans le triangle IBC rectangle en B, appliquons le théorème de Pythagore :
$IC^2 = IB^2 + BC^2$
$IC^2 = 1^2 + 2^2$
$IC^2 = 5$
Donc, $IC = \sqrt{5}$ cm

## Question 15. *Réponse c)*

Posons N, le nombre de kilomètres, l'énoncé devient alors,
somme forfaitaire
= frais d'inscription + tarif journalier × nbre de jours + tarif km × nbre de km
$2\,000 = 500 + 100 \times 13 + 0{,}5N$
$2\,000 - 500 - 1\,300 = 0{,}5N$
$N = \dfrac{200}{0{,}5} = 400$ km

**Astuce** : diviser par 0,5, c'est multiplier par 2

D'autres tests sont disponibles sur le site internet :
**www.Objectif600.com**

## II.4 – Test 4 – 15 questions en 30 minutes

**Grille de réponses à détacher en page 295.**

**Question 1.** Un nombre à trois chiffres est compris entre 130 et 200. Il est divisible par 6 et par 8 et l'on sait que le chiffre des dizaines est supérieur au chiffre des unités. Que vaut ce nombre ?

a) 144
b) 156
c) 182
d) 192
e) 198

**Question 2.** Que vaut Y sachant que la somme de X, Y et Z vaut 750, Y vaut 50 de plus que X et Z vaut le double de la somme de X et Y ?

a) 50
b) 100
c) 150
d) 250
e) 500

**Question 3.** Un vendeur de glaces a augmenté le tarif de ses cônes de 40 %. En fin d'année, son comptable lui apprend que son chiffre d'affaires n'a augmenté que de 26 %. Quelle a été l'évolution (en pourcentage) du nombre de cônes vendus ?

a) Baisse de 5 %
b) Baisse de 10 %
c) Baisse de 15 %
d) Baisse de 20 %
e) Baisse de 25 %

**Question 4.** Lors d'une course de chevaux, on compte 12 partants, combien de grilles de tiercé un joueur doit-il remplir pour être certain de remporter le tiercé dans l'ordre ?

a) 12
b) 132
c) 1 320
d) 11 880
e) 22 040

**Question 5.** Quelle est la racine carrée de 3 908 529 ?

a) 1 974
b) 1 975
c) 1 976
d) 1 977
e) 1 978

**Question 6.** Un couple achète deux voitures dont le coût est identique. Au bout de 2 ans, il vend la première voiture à 40 % du prix d'achat et la seconde au bout de 3 ans à 50 % du prix d'achat. Sachant que la vente des deux voitures lui a rapporté 9 900 €, quel est le prix d'achat d'un véhicule ?

a) 5 000 €
b) 6 000 €
c) 10 000 €
d) 12 222 €
e) 11 000 €

**Question 7.** Bernard possède 6 fois plus d'argent qu'Alain. S'il donne à Alain 100 €, il possédera alors seulement 2 fois plus d'argent qu'Alain. Quelle somme Bernard possède-t-il ?

a) 75 €
b) 150 €
c) 400 €
d) 425 €
e) 450 €

**Question 8.** Combien existe-t-il de nombres à deux chiffres dont la somme des chiffres est impaire ?

a) 45
b) 60
c) 25
d) 100
e) 35

**Question 9.** Un cylindre a pour hauteur 2 mètres et le diamètre de sa base mesure 6 mètres, quel est son volume ?

a) $18\pi$ m$^3$
b) 6 m$^3$
c) 10 m$^3$
d) $12\pi$ m$^3$
e) $22\pi$ m$^3$

**Question 10.** Soit un carré ABCD dont la diagonale mesure **x** cm, que vaut la longueur du côté AD en cm ?

a) $\frac{x}{\sqrt{2}}$ cm
b) $\frac{x}{2}$ cm
c) **x** cm
d) $\sqrt{2}x$ cm
e) 2**x** cm

**Question 11.** Dans un groupe de 45 européens, 28 sont français, 19 sont allemands et 11 possèdent la double nationalité franco-allemande. Combien de membres de ce groupe ne sont ni allemand, ni français ?

a) 6
b) 9
c) 15
d) 17
e) 26

**Question 12.** Si 2 élevé à la puissance 14 vaut 16 384, que vaut 2 élevé à la puissance 16 ?

a) 65 484
b) 65 536
c) 65 678
d) 65 712
e) 65 854

**Question 13.** Victoria décide de solder sa collection « Freda » automne-hiver et diminue le prix de ses articles de 20 %. Sachant qu'elle réalise encore une marge de 10 % sur les produits ainsi soldés, quelle était la marge initiale de Victoria ?

a) 11 %
b) 22 %
c) 30 %
d) 37,5 %
e) 43 %

**Question 14.** $\mathbf{x}$ et $\mathbf{y}$ sont positifs et vérifient : $\mathbf{x}^2 + \mathbf{y}^2 = 145$ et $\mathbf{x} \times \mathbf{y} = 72$.
Quelle est la valeur de $(\mathbf{x} + \mathbf{y})$ ?

a) 17
b) 36
c) 72
d) 144
e) 289

**Question 15.** Un groupe de 30 amis décide d'investir dans la construction d'un voilier. Chaque ami investit 10 000 €. Des retards dans la fabrication entraînent un surcoût de 1 000 € par investisseur. Finalement, une fois les travaux terminés, il reste 3 300 €. Quelle somme aurait dû payer chaque investisseur s'il y avait eu 3 investisseurs de plus au départ ?

a) 10 000 €
b) 7 700 €
c) 9 900 €
d) 6 700 €
e) 8 750 €

**Calculez votre score à l'aide de la grille de correction en page 288.**

# II.4bis – Test 4 – Correction

**Calculez votre score à l'aide de la grille de correction en page 288.**

## Question 1. *Réponse d)*

**1. Lecture MCPS de la question (Mécanisme, Connaissances, Pièges, Solutions)**
Une question sur les multiples. N'oublions pas que la mention « on sait que le chiffre des dizaines est supérieur au chiffre des unités » est probablement essentielle et permet de déjouer un piège...
Rappelons-nous qu'un nombre N est divisible par 6 si et seulement si N est à la fois divisible par 2 et par 3. Un nombre N est donc divisible par 6 si N est pair et si la somme de ses chiffres est divisible par 3. Un nombre N est divisible par 8 si et seulement si le nombre formé par ses trois derniers chiffres est divisible par 8.

**2. Quelle tactique de résolution ?**
Soyons malins, testons les solutions.

**3. Résolution.**
a) 144 est divisible par 6 et par 8, mais, ATTENTION, le chiffre des dizaines n'est pas supérieur au chiffre des unités. → Non
b) 156 n'est pas divisible par 8. → Non
c) 182 n'est pas divisible par 6. → Non
d) 192 est divisible par 6 et par 8. → OUI
e) 198 n'est pas divisible par 8. → Non

## Question 2. *Réponse c)*

<u>Tactique du consciencieux.</u>

$$\begin{cases} X + Y + Z = 750 \\ Y = X + 50 \\ Z = 2\times(X + Y) \end{cases} \quad \begin{cases} 1{,}5Z = 750 \\ Y = X + 50 \\ 0{,}5Z = X + Y \end{cases} \quad \begin{cases} Z = 500 \\ Y = X + 50 \\ X + Y = 250 \end{cases} \quad \begin{cases} Z = 500 \\ X = 100 \\ Y = 250 - X \end{cases} \quad \begin{cases} Z = 500 \\ X = 100 \\ Y = 150 \end{cases}$$

<u>Tactique du malin.</u>
Testons les solutions en commençant par la solution du milieu.
c) $Y = 150$, $X = 100$ et $Z = 2\times250 = 500$ → OUI

## Question 3. *Réponse b)*

**1. Lecture MCPS de la question (Mécanisme, Connaissances, Pièges, Solutions)**
Futurs marketeurs ou financiers, voilà une question pour vous !

**2. Quelle tactique de résolution ?**
Analysons l'énoncé rigoureusement.

**3. Résolution.**
Posons **x**%, l'évolution du nombre de cônes vendus.

Alors, Evolution du CA = Evolution du prix × Evolution du nombre de cônes

Soit, 1,26 = 1,4×**x**

Alors, $x = \frac{1{,}26}{1{,}4} = 0{,}9$ = (1 - 10%)

## Question 4. *Réponse c)*

**1. Lecture MCPS de la question (Mécanisme, Connaissances, Pièges, Solutions)**

Une question portant sur l'analyse combinatoire. Souvenons-nous que les deux questions à se poser sont : l'ordre compte-t-il ? Les éléments sont-ils distincts ?

D'autre part, rappelons qu'un tiercé correspond aux trois premiers arrivés dans l'ordre .

Les solutions pourront éventuellement nous servir plus tard dans la résolution.

**2. Quelle tactique de résolution ?**

Appliquons la formule puis soyons fainéants.

**3. Résolution.**

En utilisant l'analyse combinatoire.

Les éléments sont ordonnés et distincts, nous devons donc utiliser la formule des arrangements.

$$A_{12}^{3} = \frac{12!}{(12-3)!} = 12 \times 11 \times 10 = 1\,320$$

**Astuce** : il est inutile de terminer le calcul au vu des solutions, 12×11×10 ≈ 1 000

Sans l'analyse combinatoire.

Il y a 12 choix possibles pour le premier, 11 pour le deuxième et 10 pour le troisième.

On a donc 12×11×10 = 1 320 possibilités pour le tiercé dans l'ordre.

## Question 5. *Réponse d)*

**1. Lecture MCPS de la question (Mécanisme, Connaissances, Pièges, Solutions)**

Une question apparemment complexe sur les racines carrées... soyons astucieux.

Les réponses se terminent toutes par un chiffre différent, serait-ce un signe du concepteur ?

**2. Quelle tactique de résolution ?**

Soyons fainéants et testons les résultats après une première réflexion.

**3. Résolution.**

Le carré du résultat que nous recherchons est évidemment 3 908 529.

Donc, solution$^2$ = 3 908 529

Il suffit de tester les solutions, mais les opérations sont laborieuses ...

**Astuce** : Intéressons-nous uniquement au produit des deux derniers chiffres.

Celui-ci doit donner un résultat se terminant par 9, or, parmi les solutions proposées, il n'y a que 1 977 qui puisse remplir cette condition ($7 \times 7 = 49$) !

## Question 6. *Réponse e)*

Posons X le prix d'achat d'une voiture, l'énoncé devient,

$0{,}4X + 0{,}5X = 9\,900$ €

$0{,}9X = 9\,900$ €

$X = 11\,000$ €

## Question 7. *Réponse e)*

**1. Lecture MCPS de la question (Mécanisme, Connaissances, Pièges, Solutions)**

Un système d'équations relativement classique. Nous pouvons d'ores et déjà éliminer a) et b) qui sont manifestement trop basses.

**2. Quelle tactique de résolution ?**

Posons le système et résolvons, nous verrons que la tactique du malin est ici à privilégier pour sa rapidité.

**3. Résolution.**

Tactique du consciencieux.

Posons A la somme possédée par Alain et B celle possédée par Bernard, l'énoncé devient alors :

$$\begin{cases} B = 6 \times A \\ B - 100 = 2(A + 100) \end{cases} \quad \begin{cases} B = 6A \\ 6A - 100 = 2A + 200 \end{cases} \quad \begin{cases} B = 6A \\ 4A = 300 \end{cases} \quad \begin{cases} B = 450 \\ A = 75 \end{cases}$$

Tactique du malin.

Testons les solutions en commençant par la solution du milieu.

**Astuce :** Commencez par tester les réponses multiples de 6, les calculs seront évidemment plus simples !

e) Bernard possède 450 €

| | Bernard | Alain |
|---|---|---|
| Actuellement | 450 | 75 |
| Si Bernard donne 100 € à Alain | 350 | 175 |

Et, $350 = 2 \times 175$.

## Question 8. *Réponse a)*

Un nombre à deux chiffres s'écrit DU, pour que la somme de ses deux chiffres soit impaire, il faut qu'il s'écrive : PI ou IP (P = un nombre quelconque pair et I = un nombre quelconque impair).

Déterminons les nombres s'écrivant PI :

Il y a 4 chiffres des dizaines possibles (2, 4, 6 et 8) et 5 chiffres des unités possibles (1, 3, 5, 7 et 9), soient, $4 \times 5 = 20$ nombres possibles.

Déterminons les nombres s'écrivant IP :
Il y a 5 chiffres des dizaines possibles (1, 3, 5, 7 et 9) et 5 chiffres des unités possibles (0, 2, 4, 6 et 8), soient, $5 \times 5 = 25$ nombres possibles.
Soient au total : $20 + 25 = 45$ nombres à deux chiffres dont la somme des chiffres est impaire.

## Question 9. *Réponse a)*

**Attention** : diamètre = $2 \times$ rayon
Base × hauteur $= \pi r^2 \times h = \pi 3^2 \times 2 = 18\pi$ $m^3$

## Question 10. *Réponse a)*

En appliquant le théorème de Pythagore à une diagonale (les deux diagonales sont de même longueur dans un carré), on trouve :
$x^2 = AD^2 + DC^2 = 2AD^2$ ABCD carré donc, AB = BC = CD = DA

Donc $x = \sqrt{2}$ AD et $AD = \dfrac{x}{\sqrt{2}}$.

**Astuce** : retenez que dans un carré de côté c, la diagonale vaut $\sqrt{2}$ c.

## Question 11. *Réponse b)*

1. **Lecture MCPS de la question (Mécanisme, Connaissances, Pièges, Solutions)**
Il s'agit d'un dénombrement et plus précisément de la formule de la somme de sous-ensembles.
Souvenons-nous : $Card(A \cup B) = Card(A) + Card(B) - Card(A \cap B)$.

2. **Résolution.**
Appelons F les français et A les allemands.
Alors, Card(F ou A) = Card(F) + Card(A) – Card(F et A) Card(F) : nbre français
Et, Card (F ou A) = 28 + 19 – 11 = 36
36 personnes sont de nationalité française <u>ou</u> allemande.
Il y a donc 9 personnes qui ne sont ni de nationalité allemande, ni de nationalité française.
En schématisant l'énoncé :

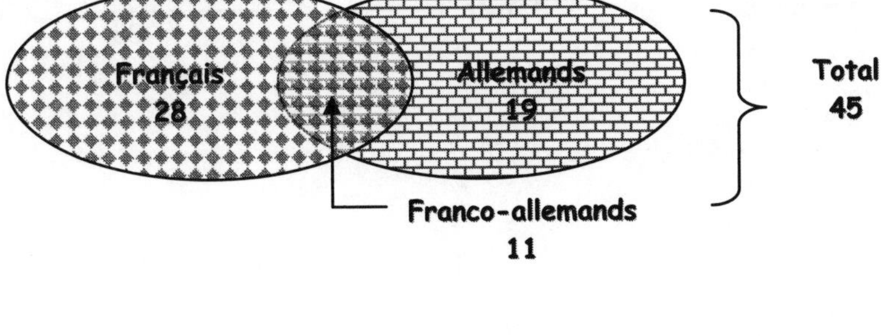

**Question 12.** *Réponse b)*

**1. Lecture MCPS de la question (Mécanisme, Connaissances, Pièges, Solutions)**

Une question déconcertante sur les puissances. Vous devez être astucieux ! Nous allons évidemment nous aider des solutions.

**2. Quelle tactique de résolution ?**

Soyons fainéants !

**3. Résolution.**

Si $2^{14} = 16\,384$ alors $2^{16} = 2^{14} \times 2^2 = 16\,384 \times 4$

**Astuce** : ne multiplions que les 2 derniers chiffres !

Nous voulons une réponse se terminant par 6, car, $4 \times 4 = 16$.

**Question 13.** *Réponse d)*

On note P, le prix de vente initial et, *C*, le coût de revient pour le vendeur.

Le prix pendant les soldes est de 0,8P

On peut aussi écrire : $0{,}8P = 0{,}1C + C = 1{,}1C$.

On a donc $P = 1{,}1C/0{,}8 = C + 0{,}3C/0{,}8$

La marge est donc de $0{,}3/0{,}8 = 37{,}5\ \%$

**Astuce** : Comment simplifier $\frac{0{,}3}{0{,}8}$ ? $\frac{0{,}3}{0{,}8} = \frac{3}{8} = \frac{3}{2 \times 4} = \frac{1}{2} \times \frac{3}{4} = \frac{0{,}75}{2} = 0{,}375$

**Question 14.** *Réponse a)*

$(\mathbf{x} + \mathbf{y})^2 = \mathbf{x}^2 + \mathbf{y}^2 + 2\mathbf{x} \times \mathbf{y} = 145 + 144 = 289 = 17^2$ ou $(-17)^2$

Comme x et y sont positifs, on en déduit que $(x + y) = 17$

**Question 15.** *Réponse c)*

Le coût total de fabrication du voilier est de :

$30 \times 10\,000 + 30 \times 1\,000 - 3\,300$

$= 300\,000 + 30\,000 - 3\,300$

$= 326\,700$ €

Avec 33 investisseurs, le coût pour chaque investisseur aurait été de :

$\frac{326\,700}{33} = 9\,900$ € **Astuce** : $\frac{326\,700}{33} = \frac{330\,000}{33} - \frac{3\,300}{33}$

# III – 3ème série d'exercices Niveau 3★★★

**Ambitionner un score maximum dans la partie calcul des tests.**

## OBJECTIF 500

Tout en gardant à l'esprit la contrainte de temps, il s'agit maintenant de **confronter votre habileté et votre agilité aux questions les plus difficiles** des concours.

Le rattachement aux connaissances est complexe, il vous faut comprendre l'énoncé et le traduire en question mathématique. L'analyse de l'énoncé comme des solutions est impératif. **Le choix de la tactique de résolution est déterminant** pour répondre !

Ces questions nécessitent un niveau de réflexion très élevé. Ne vous lancez jamais dans la résolution avant d'être sûrs d'avoir compris l'énoncé.

Ce sont les questions difficiles des Tests TAGE-MAGE®, SIM, ARPEGE, et TAGE2®. Ce sont les questions qui font **la différence entre un bon score et un score excellent.**

**Important :** Ce sont les questions sur lesquelles les autres candidats « sécheront », les questions qui vous permettront de « gagner » des places. Gardez en mémoire la notion de score absolu, une bonne réponse sur une question difficile crée un différentiel de 4 à 5 points par rapport aux autres candidats.

**Niveau : 3★★★**
**Nombre de questions : 10**
**Temps total : 30 mn**
**Temps par question : 3 mn**
*Les meilleurs candidats pourront tenter de les résoudre en 20 mn.*

Découpez la grille de réponses en page 297.

**Remarque :** Je vous conseille vivement de découper la grille de réponses et de vous entraîner à soigneusement noircir les cases. Vous le constaterez, cet exercice est moins évident qu'il n'y paraît. Gardez à l'esprit que chaque année, certains candidats ratent leurs concours pour un simple décalage de ligne ! Les grilles fournies ressemblent aux grilles qui vous seront distribuées le jour du concours.
Vous pourrez vous corriger et calculer votre score à l'aide de la grille de correction en page 289.

*Let's go !*

# III.1 – Test 1 – 10 questions en 30 minutes

**Grille de réponses à détacher en page 297.**

**Question 1.** Un problème d'imprimante a obligé François de la Panouze à numéroter à la main les pages de son mémoire de fin d'étude. Il a écrit en tout 3 773 chiffres. Combien de pages son mémoire comporte-il?

a) 1 090 pages
b) 1 112 pages
c) 1 178 pages
d) 1 220 pages
e) 1 227 pages

**Question 2.** Soient a, b et c des entiers naturels tels que $0 < a < b < c$. On sait que a est pair, b est impair et c est un nombre premier. Que vaut $(a + b + c)^2$ ?

a) 36
b) 81
c) 144
d) 225
e) 289

**Question 3.** Dans une petite ville, la poste assurait la distribution du courrier pour 6 000 familles en 2005, à raison de 400 familles pour un facteur. En 2010, le nombre de facteurs a baissé de 20 % et le nombre de familles augmenté de 30 % par rapport à 2005. Quel est le pourcentage d'augmentation du nombre de clients par facteur entre 2005 et 2010 ?

a) 25 %
b) 37,5 %
c) 42,5 %
d) 50 %
e) 62,5 %

**Question 4.** Lors d'un meeting électoral, chaque participant a échangé une poignée de mains avec chaque autre participant une seule fois. Combien de poignées de mains ont été échangées ?

a) 80
b) 90
c) 102
d) 114
e) 120

**Question 5.** La partie calcul du Tage Mage® comprend 15 questions et est notée sur 60 (+ 4 points pour une bonne réponse ; - 1 point pour une mauvaise, 0 point pour une absence de réponse). Jean-Baptiste a obtenu 25 points en répondant aux 15 questions. Par ailleurs, en discutant avec ses amis à la sortie de l'épreuve, il conclut qu'il a fait au moins une erreur. Le nombre de réponses fausses est compris entre :

a) 0 et 2
b) 2 et 4
c) 4 et 6
d) 6 et 8
e) 8 et 10

**Question 6.** David agent immobilier Oypi Charlyachète un terrain 24 300 €, il le divise en lots de même surface. Il vend alors chaque lot 1 800 €. Son bénéfice est exactement égal au prix d'achat de 6 lots. En combien de lots le terrain a-t-il été divisé ?

a) 16
b) 17
c) 18
d) 19
e) 20

**Question 7.** Deux voitures partent simultanément de deux villes A et B distantes de 100 km. Elles se croisent à 60 km de A. Quelle est la vitesse de la voiture partie de la ville A, exprimée en proportion de la vitesse de la voiture partie de la ville B ?

a) 5/4
b) 3/5
c) 1/3
d) 3/2
e) 1/2

**Question 8.** Patrick passe le concours d'entrée de l'ESC Chaponost. Il a obtenu une moyenne de 8,5 sur 20 aux $m$ épreuves écrites. Quelle devra être la moyenne sur 20 de Patrick aux $n$ épreuves orales du concours pour obtenir la moyenne de 10/20 et être finalement reçu, chaque épreuve ayant le même coefficient ?

a) $10+\dfrac{1{,}5m}{n}$

b) $11{,}5+\dfrac{m}{n}$

c) $11{,}5+\dfrac{1{,}5m}{n}$

d) $10+\dfrac{n}{m}$

e) $11{,}5+\dfrac{n}{1{,}5m}$

**Question 9.** Que vaut le double de la somme des 30 premiers entiers naturels ?

a) 930
b) 600
c) 385
d) 465
e) 435

**Question 10.** Combien y a-t-il de rectangles dans la figure ci-dessous ?

a) 36
b) 9
c) 10
d) 24
e) 42

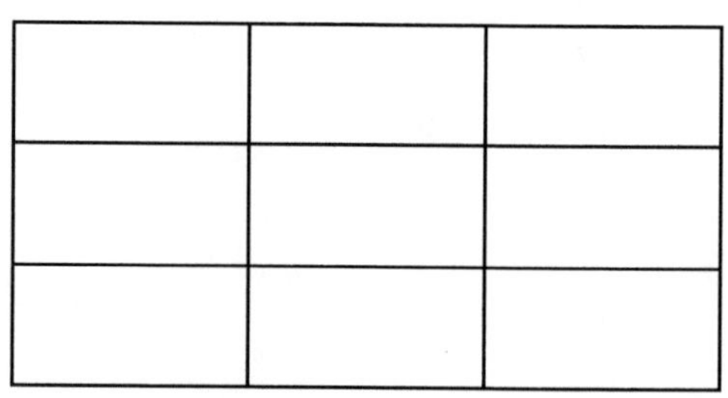

**Calculez votre score à l'aide de la grille de correction en page 289.**

# III.1bis - Test 1 - Correction

**Calculez votre score à l'aide de la grille de correction en page 289.**

## Question 1. *Réponse d)*

**1. Lecture MCPS de la question (Mécanisme, Connaissances, Pièges, Solutions)**
Un problème classique sur les nombres entiers. Pas de piège particulier, attention tout de même, la page 0 n'existe pas.

**2.Résolution.**
Listons les pages et comptons le nombre de chiffres :
De la page 1 à 9, il y a 9 chiffres.
De la page 10 à 99, il y a 90 nombres à deux chiffres, soit 180 chiffres.
De la page 100 à 999, il y a 900 nombres à trois chiffres, soit 2 700 chiffres.
A la page 999, François a déjà écrit 2 889 chiffres (2 700 + 180 + 9).
Il reste donc, 3 773 - 2 889 = 884 chiffres pour numéroter les pages à 4 chiffres (à partir de la page 1 000).
Soit, 884/4 = 221 pages.
Le mémoire de François contient donc : 1 220 pages. Maudite imprimante !

## Question 2. *Réponse c)*

**1. Lecture MCPS de la question (Mécanisme, Connaissances, Pièges, Solutions)**
Une question surprenante portant à la fois sur les nombres premiers et sur la parité. Tentons de réfléchir, le plus petit nombre premier possible est 5, alors, a = 2, b = 3 et c = 5 et (a + b + c) = 10 et $(a + b + c)^2 = 100$. Nous pouvons donc éliminer a) et b).

**2. Quelle tactique de résolution ?**
Nous pouvons raisonner logiquement ou tester les solutions restantes.

**3. Résolution.**
Tactique du malin.
c) $144 = 12^2$, alors, c = 7, b = 5 et a = 2 → OUI
d) $225 = 15^2$ → Non
e) $289 = 17^2$ → Non
Tactique du fainéant.
Souvenons-nous des règles de parité : a est pair, b est impair et c est forcément impair (seul 2 est premier et pair, et c ne peut pas valoir 2). Alors (a + b + c) est forcément pair et $(a + b + c)^2$ est forcément pair donc, réponse c).

## Question 3. *Réponse e)*

**1. Lecture MCPS de la question (Mécanisme, Connaissances, Pièges, Solutions)**
Une question mélangeant recherche d'évolution et calculs de hausse et de baisse.
Souvenons-nous que : $Evolution = \frac{nouveau\ total - ancien\ total}{ancien\ total} \times 100$

**2. Quelle tactique de résolution ?**
Posons les calculs et appliquons la formule.

**3. Résolution.**

Nous recherchons le nombre de clients par facteur, i.e. $\dfrac{\textbf{\textit{nbre clients}}}{\textbf{\textit{nbre facteurs}}}$

En 2005 : 6 000 familles et 400 familles par facteur.

Donc, $\dfrac{6.000}{400} = 15$ facteurs.

En 2010 : le nombre de facteurs a baissé de 20 %, soient : 15×0,8 = 12 facteurs.
Le nombre de familles a augmenté de 30 %, soient : 6 000×1,3 = 7 800 familles.

Nombre de familles par facteur : $\dfrac{\textbf{\textit{nbre clients}}}{\textbf{\textit{nbre facteurs}}} = \dfrac{7.800}{12} = 650$ familles par facteur.

Calculons maintenant l'évolution : $\dfrac{650-400}{400} = \dfrac{250}{400} = 0{,}625 = 62{,}5\ \%$

## Question 4.

***Réponse e)***

**1. Lecture MCPS de la question (Mécanisme, Connaissances, Pièges, Solutions)**
Une question piège par excellence !
Cette question porte sur le dénombrement.

Souvenons-nous de la formule : $\dfrac{n(n-1)}{2}$

Lorsque l'ordre ne compte pas, nous utilisons les combinaisons.
Les solutions seront indispensables puisque ce sont les seules données chiffrées dont nous disposons.

**2. Quelle tactique de résolution ?**
Nous ne pouvons <u>que</u> tester les réponses.

**3. Résolution.**
<u>En utilisant l'analyse combinatoire.</u>
Une poignée de mains est en fait un tirage de 2 éléments non ordonnés et distincts. Ainsi, compter des poignées de main, revient à compter des combinaisons.

$$C_n^2 = \frac{n!}{(n-2)!2!} = \frac{n(n-1)}{2} = \textbf{\textit{nbre salutations}}$$

<u>Sans utiliser l'analyse combinatoire.</u>
S'il y a n participants à cette réunion, alors, chaque participant serre la main à (n - 1) participants, et comme les gens ne se serrent la main qu'une seule fois, il y a $\dfrac{n(n-1)}{2}$ poignées de mains.

Testons maintenant les réponses.
a) 80 poignées de main.

$\frac{n(n-1)}{2} = 80$ n(n - 1) = 160 → Impossible

b) 90 poignées de main.

$\frac{n(n-1)}{2} = 90$ n(n - 1) = 180 → Impossible

c) 102 poignées de main.

$\frac{n(n-1)}{2} = 102$ n(n - 1) = 204 → Impossible

d) 114 poignées de main.

$\frac{n(n-1)}{2} = 114$ n(n - 1) = 228 → Impossible

e) 120 poignées de main.

$\frac{n(n-1)}{2} = 120$ n(n - 1) = 240 n = 16 → OUI

## Question 5. *Réponse d)*

**1. Lecture MCPS de la question (Mécanisme, Connaissances, Pièges, Solutions)**
Une question portant sur les inéquations moins évidente qu'elle n'y paraît.
Nous pouvons clairement utiliser les solutions dans notre résolution et d'ores et déjà éliminer a).

**2. Quelle tactique de résolution ?**
La tactique du malin sera-t-elle la plus rapide ?

**3. Résolution.**
<u>Tactique du malin.</u>
Testons les solutions en partant de la solution du milieu :
c) 11×4 - 4×1 = 40, et, 9×4 - 6×1 = 30 → Non
Le résultat étant supérieur au résultat attendu, nous éliminons b) et c).
d) 9×4 - 6×1 = 30, et 7×4 - 8×1 = 20 → OUI
<u>Tactique du fainéant.</u>
Une autre méthode consiste à raisonner en « score absolu ».
En effet, une bonne réponse rapporte + 4 points, une non-réponse 0 point et une mauvaise - 1 point. Le score final est donc compris entre + 60 (tout est juste) et - 15 (tout est faux), ce sont donc 75 points dont le candidat dispose !
Et (tirez-en les leçons qui s'imposent !), une mauvaise réponse correspond alors à une perte de 5 points (1 point de perdu et un « manque à gagner » de 4 points).
Donc, si Jean-Baptiste a obtenu 25 points, il en a potentiellement perdu 35 soit l'équivalent de 7 questions [7×5 = 35], on sait donc que Jean-Baptiste a répondu faux à 7 questions.

## Question 6.

***Réponse c)***

**1. Lecture MCPS de la question (Mécanisme, Connaissances, Pièges, Solutions)**

Voici une question complexe se résolvant par une équation du second degré.

**2. Quelle tactique de résolution ?**

Tentons de poser puis de résoudre cette équation MAIS je vous interdis de procéder ainsi le jour de l'examen !

**3. Résolution.**

Tactique du consciencieux.

Posons X le nombre de lots vendus, l'énoncé devient,

$1\,800 \times X = 24\,300 + 6 \times \frac{24300}{X}$

$1\,800X^2 = 24\,300X + 145\,800$ En multipliant par X

$1\,800X^2 - 24\,300X - 145\,800 = 0$ En simplifiant par 900

$2X^2 - 27X - 162 = 0$

Calculons le $\Delta = (-27)^2 - 4 \times 2 \times (-162) = 729 + 1296 = 2025 = 45^2$

Alors, $X_1 = \frac{-(-27)+\sqrt{45^2}}{2 \times 2} = 18$ et $X_2 = \frac{-(-27)-\sqrt{45^2}}{2 \times 2} = -4{,}5$

La réponse étant forcément positive, c).

Tactique du malin.

Testons les solutions en commençant par la solution du milieu : 16, 17, 18, 19, 20.

c) 18 lots vendus 1 800 €, soit 32 400 € de ventes.

Pensez au carré de 18 ($1\,800 \times 18 = 18^2 \times 100$)

Bénéfice = 32 400 - 24 300 = 8 100

Le prix d'achat d'un lot est de $\frac{24\,300}{18} = 1.350$

Et nous avons bien : $8\,100 = 6 \times 1\,350$ → OUI

## Question 7.

***Réponse d)***

**1. Lecture MCPS de la question (Mécanisme, Connaissances, Pièges, Solutions)**

Une question de mouvement : premier réflexe, sommes-nous dans un cas de croisement ou de rattrapage ? Puis, appliquons la méthode de résolution en 3 étapes.

**2. Quelle tactique de résolution ?**

Méthode du tableau.

**3. Résolution.**

Etape 1 : Schématisons la situation.

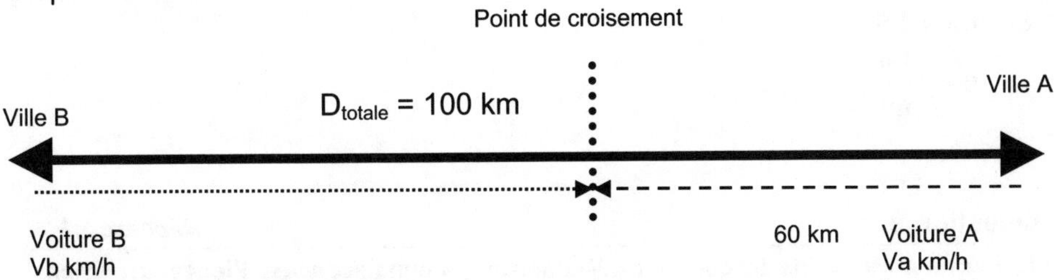


Etape 2 : Complétons le tableau.

| | Voiture A | Voiture B |
|---|---|---|
| Vitesse | Va | Vb |
| Temps | t | t |
| Distance | 60 km | 40 km |

Etape 3 : Ecrivons l'égalité du croisement et calculons.

60 = Va×t, donc, t = $\frac{Va}{60}$

40 = Vb×t, donc, t = $\frac{Vb}{40}$

Alors, $\frac{Va}{60} = \frac{Vb}{40}$ produit en croix

40Va = 60Vb

Et donc, Va = $\frac{60}{40}$ Vb = $\frac{3}{2}$ Vb

## Question 8. *Réponse a)*

**1. Lecture MCPS de la question (Mécanisme, Connaissances, Pièges, Solutions)**

Un calcul de moyenne pondérée.

**2. Quelle tactique de résolution ?**

Calculons.

**3. Résolution.**

Notons x la moyenne des notes (sur 20) obtenues par Patrick à l'oral, alors la somme des notes (sur 20) obtenues à l'oral par Patrick est xn.

La somme des notes (sur 20) obtenues à l'écrit par Patrick est de 8,5m.

On veut :

$$\frac{8{,}5m + xn}{m + n} = 10$$

$8{,}5m + xn = 10\times(m + n)$

$8{,}5m + xn = 10m + 10n$

$xn = 10n + 1{,}5m$

$x = 10 + \dfrac{1{,}5m}{n}$

## Question 9.

***Réponse a)***

**1. Lecture MCPS de la question (Mécanisme, Connaissances, Pièges, Solutions)**

LA suite arithmétique que vous devez connaître : $\sum_{i=0}^{n} i = \dfrac{n(n+1)}{2}$

**2. Quelle tactique de résolution ?**

Appliquons la formule.

**3. Résolution.**

$$\sum_{i=0}^{n} i = \frac{n(n+1)}{2} = \frac{30\times 31}{2} = \frac{930}{2} = 465$$

La question porte sur le double de la somme, soit, $2\times465 = 930$.

## Question 10.

***Réponse a)***

**1. Lecture MCPS de la question (Mécanisme, Connaissances, Pièges, Solutions)**

Une question délicate qui nécessite de la rigueur.

**2. Quelle tactique de résolution ?**

Décomptons.

**3. Résolution.**

Nombre de rectangles composés de 1 rectangle : 9 rectangles
Nombre de rectangles composés de 2 rectangles : 12 rectangles
Nombre de rectangles composés de 3 rectangles : 6 rectangles
Nombre de rectangles composés de 4 rectangles : 4 rectangles
Nombre de rectangles composés de 6 rectangles : 4 rectangles
Nombre de rectangles composés de 12 rectangles : 1 rectangle
Soit, au total 36 rectangles.

## III.2 – Test 2 – 10 questions en 30 minutes

**Grille de réponses à détacher en page 297.**

**Question 1.** Si l'on reconstitue l'opération posée ci-dessous en remplaçant chaque tiret par un chiffre, deux chiffres n'apparaîtront pas dans la multiplication reconstituée. Lesquels ?

```
        6 - 3

  ×     3 - 5
    ---------
      3 2 1 -
      - - 3
  - 9 - 9
  -----------
  - - - - - -
```

a) 7 et 8
b) 4 et 7
c) 5 et 6
d) 8 et 0
e) 0 et 4

**Question 2.** Au cours d'une réunion de l'ONU, chaque président a serré la main de chacun des autres présidents et chaque ministre des affaires étrangères a tapé l'épaule de chaque ministre des affaires étrangères. Enfin, chaque président a salué de la main chaque ministre des affaires étrangères. Combien de salutations de la main se sont-ils échangées sachant que l'on a compté 36 poignées de main et 55 tapes sur l'épaule ?

a) 36
b) 55
c) 91
d) 99
e) 111

**Question 3.** Dans un examen d'anglais comportant $m$ questions, Elisabeth répond juste à 15 des 20 premières questions et correctement à un tiers des autres questions. Si son score final est égal à 50 % de la note maximale, quel est la valeur de $m$ ?

a) 50
b) 55
c) 60
d) 65
e) 70

**Question 4.** Trois bars sont approvisionnés de 950 litres de beaujolais nouveau. « Au Père tranquille » reçoit 50% plus de vin que « Au Père fouettard » et « Au Père joyeux» reçoit 50% plus de vin que « Au Père tranquille ». Quelle quantité de vin a été reçue par le bar « Au Père tranquille » ?

a) 200
b) 300
c) 450
d) 500
e) 750

**Question 5.** Une école achète pour 2 430 € de cadeaux pour la fête de fin d'année. Les cadeaux sont divisés en lots et vendus chacun 180 €. A la fin de la fête tous les lots ont été vendus. Le bénéfice est équivalent au prix d'achat de 6 lots. En combien de lots les cadeaux ont-ils été divisés ?

a) 20
b) 14
c) 13
d) 22
e) 18

**Question 6.** Un premier RER quitte Charles de Gaulle - Etoile en direction de Créteil à 13h et roule à la vitesse moyenne de $\boldsymbol{X}$ km/h. Sachant qu'un second RER part au même instant de Créteil en trajet inverse à la vitesse moyenne de 50 km/h et que $\boldsymbol{M}$ kilomètres séparent les deux stations, au bout de combien d'heures les RER se croiseront-ils ?

a) $\dfrac{\boldsymbol{M}}{\boldsymbol{X}+50}$
b) $\boldsymbol{M}+\dfrac{\boldsymbol{X}}{50}$
c) $\dfrac{\boldsymbol{M}+50}{\boldsymbol{X}}$
d) $\dfrac{\boldsymbol{X}+50}{\boldsymbol{M}}$
e) $\boldsymbol{M}(\boldsymbol{X}+50)$

**Question 7.** Jonathan décide de tester son nouveau petit bolide, une Porsche Cayman, en roulant une heure sur l'autoroute Paris-Deauville. Sur le premier quart de son parcours, des embouteillages l'obligent à rouler à une vitesse moyenne de 45 km/h. Il termine son parcours à une vitesse moyenne de 90 km/h. Quelle distance a-t-il parcourue ?

a) 18 km
b) 54 km
c) 64 km
d) 72 km
e) 100 km

**Question 8.** Le lotissement des Aqueducs comprend 5 maisons de respectivement 1, 2, 3, 4 et 5 chambres. Les charges annuelles d'entretien des espaces verts sont réparties au prorata du nombre de chambres. Quel est le montant moyen des charges annuelles par copropriétaire sachant que le propriétaire de la maison comprenant 2 chambres a réglé 2 100 € ?

a) 3 125 €
b) 2 550 €
c) 1 750 €
d) 3 150 €
e) 3 450 €

**Question 9.** Un fabricant de maillots de bain souhaite se séparer de son stock d'invendus. Il vend les deux tiers de son stock à Aldoui, les deux tiers du reste à Liddoul, au troisième les deux tiers du reste puis jusqu'au sixième hard discounter après lequel son stock est écoulé. Quel était le nombre de maillots de bain que le marchand avait initialement en stock ?

a) 243
b) 244
c) 245
d) 246
e) 247

**Question 10.** Quelle est l'aire du triangle A inscrit dans un carré de côté 12 cm ?

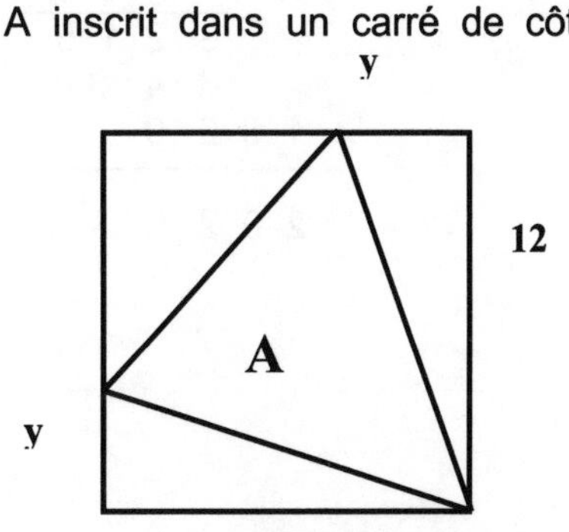


a) 144 cm²
b) $0{,}5(144 - y^2)$ cm²
c) $(72 - 10y - y^2)$ cm²
d) $(144 - 12y + y^2)$ cm²
e) $(72 - 12y + y^2)$ cm²

# II.2bis - Test 2 - Correction

**Calculez votre score à l'aide de la grille de correction en page 289.**

**Question 1.** ***Réponse a)***

**1. Lecture MCPS de la question (Mécanisme, Connaissances, Pièges, Solutions)**
Une question fréquente et classique. Ces questions sont réservées aux plus rapides d'entre vous !

**2. Résolution.**
Je sais que : [6 - 3]×5 = [321 -] ; or 3×5 = 15
Donc, [6 - 3]×5 = 3 215 ; et, 3 215/5 = 643
L'opération devient donc :

```
        6 4 3
×       3 - 5
    3 2 1 5
    - - 3
- 9 - 9
-----------
- - - - 4 5
```

Je sais que : 643×3 = 1 929, l'opération devient :

```
        6 4 3
×       3 - 5
    3 2 1 5
    - - 3
1 9 2 9
-----------
- - - - 4 5
```

Enfin, nouvelle astuce : le produit de 643 et du chiffre manquant donne un résultat se terminant par 3.
Donc, le chiffre manquant est obligatoirement 1. Soyez astucieux !
L'opération devient donc :

```
        6 4 3
×       3 1 5
    3 2 1 5
    6 4 3
1 9 2 9
-----------
2 0 2 5 4 5
```

**Question 2.** *Réponse d)*

**1. Lecture MCPS de la question (Mécanisme, Connaissances, Pièges, Solutions)**

Une question moins évidente qu'elle n'y paraît qui s'appuie sur le dénombrement.

Souvenons-nous de la formule : $\frac{n(n-1)}{2}$

Lorsque l'ordre ne compte pas, nous utilisons les combinaisons.

Les solutions seront très certainement utiles.

**2. Quelle tactique de résolution ?**

Nous pouvons utiliser plusieurs tactiques de résolution, choisissez celle qui vous convient le mieux.

**3. Résolution.**

En utilisant la combinatoire.

Une salutation (poignée de mains, tape sur l'épaule ou salutation de la main) est en fait un tirage de 2 éléments non ordonnés et distincts. Ainsi, compter des salutations, revient à dénombrer des combinaisons.

Alors, comptons le nombre de présidents présents à cette réunion sachant qu'ils se sont échangés 36 poignées de main.

$$C_n^2 = \frac{n!}{(n-2)!2!} = \frac{n(n-1)}{2} = 36$$

Et, n(n-1) = 2×36

n(n-1) = 72 72 = 9×8

Donc, n = 9 présidents

Comptons le nombre de ministres des affaires étrangères présents à cette réunion sachant qu'ils se sont échangés 55 tapes sur l'épaule.

$$C_n^2 = \frac{n!}{(n-2)!2!} = \frac{n(n-1)}{2} = 55$$

Et, n(n-1) = 2×55

n(n-1) = 110 110 = 11×10

Donc, n = 11 ministres des affaires étrangères

Nous pouvons alors compter le nombre de salutations de la main échangées lors de cette réunion sachant qu'il y a 9 présidents et 11 ministres des affaires étrangères.

Nbre de salutations de la main = nbre de présidents × nbre de ministres

Nbre de salutations de la main = 9×11 = 99

Sans utiliser l'analyse combinatoire.

S'il y a n présidents à cette réunion, alors, chaque président serre la main à (n - 1) présidents, et comme les gens ne se serrent la main qu'une seule fois, il y a $\frac{n(n-1)}{2}$ poignées de mains.

Alors, n(n-1) = 2×36

n(n-1) = 72 72 = 9×8

Donc, n = 9 présidents

De même, pour compter le nombre de ministres des affaires étrangères, nous savons qu'il s'est échangé : $\frac{n(n-1)}{2}$ tapes sur l'épaule.

Alors, n(n-1) = 2×55

n(n-1) = 110 110 = 11×10

Donc, n = 11 ministres des affaires étrangères

Nous pouvons alors compter le nombre de salutations de la main échangées lors de cette réunion sachant qu'il y a 9 présidents et 11 ministres des affaires étrangères.

Nbre de salutations de la main = nbre de présidents × nbre de ministres

Nbre de salutations de la main = 9×11 = 99

## Question 3. *Réponse a)*

**1. Lecture MCPS de la question (Mécanisme, Connaissances, Pièges, Solutions)**

Une mise en équation classique. Les solutions sont riches en informations, utilisez-les. La réponse est forcément paire, puisqu'Elisabeth répond juste à la moitié des questions, nous éliminons b) et d).

**2. Quelle tactique de résolution ?**

Raisonnons et calculons.

**3. Résolution.**

<u>Tactique du consciencieux.</u>

Nous savons qu'Elisabeth a répondu juste à $\frac{1}{2}$ m questions en tout.

D'autre part, Elisabeth a répondu juste à 15 + $\frac{1}{3}$(m - 20) questions.

Alors, 15 + $\frac{1}{3}$(m - 20) = $\frac{1}{2}$m

90 + 2m - 40 = 3m

M = 50

<u>Tactique du malin.</u>

Testons les solutions en partant de la solution du milieu.

c) Elisabeth répond juste à 30 questions mais 60 ≠ 20 + 15×3 → Non

Le résultat étant supérieur au résultat attendu, nous éliminons c) et e).

## Question 4. *Réponse b)*

**1. Lecture MCPS de la question (Mécanisme, Connaissances, Pièges, Solutions)**

Un système de 3 équations et 3 inconnues.

**2. Quelle tactique de résolution ?**

Posons le système et résolvons.

**3. Résolution.**

Posons, T la quantité de vin reçue par « Au Père tranquille », F la quantité reçue par « Au Père fouettard », et J la quantité reçue « Au Père joyeux », l'énoncé devient alors :

$$\begin{cases} T + F + J = 950 \\ T = 1{,}5F \\ J = 1{,}5T \end{cases} \quad \begin{cases} 1{,}5F + F + 1{,}5\times 1{,}5F = 950 \\ T = 1{,}5F \\ J = 1{,}5\times 1{,}5F \end{cases} \quad \begin{cases} 4{,}75F = 950 \\ T = 1{,}5F \\ J = 2{,}25F \end{cases}$$

$$\begin{cases} F = 200 \text{ litres} \\ T = 300 \text{ litres} \\ J = 450 \text{ litres} \end{cases}$$

Une autre tactique consistait ici à partir des solutions.

## Question 5. *Réponse e)*

**1. Lecture MCPS de la question (Mécanisme, Connaissances, Pièges, Solutions)**

Voici une question complexe se résolvant par une équation du second degré.

**2. Quelle tactique de résolution ?**

Tentons de poser puis de résoudre cette équation MAIS je vous interdis de procéder ainsi le jour de l'examen !

**3. Résolution.**

Tactique du consciencieux.

Posons X le nombre de lots vendus, l'énoncé devient :

$180 \times X = 2\,430 + 6 \times \dfrac{2\,430}{X}$

$180X^2 = 2\,430X + 14\,580$ En multipliant par X

$180X^2 - 2\,430X - 14\,580 = 0$ En simplifiant par 90

$2X^2 - 27X - 162 = 0$

Calculons le $\Delta = (-27)^2 - 4\times 2\times(-162) = 729 + 1296 = 2025 = 45^2$

Alors, $X_1 = \dfrac{-(-27)+\sqrt{45^2}}{2\times 2} = 18$ et $X_2 = \dfrac{-(-27)-\sqrt{45^2}}{2\times 2} = -4{,}5$

La réponse étant forcément positive, e).

Tactique du malin.

Testons les solutions en commençant pas la solution du milieu : 13, 14, 18, 20, 22.

e) 18 lots vendus à 180 €, soit 3 240 € de ventes.

Pensez au carré de 18 ($180\times 18 = 18^2\times 10$)

Bénéfice = 3 240 - 2 430 = 810

Le prix d'achat d'un lot est de $\dfrac{2\,430}{18} = 135$

Et nous avons $810 = 6\times 135$ → OUI

## Question 6. *Réponse a)*

**1. Lecture MCPS de la question (Mécanisme, Connaissances, Pièges, Solutions)**
Premier réflexe, sommes-nous dans un cas de croisement ou de rattrapage ? Puis, appliquons la méthode de résolution en 3 étapes.

**2. Quelle tactique de résolution ?**
Méthode du tableau.

**3. Résolution.**
Tactique du consciencieux.
Etape 1 : Schématisons la situation.

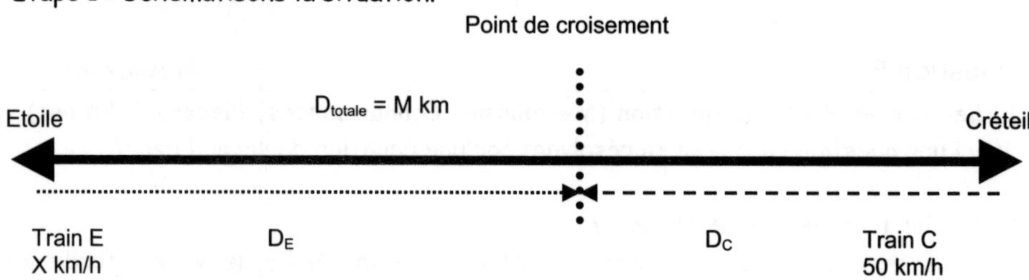


Etape 2 : Complétons le tableau.
Complétons le tableau.

| | Train E | Train C |
|---|---|---|
| Vitesse | X km/h | 50 km/h |
| Temps | t | t |
| Distance | Xt | 50t |

Xt + 50t = M

Etape 3 : Ecrivons l'égalité du croisement et calculons.
La méthode consiste à calculer le temps qu'ils vont mettre pour se croiser, puis à déterminer la distance qu'ils auront parcourue durant ce temps.

$$Xt + 50t = M$$
$$t(X + 50) = M$$
$$t = \frac{M}{X+50} \text{ heures}$$

Tactique du fainéant.
Je vous rappelle qu'un temps est un rapport distance/vitesse, la seule solution possible est donc a) !

## Question 7. *Réponse d)*

**1. Lecture MCPS de la question (Mécanisme, Connaissances, Pièges, Solutions)**
Une application classique de la formule de la distance (D = V×t).

**2. Quelle tactique de résolution ?**
Appliquons la formule.

**3. Résolution.**

Jonathan parcourt $\frac{1}{4}$D à 45 km/h et $\frac{3}{4}$D à 90 km/h sur un temps total de 1 heure.

Nous avons l'égalité suivante :

Temps total = temps pour parcourir $\frac{1}{4}$D + temps pour parcourir $\frac{3}{4}$D

1 heure = $\dfrac{\frac{1}{4}\boldsymbol{D}}{45} + \dfrac{\frac{3}{4}\boldsymbol{D}}{90}$

1 heure = $\dfrac{2\boldsymbol{D}}{4\times 90} + \dfrac{3\boldsymbol{D}}{4\times 90} = \dfrac{5\boldsymbol{D}}{4\times 90}$

1 heure = $\dfrac{\boldsymbol{D}}{72}$

D = 72 km

## Question 8. *Réponse d)*

Si le propriétaire de la maison comprenant 2 chambres a payé 2 100 €, le coût par chambre est de $\frac{2\,100}{2}$ = 1 050 €.

Le coût global pour l'ensemble des propriétaires est de :
1 050×(1 + 2 + 3 + 4 + 5) = 1 050×15 = 15 750 €.
Calculons maintenant la moyenne arithmétique des charges payées par chacun des cinq copropriétaires :
$\frac{15\,750}{5}$ = 3 150 €

<u>Tactique du fainéant.</u>

Le propriétaire de la maison comprenant 2 chambres possède $\frac{2}{15}$ des chambres du lotissement. La moyenne des charges se calcule : 2 100× $\frac{15}{2}$ × $\frac{1}{5}$ = 3 150 €.

## Question 9. *Réponse a)*

Le vendeur vend à chaque étape les deux tiers de son stock.

En notant $S_n$ le stock qu'il lui reste avant la $n^{ème}$ ventes, on a $\boldsymbol{S_n} = \boldsymbol{S_{n-1}} - \frac{2}{3}\boldsymbol{S_{n-1}} = \frac{1}{3}\boldsymbol{S_{n-1}}$.

On sait qu'après la $5^{ème}$ vente, il ne lui reste plus qu'1 ou 2 maillots qu'il vend au sixième client.

On a donc $S_5 = \left(\frac{1}{3}\right)^5 S_0 = 1$ ou $S_5 = \left(\frac{1}{3}\right)^5 S_0 = 2$

Et donc de $S_0 = 3^5 \times 1 = 243$ ou $S_0 = 3^5 \times 2 = 486$

**Question 10.** ***Réponse b)***

L'aire du triangle A est égale à l'aire du carré diminuée des surfaces des 3 autres triangles.

L'aire du 1er triangle se calcule : $\frac{1}{2} \times 12 \times y = 6y$

L'aire du 2ème triangle se calcule : $\frac{1}{2} \times 12 \times y = 6y$

L'aire du 3ème triangle se calcule :

$\frac{1}{2} \times (12 - y) \times (12 - y) = \frac{1}{2} \times (12 - y)^2 = \frac{1}{2} \times (12^2 + y^2 - 24y) = 72 + \frac{1}{2} y^2 - 12y$

Alors, l'aire du triangle A se calcule :

Aire du carré – aire des 3 triangles

$= 12^2 - (6y + 6y + 72 + \frac{1}{2} y^2 - 12y)$

$= 144 - 72 - \frac{1}{2} y^2$

$= \frac{1}{2}(144 - y^2)$

D'autres tests sont disponibles sur le site internet :
**www.Objectif600.com**

# III.3 – Test 3 – 10 questions en 30 minutes

**Grille de réponses à détacher en page 297.**

**Question 1.** Si l'on reconstitue l'opération posée ci-dessous en remplaçant chaque tiret par un chiffre, quel est le chiffre qui apparaît le plus souvent ?

```
      4 - -
×     2 - 9
    -------
    3 9 3 -
  2 - - -
  - - 4
-----------
1 - - 1 8 -
```

a) 3
b) 1
c) 8
d) 7
e) 5

**Question 2.** Quelle quantité d'alcool doit-on ajouter à 10 litres d'une solution contenant 50 % d'alcool pour obtenir une solution contenant 70 % d'alcool ?

a) 2 litres
b) 3,33 litres
c) 5 litres
d) 6 litres
e) 6,66 litres

**Question 3.** Lors d'une réunion des anciens élèves de l'EM Lyon, chaque personne a fait deux bises (une sur chaque joue) à chacune des autres personnes présentes. Combien de personnes étaient présentes sachant que 182 bises ont été échangées en tout ?

a) 8
b) 10
c) 14
d) 18
e) 24

**Question 4.** Un immeuble est composé de quatre appartements respectivement constitués de 1, 2, 3 et 4 pièces. La dépense de chauffage globale s'élève à 1 820 €. Elle est répartie sur tous les appartements proportionnellement au nombre de pièces. Quel est le montant de la facture de chauffage pour le propriétaire de l'appartement de 3 pièces ?

a) 650 €
b) 546 €
c) 390 €
d) 182 €
e) 424 €

**Question 5.** A la dernière dictée, Noa, Eve, Aaron et Jérémie ont eu 12/20 de moyenne. Dan lui n'a eu que 11/20. Quelle est la moyenne de ces cinq élèves ?

a) 11/20
b) 11,2/20
c) 11,4/20
d) 11,6/20
e) 11,8/20

**Question 6.** Soient $\mathbf{x}$ et $\mathbf{y}$ des entiers naturels tels que $\mathbf{x} + \mathbf{y} = 8$. Quelle est la valeur de $(\mathbf{x}^3 + \mathbf{y}^3)$ lorsque $(\mathbf{x}^2 - \mathbf{y}^2)$ a atteint sa valeur minimale ?

a) 0
b) 8
c) 512
d) 256
e) 1 024

**Question 7.** William quitte Marseille en direction de Paris à 11h et roule à la vitesse moyenne de $\mathbf{W}$ km/h. Anna, sa femme décide de le rejoindre et quitte Paris à 12h30 en empruntant le même trajet et en roulant à la vitesse moyenne de 150 km/h. Au bout de combien d'heures Anna croisera-t-elle William sachant que la distance de Paris à Marseille est de 900 km ?

a) $\dfrac{540 - 90W}{W + 150}$
b) $\dfrac{900}{W + 150}$
c) $\dfrac{900 - 1{,}5W}{W + 150}$
d) $\dfrac{900 - 1{,}5W}{W - 150}$
e) $\dfrac{900}{W}$

**Question 8.** Au VUP, célèbre club de Saint-Tropez, le physionomiste à l'entrée a calculé que l'âge moyen des personnes présentes est égal au nombre de personnes présentes dans le club. Il décide de laisser entrer David Z. âgé de 31 ans. L'âge moyen des clients est alors toujours égal au nombre de personnes présentes dans le club. Combien de personnes se trouvent désormais dans le club ?

a) 18
b) 17
c) 16
d) 15
e) 14

**Question 9.** Deux chocolatiers doivent produire chacun 7 700 chocolats pour une commande. Le premier met 10 heures de plus que le second pour fabriquer les 7 700 chocolats. Le second fabrique 10 % de chocolats de plus par heure que le premier. Combien de chocolats le premier chocolatier fabrique-t-il en une heure ?

a) 144
b) 700
c) 77
d) 140
e) 70

**Question 10.** Dans le triangle rectangle représenté ci-dessous AC = 6 cm et BC = $3 - \sqrt{6}$ cm.
Quelle est la longueur de AB ?

a) $1+\sqrt{6}$
b) $3$
c) $3\sqrt{3}$
d) $1+\sqrt{3}$
e) $\sqrt{3}(1+\sqrt{6})$

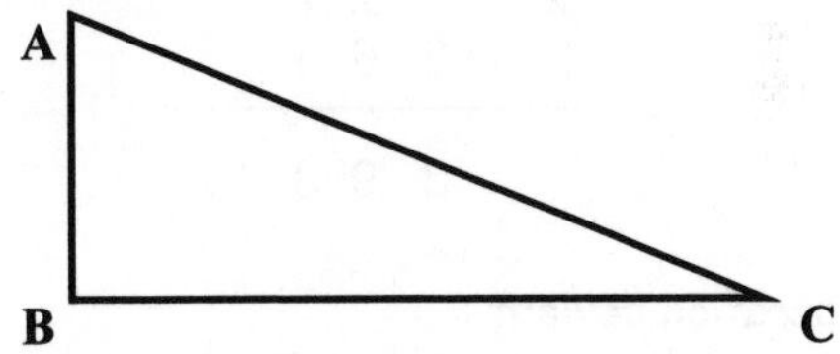


**Calculez votre score à l'aide de la grille de correction en page 289.**

# III.3bis - Test 3 - Correction

**Calculez votre score à l'aide de la grille de correction en page 289.**

## Question 1. *Réponse a)*

**1. Lecture MCPS de la question (Mécanisme, Connaissances, Pièges, Solutions)**
Une question fréquente et classique. Ces questions sont réservées aux plus rapides d'entre vous !

**2. Résolution.**
Nous savons que : [4 - -]×2 = [- - 4],
Nous en déduisons que : [4 - 7]×2 = [- - 4] car, 7×2 = 14

De plus, [4 - 7]×9 = [393 -]
Alors, [4 - 7]×9 = 3933 car, 7×9 = 63
Donc,

```
        4 - 7

  ×         9
     ---------
          6 3
          - -
      3 6
  -----------
      3 9 3 3
```

Le chiffre manquant est 3 :

```
        4 3 7

  ×         9
     ---------
          6 3
        2 7
      3 6
  -----------
      3 9 3 3
```

L'opération devient :

```
        4 3 7

  ×     2 - 9
     ---------
      3 9 3 3
    2 - - -          Par différence : 2 - - 5
    8 7 4
  -----------
  1 - - 1 8 -
```

Nous en déduisons que le chiffre manquant est 5 : 437×5 = 2 185

L'opération devient donc :

$$
\begin{array}{r}
437 \\
\times \quad 259 \\
\hline
3933 \\
2185\phantom{0} \\
874\phantom{00} \\
\hline
113183
\end{array}
$$

Le chiffre le plus fréquent est le 3.

**Question 2.** ***Réponse e)***

Soit Q la quantité d'alcool à rajouter, le volume de la solution finale est alors de (10 + Q) litres.

La quantité d'alcool pur est alors de : $10 \times 50\% + Q = (5 + Q)$ litres d'alcool pur.

Nous voulons : $\frac{5+Q}{10+Q} = 70\%$

Alors, $5 + Q = 7 + 0{,}7Q$

Et, $0{,}3Q = 2$

Enfin, $Q = \frac{2}{0{,}3} = \frac{20}{3} = 6{,}66$ litres.

**Question 3.** ***Réponse c)***

**1. Lecture MCPS de la question (Mécanisme, Connaissances, Pièges, Solutions)**

Une question moins évidente qu'elle n'y paraît qui s'appuie sur le dénombrement.

Souvenons-nous de la formule : $\frac{n(n-1)}{2}$

Lorsque l'ordre ne compte pas, nous utilisons les combinaisons.

Attention, chaque personne a fait deux bises, ce sont donc 91 salutations qui ont été échangées.

Les solutions seront très certainement utiles.

**2. Quelle tactique de résolution ?**

Nous pouvons utiliser plusieurs tactiques de résolution, choisissez celle qui vous convient le mieux.

**3. Résolution.**

<u>En utilisant l'analyse combinatoire.</u>

Une bise est en fait un tirage de 2 éléments non ordonnés et distincts. Ainsi, compter des bises, revient à dénombrer des combinaisons.

Alors, $C_n^2 = \frac{n!}{(n-2)!2!} = \frac{n(n-1)}{2} = 91$

Et, $n(n-1) = 2 \times 91$

$n(n-1) = 182$ $\qquad 182 = 14 \times 13$

Donc, n = 14

<u>Sans utiliser l'analyse combinatoire.</u>

S'il y a n anciens élèves à cette réunion, alors, chaque élève peut faire la bise à (n – 1) personnes.

Alors, $n(n-1) = 182$ $\qquad 182 = 14 \times 13$

Donc, n = 14

<u>Tactique du malin.</u>

Souvenons-nous de la formule $\frac{n(n-1)}{2}$ que nous utilisons à chaque fois qu'il s'agit de compter des salutations, puis testons les solutions en commençant par celle du milieu.

c) $\frac{1}{2} \times 14 \times 13 = 91$ → OUI

## Question 4. *Réponse b)*

**1. Lecture MCPS de la question (Mécanisme, Connaissances, Pièges, Solutions)**

Manipulation de fractions et équation du premier degré, prenons garde à la rédaction de la question.

**2. Quelle tactique de résolution ?**

Posons l'équation et résolvons.

**3. Résolution.**

Posons D, la quote-part de la dépense totale revenant au propriétaire de l'appartement de 1 pièce.

Nous savons que :

Le propriétaire de l'appartement de 2 pièces paiera 2D.

Le propriétaire de l'appartement de 3 pièces paiera 3D.

Le propriétaire de l'appartement de 4 pièces paiera 4D.

Et, que $D + 2D + 3D + 4D = 1\,820$

Alors, $10D = 1\,820$

Et, D = 182 €

Le propriétaire de l'appartement de 3 pièces paiera donc, $3 \times 182 = 546$ €.

**Astuce** : dans ce type de question, travaillez toujours avec la plus petite valeur.

## Question 5. *Réponse e)*

$$\frac{4\times12+11}{5}=\frac{59}{5}=11{,}8 \qquad \textbf{Astuce : } \frac{59}{5}=\frac{60}{5}-\frac{1}{5}=12-0{,}2$$

## Question 6. *Réponse c)*

$x^2 - y^2 = (x + y)\times(x - y) = 8\times(x - y)$.

$x^2 - y^2$ prend sa valeur minimale lorsque $(x - y)$ est minimal, c'est-à-dire quand $x = 0$ et $y = 8$ (et donc $x - y = -8$)

Alors $x^3 + y^3 = 0^3 - (-8)^3 = -(-512) = 512$

## Question 7. *Réponse c)*

**1. Lecture MCPS de la question (Mécanisme, Connaissances, Pièges, Solutions)**

Premier réflexe, sommes-nous dans un cas de croisement ou de rattrapage ? Puis appliquons la méthode de résolution en 3 étapes. Ne vous laissez pas impressionner par les valeurs littérales.

**2. Quelle tactique de résolution ?**

Méthode du tableau.

**3. Résolution.**

Etape 1 : Schématisons la situation.

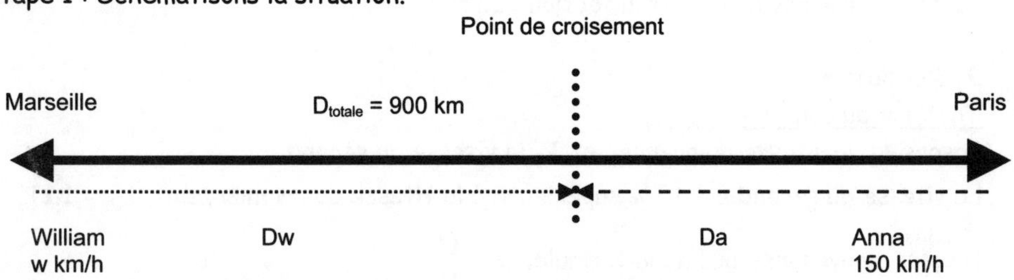


Etape 2 : Complétons le tableau.

| | William | Anna |
|---|---|---|
| Vitesse | W km/h | 150 km/h |
| Temps | t + 1,5 | t |
| Distance | W (1,5 + t) | 150t |

W (1,5 + t) + 150t = 900

Etape 3 : Ecrivons l'égalité du croisement et calculons.

La méthode consiste à calculer le temps qu'ils vont mettre pour se croiser.

$$W(1{,}5 + t) + 150t = 900$$

$$t(W + 150) = 900 - 1{,}5W$$

$$t = \frac{900-1{,}5W}{W+150} \text{ heures}$$

**Question 8.** ***Réponse c)***

Posons N, le nombre de personnes présentes au VUP (N est aussi l'âge moyen de ces personnes).
Alors, la somme des âges des personnes présentes avant l'arrivée de David se calcule : nbre de personnes×âge moyen = $N^2$

Quand David, la $(N + 1)^{ème}$ personne entre, la somme totale des âges devient : $(N^2 + 31)$.
Nous savons que l'âge moyen de ces (N + 1) personnes est égal à (N + 1), la somme totale des âges se calcule aussi : nbre de personnes×âge moyen = $(N + 1)^2$
Nous avons alors,
$(N + 1)^2 = N^2 + 31$ remarquez l'identité remarquable
$N^2 + 2N + 1 = N^2 + 31$
N = 15
Mais attention, on vous demande le nombre de personnes présentes après l'arrivée de David : 15 + 1 = 16

**Question 9.** ***Réponse e)***

**1. Lecture MCPS de la question (Mécanisme, Connaissances, Pièges, Solutions)**
Une question difficile si vous tentez d'y répondre par une résolution classique.

**2. Quelle tactique de résolution ?**
La méthode à privilégier est la tactique du malin.

**3. Résolution.**
Tactique du consciencieux.
Posons $V_1$ la vitesse du premier et $V_2$ la vitesse du second.
La vitesse du second est 10 % supérieure à la vitesse du premier, soit, $V_2 = 1{,}1V_1$.

De plus, souvenons-nous de la formule : $t = \frac{Q}{V}$,

Alors, le temps nécessaire au premier pour produire 7 700 chocolats est : $t_1 = \frac{7\,700}{V_1}$

Et, le temps nécessaire au second pour produire 7 700 chocolats est : $t_1 = \frac{7\,700}{V_1}$

Enfin, l'énoncé nous apprend que $t_1 = t_2 + 10$.

Il s'agit maintenant de résoudre un système de 2 équations et 2 inconnues :

$$\begin{cases} V_2 = 1{,}1V_1 \\ \dfrac{7\,700}{V_1} = \dfrac{7\,700}{V_2} + 10 \end{cases} \qquad \begin{cases} V_2 = 1{,}1V_1 \\ \dfrac{7\,700}{V_1} = \dfrac{7\,700}{1{,}1V_1} + 10 \end{cases} \qquad \begin{cases} V_2 = 1{,}1V_1 \\ \dfrac{7\,700}{V_1} - \dfrac{7\,000}{V_1} = 10 \end{cases}$$

$$\begin{cases} V_2 = 1{,}1V_1 \\ \dfrac{700}{V_1} = 10 \end{cases} \qquad \begin{cases} V_2 = 77 \text{ chocolats/h} \\ V_1 = 70 \text{ chocolats/h} \end{cases}$$

<u>Tactique du malin.</u>

Testons les solutions en partant de la solution du milieu : 70, 77, 140, 144, 700.

d) le premier travaille à une vitesse de 140 chocolats de l'heure

| | Premier | Second |
|---|---|---|
| Vitesse | 140 | 154 |
| Heures pour 7 700 chocolats | 55 | 50 |

Mais, (55 - 50) n'est pas égal à 10 heures.

Le résultat étant inférieur au résultat attendu, nous éliminons d), a) et b).

**Astuce** : travaillez avec le chiffre le plus simple pour faciliter les calculs.

e) le premier travaille à une vitesse de 70 chocolats de l'heure

| | Premier | Second |
|---|---|---|
| Vitesse | 70 | 77 |
| Heures pour 7 700 chocolats | 110 | 100 |

Et, (110 - 100) est bien égal à 10 heures. → OUI

## Question 10. *Réponse e)*

Dans le triangle ABC rectangle en B.

$AC^2 = AB^2 + BC^2$

$6^2 = AB^2 + (3 - \sqrt{6})^2$

$36 = AB^2 + 9 + 6 - 6\sqrt{6}$

$AB^2 = 21 + 6\sqrt{6}$

$AB^2 = 3(7 + 2\sqrt{6})$

$AB^2 = 3(1 + 6 + 2\sqrt{6})$

$AB^2 = 3(1 + \sqrt{6})^2$

Alors, $AB = \sqrt{3}\,(1 + \sqrt{6})$

Vous pouviez aussi développer les solutions proposées pour retrouver ce résultat

# III.4 – Test 4 – 10 questions en 30 minutes

**Grille de réponses à détacher en page 297.**

**Question 1.** Quelle est la valeur de la somme des 100 premiers entiers strictement positifs ?

a) 4 999
b) 5 001
c) 5 000
d) 6 500
e) 5 050

**Question 2.** Lors d'une étape de désert particulièrement ardue du Paris-Dakar, Johnny Hollyday termine son parcours avec une vitesse moyenne de 90 km/h. Il déclare au journaliste présent au check-point d'arrivée : « Ah que j'eusse roulé 10km/h plus vite. Ah que je fusse arrivé 48 mn plus tôt ».
Quelle est la distance en kilomètres de cette étape ?

a) 580 km
b) 1 070 km
c) 640 km
d) 990 km
e) 720 km

**Question 3.** La Coupe de France de football oppose 293 équipes par élimination directe. A chaque tour, le tirage au sort des rencontres se fait au hasard, si le nombre d'équipes est impair, l'une d'entre elles, choisie au hasard, ne participe pas à ce tour. Les équipes gagnantes de chaque tour (et éventuellement l'équipe qui n'a pas participé au tour) jouent le tour suivant, jusqu'à ce qu'il n'y ait plus qu'une seule équipe. Celle-ci est alors déclarée vainqueur de la Coupe de France. Quel est le nombre total de matchs joués au cours de la Coupe de France ?

a) 146
b) 147
c) 195
d) 292
e) 293

**Question 4.** Si Z est le produit des 10 premiers entiers naturels positifs (1, 2, 3, . . ., 10), alors Z ne peut pas être multiple de :

a) 15
b) 21
c) 22
d) 35
e) 105

**Question 5.** Dans une usine d'une célèbre entreprise aéronautique franco-allemande, un quart des salariés ne sont pas allemands, 1/3 ne sont pas français et 300 disposent d'une double nationalité franco-allemande. Combien de salariés sont de nationalité allemande sachant qu'un douzième des salariés ne sont ni allemand, ni français ?

a) 150
b) 200
c) 400
d) 450
e) 600

**Question 6.** Paul décide de se rendre dans une ville voisine à pied puis de revenir par la même route. Il parcourt l'aller à 5 km/h et le retour à 3 km/h. Sachant qu'il a mis 7 heures pour faire l'aller-retour, quelle est la distance parcourue par Paul ?

a) 13,125 km
b) 26 km
c) 26,25 km
d) 26,50 km
e) 26,75 km

**Question 7.** Noémie et Agnès rangent le magasin en 3 heures. Quand Noémie range le magasin toute seule, il lui faut 5 heures. Dans ces conditions, quelle part du travail Agnès réalise-t-elle lorsqu'elles travaillent ensemble ?

a) $\frac{2}{15}$
b) $\frac{1}{3}$
c) $\frac{2}{5}$
d) $\frac{3}{5}$
e) $\frac{1}{2}$

**Question 8.** Gregory doit se rendre à l'aéroport pour accueillir son cousin. Après avoir roulé pendant deux heures, il arrive à l'aéroport furieux. Sur le premier quart de son parcours, des embouteillages l'ont obligé à rouler à une vitesse moyenne de 40 km/h, il a ensuite terminé son parcours à une vitesse moyenne de 80 km/h. Quelle distance a-t-il parcourue ?

a) 128 km
b) 54 km
c) 164 km
d) 72 km
e) 100 km

**Question 9.** Quels sont les deux chiffres qu'il faut retirer au nombre 19 452 pour que le nombre formé par les trois chiffres restants dans l'ordre soit un nombre divisible par 17 ?

a) 1 et 9
b) 4 et 2
c) 9 et 5
d) 1 et 4
e) 5 et 2

**Question 10.** Un cinéma propose deux options tarifaires. En optant pour la première, le spectateur paye la place 4,5 € pour chaque film. En optant pour la seconde, il acquitte un abonnement de 12 € et paye alors sa place 3 € pour chaque film. A partir de combien de films le tarif avec abonnement devient-il intéressant ou neutre pour le spectateur ?

a) 5
b) 6
c) 7
d) 8
e) 9

**Calculez votre score à l'aide de la grille de correction en page 289.**

# III.4bis - Test 4 - Correction

**Calculez votre score à l'aide de la grille de correction en page 289.**

**Question 1.** ***Réponse e)***

Surtout ne posez pas les calculs !

<u>Tactique du fainéant (en passant par la moyenne)</u>

Si l'on calcule la moyenne d'entiers consécutifs, on trouve la valeur médiane de la série. Dans notre cas la moyenne des 100 premiers entiers strictement positifs est donc : 50,5.

La somme des 100 premiers entiers strictement positifs est : 50,5 ×100 = 5 050.

<u>Tactique du fainéant (en listant les entiers)</u>

**Astuces** : La somme des 100 premiers entiers strictement positifs peut s'écrire :

| | | | |
|---|---|---|---|
| 0 | + | 100 | |
| 1 | + | 99 | |
| 2 | + | 98 | |
| | ... | | Soit 50×100 = 5 000 |
| | ... | | |
| 48 | + | 52 | |
| 49 | + | 51 | |
| 50 | | | |

Donc la somme des 100 premiers entiers strictement positifs se calcule :
5 000 + 50 = 5 050

**Question 2.** ***Réponse e)***

Posons D, la distance parcourue par Johnny, et, t son temps de trajet (sa vitesse est de 90 km/h).

Parcours réalisé : D = 90t

Si Johnny avait roulé 10 km/h plus vite : $D = (90 + 10)(t - 48mn) = 100(t - \frac{4}{5})$

2 équations, 2 inconnues, nous pouvons résoudre :

$$\begin{cases} D = 90t \\ D = 100(t - \frac{4}{5}) \end{cases} \quad \begin{cases} D = 90t \\ 90t = 100t - 80 \end{cases} \quad \begin{cases} D = 90t \\ 80 = 10t \end{cases} \quad \begin{cases} D = 720 \text{ km} \\ t = 8 \text{ heures} \end{cases}$$

**Question 3.** ***Réponse d)***

**1. Lecture MCPS de la question (Mécanisme, Connaissances, Pièges, Solutions)**

Une question à la rédaction complexe mais à la résolution extrêmement simple.

**2. Quelle tactique de résolution ?**

La tactique la plus simple consiste à raisonner logiquement.

Débarrassez-vous du réflexe de vouloir tout transformer en équations mathématiques !

**3. Résolution.**

Logiquement, un match de la Coupe de France se traduit par un vainqueur et un perdant, ce sont des éliminations directes (il n'y a pas de match nul).
Ainsi, compter le nombre de matchs revient à compter le nombre de perdants puisqu'il y a exactement un perdant par match.
Or, la Coupe de France se traduit par 1 vainqueur (l'équipe championne) et évidemment 292 perdants.
Le nombre de matchs joués est donc : 292.

## Question 4. *Réponse c)*

**1. Lecture MCPS de la question (Mécanisme, Connaissances, Pièges, Solutions)**

Une question portant sur la divisibilité posée très astucieusement. Souvenons-nous des règles de divisibilité et de la décomposition de nombres en facteurs premiers.
Nous sentons que nous allons partir des réponses puisqu'il s'agit d'en éliminer une : celle qui ne peut être un diviseur de Z.

**2. Quelle tactique de résolution ?**

Testons les solutions, tactique du malin.

**3. Résolution.**

Décomposons les solutions en produit de facteurs premiers.

a) $15 = 3 \times 5$, 15 est donc un diviseur de Z.
b) $21 = 3 \times 7$, 21 est donc un diviseur de Z.
c) $22 = 2 \times 11$, 22 ne peut pas être un diviseur de Z.
d) $35 = 7 \times 5$, 35 est donc un diviseur de Z.
e) $105 = 3 \times 7 \times 5$, 105 est donc un diviseur de Z.

## Question 5. *Réponse d)*

**1. Lecture MCPS de la question (Mécanisme, Connaissances, Pièges, Solutions)**

Il s'agit d'un dénombrement et plus précisément de la formule de la somme de sous-ensembles.
Souvenons-nous que : $Card(A \cup B) = Card(A) + Card(B) - Card(A \cap B)$.
Le piège ici est que l'énoncé mélange données et proportions.
Attention, la question porte sur le nombre de salariés de nationalité allemande.

**2. Quelle tactique de résolution ?**

Appliquons la formule.

**3. Résolution.**

Appelons A les salariés allemands, $\overline{A}$ les salariés qui ne sont pas allemands, F les salariés français et $\overline{F}$ les salariés non français.
Alors, Card(A ou F) = Card(A) + Card(F) – Card(A et F)     Card(A) : nbre allemands

Posons N, le nombre total de salariés.

Alors, $Card(\overline{A}) = \frac{1}{4}N$ et, $Card(A) = N - \frac{1}{4}N = \frac{3}{4}N$

$Card(\overline{F}) = \frac{1}{3}N$ et, $Card(F) = N - \frac{1}{3}N = \frac{2}{3}N$

Card(A et F) = 300

$Card(\overline{A} \text{ et } \overline{F}) = \frac{1}{12}N$ et, $Card (A \text{ ou } F) = 1 - \frac{1}{12}N = \frac{11}{12}N$

Appliquons maintenant la formule.

Card (A ou F) = Card(A) + Card(F) – Card(A et F)

$$\frac{11}{12}N = \frac{2}{3}N + \frac{3}{4}N - 300$$

$$300 = \frac{2}{3}N + \frac{3}{4}N - \frac{11}{12}N$$

$$300 = \frac{8+9-11}{12}N$$

$$300 = \frac{6}{12}N = \frac{1}{2}N$$

N = 600

Il y a donc 600 salariés dans cette usine et $\frac{3}{4} \times 600 = 450$ salariés sont allemands.

## Question 6. *Réponse c)*

Complétons le tableau.

| | Aller | Retour |
|---|---|---|
| Vitesse | 5 km/h | 3 km/h |
| Temps | T1 | T2 |
| Distance | D | D |

T1 + T2 = 7 h

distances identiques

Trajet aller : $D = 5 \times T1$

Trajet retour : $D = 3 \times T2$

Comme, D = D, alors 5T1 = 3T2

Nous nous retrouvons avec un système de 2 équations et 2 inconnues.

$$\begin{cases} T1 + T2 = 7 \\ 5T1 = 3T2 \end{cases} \quad \begin{cases} T1 = 7 - T2 \\ 5(7 - T2) = 3T2 \end{cases} \quad \begin{cases} T1 = 7 - T2 \\ 35 = 8T2 \end{cases} \quad \begin{cases} T1 = 2{,}625 \text{ h} \\ T2 = 4{,}375 \text{ h} \end{cases}$$

Alors, la distance parcourue par Paul se calcule :

$2D = 2 \times 5 \times 2{,}625 = 26{,}25$ km

**Question 7.** *Réponse c)*

**1. Lecture MCPS de la question (Mécanisme, Connaissances, Pièges, Solutions)**
Une question portant sur le mécanisme des rendements (ou temps de travail), souvenons-nous de la formule Q = V×t. Les vitesses de travail s'additionnent.

**2. Quelle tactique de résolution ?**
Appliquons la formule et calculons.

**3. Résolution.**

Calculons la vitesse de Noémie : V = $\frac{Q}{t} = \frac{1\ \boldsymbol{maga}\sin}{5\ \boldsymbol{heures}} = \frac{1}{5}$ magasin/h

Ensemble, Noémie et Agnès rangent à une vitesse de $\frac{1}{3}$ magasin/h.

Nous savons que leurs vitesses s'additionnent, soit : $\frac{1}{5} + V_A = \frac{1}{3}$

Donc, $V_A = \frac{1}{3} - \frac{1}{5} = \frac{5}{15} - \frac{3}{15}$

$V_A = \frac{2}{15}$ magasin/h.

Alors, en 3 heures, Noémie a rangé $\frac{3}{5}$ du magasin et Agnès $\frac{2}{5}$ du magasin.

**Astuce** : Un simple produit en croix nous permettait de trouver le résultat.

**Question 8.** *Réponse a)*

**1. Lecture MCPS de la question (Mécanisme, Connaissances, Pièges, Solutions)**
Une application classique de la formule de la distance (D = V×t).

**2. Quelle tactique de résolution ?**
Appliquons la formule.

**3. Résolution.**

Grégory parcourt $\frac{1}{4}$ D à 40 km/h et $\frac{3}{4}$ D à 80 km/h sur un temps total de 2 heures.
Nous avons l'égalité suivante :

Temps total = temps pour parcourir $\frac{1}{4}$ D + temps pour parcourir $\frac{3}{4}$ D

2 heures = $\frac{\frac{1}{4}\boldsymbol{D}}{40} + \frac{\frac{3}{4}\boldsymbol{D}}{80}$

2 heures = $\frac{2\boldsymbol{D}}{4\times80} + \frac{3\boldsymbol{D}}{4\times80} = \frac{5\boldsymbol{D}}{4\times80}$

2 heures = $\frac{D}{64}$

D = 128 km

## Question 9. *Réponse d)*

**1. Lecture MCPS de la question (Mécanisme, Connaissances, Pièges, Solutions)**
Une question déroutante mais très facile -à condition d'avoir compris son énoncé !

**2. Quelle tactique de résolution ?**
Testons les solutions.

**3. Résolution.**
a) 452 n'est pas un multiple de 17.
b) 195 n'est pas un multiple de 17.
c) 142 n'est pas un multiple de 17.
d) 952 est un multiple de 17 (17×56)
e) 194 n'est pas un multiple de 17.

## Question 10. *Réponse d)*

Tactique du consciencieux.

Posons N le nombre de films, l'énoncé devient alors :
$1^{er}$ tarif : N×4,5 €
$2^{ème}$ tarif : 12 € + N×3 €
Nous voulons, $2^{ème}$ tarif < $1^{er}$ tarif
12 + 3N < 4,5N
12 < 4,5N - 3N
12 < 1,5N

$N > \frac{12}{1,5}$ **Astuce** : $\frac{12}{1,5} = \frac{12}{\frac{3}{2}} = \frac{12 \times 2}{3}$

N > 8

Tactique du malin.

Testons les solutions en partant de la solution du milieu.
c) 7×4,5 = 31,5 € et 12 + 3×7 = 33 €
Nous éliminons a), b) et c).
d) 8×4,5 = 36 € et 12 + 3×8 = 36€

D'autres tests sont disponibles sur le site internet :
**www.Objectif600.com**

# Troisième partie : Jour J !
# Concours blancs

## I – Test Arpège (Passerelle 1)

## II – Test TAGE 2® (Tremplin 1)

## III – Test TAGE MAGE®
## (Tremplin 2, Passerelle 2, EML, EDHEC, Audencia, Mastères spécialisés, Masters ...)

## IV – Score IAE-Message (MSG, IAE...)

**Remarque :** Les tests blancs proposés dans cette partie n'ont aucun lien avec l'organisation des concours cités. Il s'agit de tests types.

# I – Arpège

Le Test Arpège est le test d'aptitude du **concours Passerelle 1**. Ce concours réservé aux étudiants en Bac + 2 ouvre l'accès à la première année de seize grandes écoles de commerce :

| | |
|---|---|
| ESC Amiens | EM Normandie |
| CERAM Sophia-Antipolis | ESC Lille |
| ESC Clermont | ESC Montpellier |
| ESC Dijon | ESC Pau |
| ESC Chambéry | ESC Rennes |
| ESC Grenoble | IECS Strasbourg |
| ESC Troyes | ESC Brest |
| ESC La Rochelle | ESC Saint Etienne |

**Le Test ARPEGE est un QCM de 2 h 00.**
Il s'agit d'une épreuve qui permet le recrutement de candidats possédant des cursus scolaires variés.

Il est composé de quatre sous-tests :

- ***Test de connaissances générales :*** aussi bien culture générale (littérature, musique, peinture,...) que culture événementielle (actualité) et ouverture d'esprit. 100 questions, 30mn.
- ***Test de mémorisation :*** trois textes sont à lire en 15mn, ensuite, le candidat doit répondre à 30 questions en 10mn (10 questions sur chaque texte) sans retour possible aux textes.
- ***Test algébrique :*** résolution de courts problèmes mathématiques à base de pourcentages, équations du premier et du second degré, suites arithmétiques ou géométriques... de difficulté très variable. 20 questions, 45mn.
- ***Test de logique :*** séries logiques de nombres, lettres, figures ou opérations simples et de problèmes logiques. 24 questions en 30mn.

Nous vous proposons ci-après un Test Arpège Blanc de la partie algébrique :

**20 questions-types Arpège en 45 minutes**
**4 choix multiples**
**Réponse juste : +3 points** **Réponse fausse : -1 point**

Ce test constitue un excellent entraînement pour le TAGE 2®, Sésame et Accès (de niveau de difficulté similaire). Les candidats aux tests TAGE MAGE® et SIM devront s'entraîner en 15 minutes.

Découpez la grilles de réponse en page 299. Vous pourrez vous corriger et calculer votre score à l'aide de la grille de correction en page 290.

*Let's go !*

# I.1 – Test Arpège Blanc / Passerelle 1
## 20 questions en 45 minutes

**Grille de réponses à détacher en page 299.**

**Question 1.** Je pense à un nombre, je lui ajoute 9, je multiplie le chiffre obtenu par 6 et je lui ajoute 25, je divise le tout par 5 et j'obtiens 29. Quel est ce chiffre ?

a) 19
b) 21
c) 11
d) 31

**Question 2.** Que vaut la somme de tous les diviseurs de 18 ?

a) 31
b) 37
c) 38
d) 39

**Question 3.** Myriam a mangé les cinq septièmes d'une des dix parts égales du gâteau d'anniversaire de Yann. Quelle proportion du gâteau a-t-elle mangée ?

a) $\frac{5}{7}$

b) $\frac{1}{7}$

c) $\frac{1}{70}$

d) $\frac{1}{14}$

**Question 4.** Dans une école, il y a 14 garçons pour 12 filles. Combien y a-t-il de garçons sachant qu'il y a 276 filles ?

a) 296
b) 304
c) 316
d) 322

**Question 5.** 4 800 candidats sont inscrits au concours Passerelle, le taux d'admissibilité cette année est de 12,5 %. Parmi les candidats admissibles, seuls 8 % sont déclarés admis. Quel est le nombre de candidats finalement reçus au concours ?

a) 36
b) 48
c) 68
d) 112

**Question 6.** Deux nombres entiers ont pour somme 172 et pour différence 18. Quelle est la valeur du plus grand ?

a) 47
b) 95
c) 79
d) 104

**Question 7.** La moyenne des âges de Gabby, Helena et Jessica est de 38 ans. Marion a 35 ans et Milène a 41 ans. Quelle est la moyenne des âges de ces cinq personnes ?

a) 38 ans
b) 37 ans
c) 39 ans
d) 40 ans

**Question 8.** Une paire de chaussures de luxe a augmenté de 20 %. Elle coûte maintenant 900 €. Quel était son prix avant augmentation ?

a) 880 €
b) 720 €
c) 750 €
d) 900 €

**Question 9.** Deux entiers naturels positifs a et b possèdent les propriétés suivantes :

$$a^2 + b^2 = 208 \qquad a \times b = 58$$

Quelle est la valeur de a + b ?

a) 18
b) 29
c) 13
d) 24

**Question 10.** A la bourse de Paris, l'action Toupargel, N°1 de la livraison à domicile de produits surgelés, a gagné 40 % en 2000, perdu 50 % en 2001, gagné 30 % en 2002 et gagné 80 % en 2003. Quelle est l'évolution de l'action Toupargel entre 2000 et 2003 ?

a) 46 %
b) 58 %
c) 64 %
d) 72 %

**Question 11.** Pour le lancement de la Sandero en Europe, Dacia propose trois motorisations : diesel, essence et flex-fuel. La marque prévoit de vendre 60 % de voitures en version flex-fuel, un cinquième en version diesel et 6 800 modèles en version essence. Combien de voitures l'entreprise Dacia prévoit-elle de vendre ?

a) 34 000
b) 5 440
c) 28 000
d) 42 000

**Question 12.** Lors d'une élection, un candidat obtient 390 voix dans le premier bureau de vote ce qui correspond à 26 % des suffrages exprimés et 490 voix dans le second bureau de vote ce qui correspond à 70 % des suffrages exprimés. Quel est le pourcentage de voix obtenu par le candidat dans les deux bureaux de vote ?

a) 45 %
b) 50 %
c) 40 %
d) 37,5 %

**Question 13.** Une école primaire accueillait l'année dernière 225 élèves. Le personnel était de 9 instituteurs et chacune de leurs classes comprenait le même nombre d'élèves. Cette année, les effectifs sont passés à 390 élèves et le personnel à 13 instituteurs. Les classes comprennent aussi cette année le même nombre d'élèves. Le nombre d'élèves par classe, par rapport à l'année dernière …………

a) a baissé de 10 %
b) a augmenté de 10 %
c) a baissé de 20 %
d) a augmenté de 20 %

**Question 14.** Lors d'une élection, il y a 25 % d'abstention. Le candidat arrivé en tête obtient 57 % des suffrages. Quel est son score en fonction du nombre total d'inscrits ?

a) 39,50 %
b) 41,25 %
c) 42,75 %
d) 44 %

**Question 15.** Arié reçoit 30 € d'argent de poche par semaine. Il épargne alternativement le tiers et la moitié de cet argent de poche, pour pouvoir financer ses vacances. Combien de temps doit-il épargner pour disposer des 150 € nécessaires au financement de ses vacances ?

a) 11 semaines
b) 12 semaines
c) 13 semaines
d) 14 semaines

**Question 16.** Une agence de voyage affiche en vitrine une promotion sur un aller-retour Paris-Bangkok au prix soldé de 480 €, la publicité annonce une réduction de 20 %. Quel était le prix du billet avant réduction ?

a) 480 €
b) 560 €
c) 600 €
d) 660 €

**Question 17.** Un théâtre propose deux tarifs. Pour le premier, le spectateur paye la place 80 € pour chaque spectacle. Pour le deuxième, il acquitte un abonnement de 100 € et paye alors sa place 40 € pour chaque spectacle. A partir de combien de spectacle(s) le tarif avec abonnement devient-il plus intéressant pour le spectateur ?

a) 1
b) 2
c) 3
d) 4

**Question 18.** Un grossiste expédie sa production par carton. Dans chaque carton, il peut placer 32 boîtes cubiques de chocolats. Combien de boîtes de chocolats pourrait-il expédier s'il utilisait des cartons dont les dimensions sont le triple des dimensions des cartons utilisés actuellement ?

a) 288
b) 576
c) 864
d) 960

**Question 19.** Que vaut la moitié du cube de $6^{14}$ ?

a) $6^{38}$
b) $36^{12}$
c) $3^{42} \times 2^{41}$
d) $3^{41} \times 2^{42}$

**Question 20.** Au concours Passerelle, la performance moyenne des filles se révèle être 25% supérieure à celle des garçons. Quelle est la valeur de la performance des garçons exprimée en pourcentage de celle des filles ?

a) 70%
b) 75%
c) 80%
d) 85%

**Calculez votre score à l'aide de la grille de correction en page 290.**

# I.2 – Arpège Blanc – Correction

**Calculez votre score à l'aide de la grille de correction en page 290.**

**Question 1.** ***Réponse c)***

Posons a la valeur du nombre cherché.

L'énoncé devient : $\frac{6(a+9)+25}{5} = 29$

Remarquons que résoudre cette opération revient à lire l'énoncé « à l'envers » :

29×5 = 145

145 - 25 = 120

120/6 = 20

20 - 9 = 11

**Question 2.** ***Réponse d)***

18 est divisible par 1, 2, 3, 6, 9 et 18.

Et, 1 + 2 + 3 + 6 + 9 + 18 = 39.

**Question 3.** ***Réponse d)***

Myriam a mangé $\frac{5}{7} \times \frac{1}{10} = \frac{5}{70} = \frac{1}{14}$ du gâteau.

**Question 4.** ***Réponse d)***

| Garçons | Filles |
|---|---|
| 14 | 12 |
| **x** | 276 |

Alors, **x** = $\frac{276 \times 14}{12} = 322$ garçons.

**Question 5.** ***Réponse b)***

Calculons le nombre de candidats admissibles : 12,5%×4 800 = 600 candidats.

Calculons le nombre de candidats admis : 8%×600 = 48 candidats.

**Question 6.** ***Réponse b)***

Attention, la question porte sur la valeur du plus grand et non du plus petit.

Tactique du consciencieux.

Posons X la valeur du plus grand et Y la valeur du plus petit, l'énoncé devient alors :

$\begin{cases} X + Y = 172 \\ X - Y = 18 \end{cases}$ $\begin{cases} (18 + Y) + Y = 172 \\ X = 18 + Y \end{cases}$ $\begin{cases} 2Y = 154 \\ X = 18 + Y \end{cases}$ $\begin{cases} Y = 77 \\ X = 95 \end{cases}$

<u>Tactique du fainéant.</u>

Le plus grand est égal à : $\frac{172+18}{2}$ = 95 !

**Question 7.** ***Réponse a)***

L'addition des âges de Gabby, Helena et Jessica est égale à : $3 \times 38$ = 114 ans.
Avec Marion et Milène, la somme des âges devient : 114 + 35 + 41 = 190 ans.

La moyenne des âges des 5 amies est donc de : $\frac{190}{5}$ = 38 ans.

**Question 8.** ***Réponse c)***

**1. Lecture MCPS de la question (Mécanisme, Connaissances, Pièges, Solutions)**
La question porte sur le calcul d'un prix avant réduction.
Souvenons-nous que : Nouveau prix = ancien prix × (1 + augmentation en %).
Le prix d'origine (i.e. avant augmentation de 20 %) était nécessairement inférieur au prix après augmentation, nous pouvons d'ores et déjà éliminer la solution d).

**2. Quelle tactique de résolution ?**
Les deux tactiques sont possibles. Choisissez celle qui vous convient le mieux.

**3. Résolution.**
<u>Tactique du consciencieux.</u>
$Prix_{augmenté}$ = $Prix_{normal}$ / (1 + hausse en %)
$Prix_{augmenté}$ = 900 / (1 + 20%)
$Prix_{augmenté}$ = 900 / 1,2
$Prix_{augmenté}$ = 750 €
<u>Tactique du malin.</u>
Nous savons que solution + 20%×solution = 900 €. Testons les réponses restantes (nous avons éliminé d)). Commençons par la solution du milieu : 720, 750, 880.
c) $750 \times 1{,}2$ = 900 € → OUI

**Question 9.** ***Réponse a)***

Nous repérons les identités remarquables :
$(a + b)^2 = a^2 + b^2 + 2a \times b$
$(a + b)^2 = 208 + 2 \times 58$
$(a + b)^2 = 324$
Donc, (a + b) = +18 ou (a + b) = -18
Mais a et b sont positifs, donc, (a + b) = 18

**Question 10.** ***Réponse c)***

$P_{2000} = (1 + 40\%) \times P_{1999}$
$P_{2001} = (1 - 50\%) \times P_{2000}$
$P_{2002} = (1 + 30\%) \times P_{2001}$
$P_{2003} = (1 + 80\%) \times P_{2002}$

$P_{2003} = 1{,}4 \times 0{,}5 \times 1{,}3 \times 1{,}8 \times P_{1999}$

$P_{2003} = 1{,}638 \times P_{1999}$

$P_{2000} = (1 + 63{,}8\%)P_{1998}$

**Question 11.** ***Réponse a)***

Posons N le nombre de Sandero.

nbre diesel + nbre essence + nbre flex-fuel = nbre total de Sandero

$$60\%N + \frac{1}{5}N + 6\,800 = N$$

$$6\,800 = N - \frac{3}{5}N - \frac{1}{5}N$$

$$6\,800 = \frac{1}{5}N$$

N = 6 800×5 = 34 000 véhicules.

**Question 12.** ***Réponse c)***

Nombre de votants dans le premier bureau : $\frac{390}{26\%} = 390 \times \frac{100}{26} = 1\,500$ votants.

Nombre de votants dans le second bureau : $\frac{490}{70\%} = 490 \times \frac{100}{70} = 700$ votants.

Nombre total de votants dans les deux bureaux : 1 500 + 700 = 2 200 votants.

Nombre de voix reçues par le candidat : 390 + 490 = 880 voix.

Le pourcentage de voix obtenu par le candidat dans les deux bureaux est donc :

$$\frac{880}{2\,200} = 40\%$$

**Question 13.** ***Réponse d)***

Nous cherchons le rapport : nbre d'élèves / nbre d'enseignants

L'année dernière : $\frac{225}{9} = 25$ élèves par classe

Cette année : $\frac{390}{13} = 30$ élèves par classe

Donc, l'évolution est : $\frac{30-25}{25} = \frac{5}{25} = +20\%$

**Question 14.** ***Réponse c)***

S'il y a 25 % d'abstention, alors, 75 % des inscrits sur la liste électorale ont voté.

Le candidat a donc réuni 57 % des 75 % des votants.

Donc, 0,57×0,75 = 0,4275 = 42,75 % des votants.

## Question 15. *Réponse b)*

Tactique du consciencieux.

Nous savons qu'Arié épargne chaque semaine 10 € et 15 € alternativement, il nous suffit de poser une simple somme :

10 + 15 + 10 + 15 + 10 + 15 + 10 + 15 + 10 + 15 + 10 + 15 = 150 €

Donc 12 semaines.

Tactique du fainéant.

En deux semaines, Arié économise 25 € (10 € + 15 €), pour obtenir 150 €, il doit donc épargner durant $\frac{150}{25} = 6$ quinzaines, donc $6 \times 2 = 12$ semaines.

## Question 16. *Réponse c)*

$Prix_{normal} = Prix_{soldé} / (1 - \text{baisse en }\%)$

$Prix_{normal} = 480 / (1 - 20\%)$

$Prix_{normal} = 480 / 0{,}8$

$Prix_{normal} = 600$ €

## Question 17. *Réponse c)*

Tactique du consciencieux.

Posons N le nombre de pièces, l'énoncé devient alors,

1$^{er}$ tarif : $N \times 80$ €

2$^{ème}$ tarif : 100 € + $N \times 40$ €

Nous voulons, 2$^{ème}$ tarif < 1$^{er}$ tarif

$100 + 40N < 80N$

$100 < 80N - 40N$

$100 < 40N$

$N > \frac{100}{40}$

$N > 2{,}5$

Tactique du malin.

Testons les solutions en partant de la solution du milieu.

c) $3 \times 80 = 240$ € et $100 + 3 \times 40 = 220$ €

b) $2 \times 80 = 160$ € et $100 + 2 \times 40 = 180$ €

## Question 18. *Réponse c)*

Le volume du carton se calcule : $L \times l \times h$.

Si les dimensions sont multipliées par 3, alors son volume est multiplié par 27 ($3L \times 3l \times 3h$).

Il peut donc placer 27 fois plus de boîtes, soit, 864 boîtes.

**Question 19.** *Réponse c)*

Nous cherchons : $\frac{1}{2} \times \left(6^{14}\right)^3$

$= \frac{1}{2} \times 6^{14\times3}$

$= \frac{1}{2} \times 6^{42}$

$= \frac{1}{2} \times 6 \times 6^{41}$

$= 3 \times 6^{41}$

$= 3 \times (3 \times 2)^{41}$

$= 3 \times 3^{41} \times 2^{41}$

$= 3^{42} \times 2^{41}$

**Question 20.** *Réponse c)*

Souvenons-nous de l'astuce qui consiste à partir d'une base 100.
Si les garçons ont 100, alors les filles ont 125.
La performance des garçons exprimée en pourcentage de celle des filles se calcule :

$\frac{100}{125} = \frac{4}{5}$ = 80 %

D'autres tests sont disponibles sur le site internet :
**www.Objectif600.com**

# II – TAGE 2®

Le Test TAGE 2® est le test d'aptitude du **concours Tremplin 1**. Ce concours réservé aux étudiants Bac + 2 ouvre l'accès à la première année de sept grandes écoles de commerce :

ESC Bordeaux
ESCEM Tours-Poitiers
ESC Marseille
ESC Reims
ESC Rouen
ICN Nancy
ESC Toulouse *(concours autonome)*

**Le Test Tage 2® est un QCM de 1h 55.**
Il s'agit d'un questionnaire à choix multiple comprenant 70 questions, réparties en 6 sous-tests. Ce test évalue les candidats selon trois dimensions psychologiques : la capacité de mémorisation, la capacité à résoudre des problèmes mathématiques et calculatoires, et la capacité de raisonnement et de logique.

- ***La capacité de mémorisation (sous-test 1 et sous-test 4) :*** chaque sous-test consiste en une lecture de 2 textes de 7 minutes, suivie par une série de 15 questions sur ces deux textes auxquelles il faut répondre en 8 minutes (sans retour possible aux textes).
- ***La capacité à résoudre des problèmes mathématiques et calculatoires (sous-test 2 et sous-test 5) :*** chaque sous-test est composé de 10 questions de difficulté variable à résoudre en 30 minutes.
- ***La capacité de raisonnement de logique inférentielle (sous-test 3 et sous-test 6) :*** chaque sous-test est composé de 10 questions de logique alphanumérique et de logique spatiale à résoudre en 15 et 10 minutes.

Nous vous proposons ci-après un Test TAGE 2® Blanc de la partie mathématique (sous-tests 2 et 5) :

**20 questions-types TAGE 2® en 60 minutes**
**4 choix multiples**
**Réponse juste : +3 points** **Réponse fausse : -1 point**

Ce test constitue un excellent entraînement pour Arpège, Sésame et Accès (de niveau de difficulté similaire). Les candidats aux tests TAGE MAGE® et SIM devront s'entraîner en 20 minutes.

Découpez la grille de réponses en page 299.

**Remarque :** Je vous conseille vivement de découper la grille de réponses et de vous entraîner à soigneusement noircir les cases. Vous le constaterez, cet exercice est moins évident qu'il n'y paraît. Gardez à l'esprit que chaque année, certains candidats ratent leurs concours pour un simple décalage de ligne ! Les grilles fournies ressemblent aux grilles qui vous seront distribuées le jour du concours.
Vous pourrez vous corriger et calculer votre score à l'aide de la grille de correction en page 290.

*Let's go !*

# II.1 – TAGE 2® Blanc / Tremplin 1

## 10 questions en 30 minutes

**Grille de réponses à détacher en page 299.**

**Question 1.** Que vaut 960 divisé par 0,004 ?

a) 24 000
b) 3 840
c) 240 000
d) 384 000

**Question 2.** Laquelle des quantités suivantes est la plus grande ?

a) $\frac{3}{1-\frac{1}{2}}$

b) $\frac{2}{1+\frac{1}{3}}$

c) $\frac{3}{1+\frac{1}{2}}$

d) $\frac{2}{1-\frac{1}{3}}$

**Question 3.** Sabrina achète une place de cinéma avec 20 % de réduction. Sachant qu'elle paye sa place 8 €, quel était le prix de la place avant réduction ?

a) 6 €
b) 9 €
c) 10 €
d) 11 €

**Question 4.** Un couple fait des achats. Le mari achète un costume et un logiciel pour un total de 1 500 €. La femme achète un chapeau et une robe. Le chapeau a coûté le même prix que le costume et le logiciel a coûté 100 € de plus que la robe. Combien la femme a-t-elle dépensé ?

a) 1 400 €
b) 1 900 €
c) 2 200 €
d) 1 600 €

**Question 5.** Lorsque Jérémie se rend au travail à pied et qu'il revient en bus, son temps de trajet aller-retour est de 1h30mn. S'il fait l'aller-retour en bus, il ne met qu'une demi-heure. Quel temps lui faut-il pour effectuer l'aller-retour à pied ?

a) 1h30
b) 2h15
c) 2h30
d) 3h30

**Question 6.** Un train part à 22h et doit parcourir 660 km. Durant le premier tiers du trajet, il roule à 100 km/h et pendant le reste du trajet, il roule à 110 km/h. A quelle heure arrivera-t-il ?

a) 4h27mn
b) 3h57mn
c) 4h12mn
d) 4h19mn

**Question 7.** Un Airbus A320 d'Air France-KLM comprend 369 sièges. Il y a un siège vide pour deux sièges occupés. Combien y a-t-il de sièges occupés dans l'avion ?

a) 227
b) 236
c) 248
d) 246

**Question 8.** Parmi les quatre nombres suivants, lequel est différent des autres ?

a) le tiers de deux quarts
b) le quart de deux tiers
c) deux tiers d'un quart
d) le quart de trois sixièmes

**Question 9.** Une assemblée est composée exclusivement d'un parti majoritaire A disposant de 320 sièges et d'un parti minoritaire B disposant de 160 sièges. De nouvelles élections ayant eu lieu, le nombre total de sièges étant resté constant, le parti B détient désormais 20 sièges de plus que le parti A.
Quel pourcentage de sièges le parti B détient-il maintenant ?

a) 40 %
b) 50 %
c) 52 %
d) 56 %

**Question 10.** Sur un trajet Paris-Brest, quatre voyageurs descendent au premier arrêt et sept montent. Au second arrêt, deux voyageurs descendent. Enfin, au troisième arrêt, le train se vide des douze derniers voyageurs. Quel était le nombre de voyageurs avant le premier arrêt ?

a) 17
b) 8
c) 0
d) 11

**Calculez votre score à l'aide de la grille de correction en page 290.**

# II.1bis – TAGE 2® Blanc – Correction

**Calculez votre score à l'aide de la grille de correction en page 290.**

## Question 1. *Réponse c)*

Nous cherchons : $\dfrac{960}{0{,}004}$

**Astuce** : pour éliminer les virgules au dénominateur, multiplions le numérateur et le dénominateur par 1 000.

Nous cherchons donc : $\dfrac{960.000}{4} = \dfrac{96 \times 10\,000}{4} = 24 \times 10\,000 = 240\,000$

## Question 2. *Réponse a)*

Une question moins simple qu'elle n'y paraît.

Commençons par comparer les solutions ayant 2 pour numérateur, la plus grande aura le plus petit dénominateur :

b) $1 + \dfrac{1}{3} = \dfrac{8}{6}$

d) $1 - \dfrac{1}{3} = \dfrac{4}{6}$ alors, $1 + \dfrac{1}{3} > \dfrac{1}{3} + \dfrac{1}{2} > 1 - \dfrac{1}{3}$ et donc, d) > b)

Comparons les solutions ayant 3 pour numérateur, la plus grande aura le plus petit dénominateur :

a) $1 - \dfrac{1}{2} = \dfrac{1}{2}$ alors, $1 + \dfrac{1}{2} > 1 - \dfrac{1}{2}$

c) $1 + \dfrac{1}{2} = \dfrac{3}{2}$ et donc, a) > c)

Comparons nos deux finalistes :

a) $\dfrac{3}{1-\dfrac{1}{2}} = \dfrac{3}{\dfrac{1}{2}} = 6$, et, b) $\dfrac{2}{1-\dfrac{1}{3}} = \dfrac{2}{\dfrac{2}{3}} = \dfrac{2 \times 3}{2} = 3$

## Question 3. *Réponse c)*

Nous savons, tarif réduit = tarif normal × (1 – taux de réduction)

Alors, tarif normal = $\dfrac{8}{0{,}8} = 10$ €

**Astuce** : une baisse de 20%, c'est une baisse de $\dfrac{1}{5}$, seule la solution 10 est divisible par 5 et la réponse (8 €) est un entier !

## Question 4. *Réponse a)*

Nous avons dans cette question un système de 2 équations et 3 inconnues. Attention, nous ne pourrons pas trouver la valeur de chacune des inconnues, mais, telle n'est pas la question : l'énoncé nous demande simplement de déterminer le montant dépensé par la femme.

Les solutions peuvent nous permettre d'arriver au résultat plus rapidement.

Tactique du consciencieux.

Posons C le prix du costume (et du chapeau), L le prix du logiciel et R le prix de la robe, l'énoncé devient alors :

$$\begin{cases} C + L = 1\,500\ € \\ L = R + 100\ € \end{cases} \qquad \begin{cases} C + (R + 100) = 1\,600 \\ L = R + 100 \end{cases} \qquad \begin{cases} C + R = 1\,400 \\ L = R + 100 \end{cases}$$

Tactique du fainéant.

L'énoncé nous indique que la femme a dépensé le prix du costume et le prix du logiciel moins 100 €, donc, le montant dépensé par le mari moins 100 €.

## Question 5. *Réponse c)*

Tactique du consciencieux.

Posons D, la distance domicile-travail, Vp, sa vitesse moyenne lorsqu'il marche et Vb, sa vitesse moyenne en bus, tp le temps de trajet à pied, et, tb le temps de trajet en bus.

Trajet marche/bus : $tb + tp = 1{,}5$ h

Aller : $D = Vp \times tp$

Retour : $D = Vb \times tb$

Trajet bus/bus : $2tb = 0{,}5$ h

Aller : $D = Vb \times tb$

Retour : $D = Vb \times tb$ ⇨ $D = 0{,}25Vb$

Alors,

$$\begin{cases} tb + tp = 1{,}5 \\ vb \times tb = 0{,}25Vb \end{cases} \qquad \begin{cases} tp = 1{,}25 \\ tb = 0{,}25 \end{cases}$$

Il effectue l'aller à pied en 1,25 h.

Il effectuera l'aller-retour à pied en 2,5h = 2h30mn.

Tactique du fainéant.

Jérémie effectue l'aller-retour en bus en 30 mn, donc le retour en bus ne lui prend que 15mn.

Alors, l'aller à pied s'effectue en 1h15mn.

L'aller-retour à pied se fera en 2h30mn.

## Question 6. *Réponse c)*

Le train parcourt $\frac{1}{3} \times 660 = 220$ km à 100 km/h.

Alors, $t = \frac{D}{V} = \frac{220}{100} = 2{,}2$ h = 2h12mn.

Le train parcourt la distance restante, 440 km à 110 km/h.

Alors, $t = \frac{D}{V} = \frac{440}{110} = 4$ h

Pour parcourir les 660 km, le train roule durant 6h12.

## Question 7. *Réponse d)*

**1. Lecture MCPS de la question (Mécanisme, Connaissances, Pièges, Solutions)**

Une petite question mélangeant divisibilité et somme. Le piège est dans la question : les calculs vont nous donner le nombre de sièges vides et la question porte sur le nombre de sièges occupés.

Il ne faudra pas oublier de multiplier le résultat obtenu par 2.

Statistiquement, 25% des candidats feront l'erreur le jour J !!

La réponse est forcément paire, nous allons donc d'emblée éliminer la solution a).

**2. Quelle tactique de résolution ?**

Deux tactiques de résolution sont possibles.

**3. Résolution.**

Tactique du consciencieux.

Si nous posons a le nombre de sièges vides, alors, il y a 2a sièges occupés dans cet avion.

Et, $2a + a = 369$, donc $a = 369/3 = 123$

La réponse est donc $2 \times 123 = 246$

Tactique du fainéant.

Nous savons que $3a = 369$ et le nombre de sièges vides se termine forcément par le chiffre 3, alors, la réponse se termine forcément par le chiffre 6.

## Question 8. *Réponse d)*

a) le tiers de deux quarts i.e. : $\frac{1}{3} \times \frac{2}{4} = \frac{1}{6}$

b) le quart de deux tiers i.e. : $\frac{1}{4} \times \frac{2}{3} = \frac{1}{6}$

c) deux tiers d'un quart i.e. : $\frac{2}{3} \times \frac{1}{4} = \frac{1}{6}$

d) le quart de trois sixièmes i.e. : $\frac{1}{4} \times \frac{3}{6} = \frac{1}{8}$

**Question 9.** ***Réponse c)***

Le parti B détenant 20 sièges de plus que le parti A, son pourcentage de sièges est obligatoirement supérieur (strictement) à 50 %, nous pouvons éliminer a) et b).

Calculons le total des sièges dans cette assemblée :
total = parti A + parti B = 320 + 160 = 480 sièges

Dans sa nouvelle configuration, l'assemblée compte toujours 480 sièges et le parti B détient 20 sièges de plus que le parti A.
Donc, le parti B détient 250 sièges et le parti A, 230 [250 - 230 = 20 ouf !]
Calculons désormais le pourcentage de sièges du parti B :
Pourcentage = nbre sièges parti B / nbre total de sièges
Pourcentage = 250 / 480 = 52 %

**Question 10.** ***Réponse d)***

Tactique du consciencieux.
Posons N le nombre de voyageurs avant le premier arrêt.
$1^{er}$ arrêt : Il reste (N - 4 + 7) = (N + 3) voyageurs.
$2^{ème}$ arrêt : Il reste [(N + 3) -2] = (N + 1) voyageurs.
$3^{ème}$ arrêt : Nous savons que (N + 1) = 12, alors N = 11.
Tactique du malin.
Testons les solutions en partant de la solution du milieu : 0, 4, 8, 11, 17.
b) $8 - 4 + 7 - 2 = 9 \neq 12$ → Non
Le résultat étant inférieur au résultat attendu, nous éliminons c) et b).
d) $11 - 4 + 7 - 2 = 12$ → OUI

# II.2 – TAGE 2® Blanc / Tremplin 1

## 10 questions en 30 minutes

**Grille de réponses à détacher en page 299.**

**Question 1.** Trois soeurs Clotilde, Jessica et Célia veulent acheter un bijou pour leur mère d'un montant de 420 €. Clotilde possède un sixième du prix du bijou, Jessica un septième et Célia deux fois la somme dont disposent ses deux soeurs. Combien leur manque-t-il pour acheter le bijou ?

a) 25 €
b) 30 €
c) 40 €
d) 50 €

**Question 2.** Je pense à un nombre et je lui ajoute 5. Je triple le résultat, puis je retranche 9. Je divise ce que j'obtiens par 3 et je trouve 600. De quel nombre suis-je parti ?

a) 588
b) 597
c) 598
d) 602

**Question 3.** Cette année, mon âge est un multiple de 13. L'année prochaine, mon âge sera un multiple de 11. Quel est mon âge sachant que j'ai moins de 70 ans ?

a) 39 ans
b) 65 ans
c) 52 ans
d) 24 ans

**Question 4.** Un gâteau est découpé en neuf parts égales. Jean donne un dixième de sa part à Isabelle. Quelle proportion de gâteau Jean a-t-il mangée ?

a) $\frac{1}{7}$

b) $\frac{1}{14}$

c) $\frac{81}{90}$

d) $\frac{1}{10}$

**Question 5.** Le Red Gull est vendu par paquet de trois canettes et par paquet de quatre canettes. Dans le rayon des boissons, 266 canettes de Red Gull sont proposées à la vente. Il y a cinq fois plus de paquets de trois canettes que de paquets de quatre. Combien y a-t-il de paquets de quatre canettes sur le présentoir ?

a) 15
b) 12
c) 7
d) 14

**Question 6.** Que vaut le quart du volume d'une sphère dont le diamètre est égal à 12 m ?

a) $24\pi$ m$^3$
b) $36\pi$ m$^3$
c) $72\pi$ m$^3$
d) $121\pi$ m$^3$

**Question 7.** Combien de minutes y a-t-il entre 21h13 aujourd'hui et 3h26 demain ?

a) 156 minutes
b) 373 minutes
c) 288 minutes
d) 416 minutes

**Question 8.** Cette année, mon âge est un multiple de 11, l'année dernière, mon âge était un multiple de 19. Quel est mon âge sachant que j'ai moins de 80 ans ?

a) 66 ans
b) 22 ans
c) 54 ans
d) 77 ans

**Question 9.** Que vaut le tiers de $3^{57}$ ?

a) $1^{57}$
b) $3^{55}$
c) $27^{13}$
d) $9^{28}$

**Question 10.** La somme des trois entiers naturels, A, B et C, consécutifs est 132. Quelle est la valeur de B ?

a) 32
b) 38
c) 44
d) 49

**Calculez votre score à l'aide de la grille de correction en page 290.**

# II.2bis - TAGE 2® Blanc - Correction

**Calculez votre score à l'aide de la grille de correction en page 290.**

**Question 1.** ***Réponse b)***

Clotilde possède $\frac{1}{6} \times 420 = 70$ €

Jessica possède $\frac{1}{7} \times 420 = 60$ €

Et, Célia possède $2 \times (70 + 60) = 260$ €

Il leur manque donc, $420 - 70 - 60 - 260 = 30$ €.

**Question 2.** ***Réponse c)***

Posons a la valeur du nombre cherché.

L'énoncé devient : $\frac{3(a+5)-9}{3} = 600$

Remarquons que résoudre cette opération revient à lire l'énoncé « à l'envers » :

$600 \times 3 = 1\,800$

$1\,800 + 9 = 1\,809$

$1\,809/3 = 603$

$603 - 5 = 598$

**Question 3.** ***Réponse b)***

L'âge est évidemment compris entre 24 et 65 ans.

La solution doit être un multiple de 13, nous éliminons d).

Le résultat (solution + 1) doit être un multiple de 11, nous éliminons a) et c).

**Question 4.** ***Réponse d)***

Jean reçoit $\frac{1}{9}$ du gâteau.

Il donne $\frac{1}{9} \times \frac{1}{10} = \frac{1}{90}$ du gâteau à Isabelle.

Il lui reste donc : $\frac{1}{9} \times \frac{9}{10} = \frac{9}{90} = \frac{1}{10}$ du gâteau.

**Question 5.** ***Réponse d)***

Tactique du consciencieux.

Posons X le nombre de paquets de 3 canettes et Y le nombre de paquets de 4 canettes. L'énoncé devient alors :

$$\begin{cases} 3X + 4Y = 266 \\ X = 5Y \end{cases} \qquad \begin{cases} 15Y + 4Y = 266 \\ X = 5Y \end{cases} \qquad \begin{cases} Y = \dfrac{266}{19} = 14 \\ X = 5Y \end{cases}$$

Tactique du malin.

Testons les solutions en commençant par la solution du milieu : 7, 12, 14 et 15.

d) Il y a 14 paquets de 4 canettes

| | Paquets de 3 | Paquets de 4 |
|---|---|---|
| Nombre de paquets | 70 | 14 |
| Nombre de canettes | 210 | 56 |

Et, (210 + 56) est bien égal à 266.

**Question 6.** ***Réponse c)***

Le rayon de la sphère vaut 6 mètres.

Nous cherchons :

$$\frac{1}{4} \times \frac{4}{3} \pi \times r^3 = \frac{1}{3} \pi 6^3 = \frac{1}{3} \pi \times 216 = 72\pi \text{ m}^3$$

**Question 7.** ***Réponse b)***

N'oubliez pas que le temps se situe dans une base 60.

Travaillons en minutes.

De 21h13 à 22h, il y a 47 minutes.

De 22h à minuit, il y a $2 \times 60 = 120$ minutes.

De minuit à 3h, il y a $3 \times 60 = 180$ minutes.

De 3h à 3h26, il y a 26 minutes.

Soit, au total : 373 minutes.

**Question 8.** ***Réponse d)***

L'âge est évidemment compris entre 22 et 77 ans.

La solution doit être un multiple de 11, nous éliminons c).

Le résultat (solution - 1) doit être un multiple de 19, nous éliminons a) et b).

**Question 9.** ***Réponse d)***

Nous cherchons : $\frac{1}{3} \times 3^{57}$

$= \frac{1}{3} \times 3 \times 3^{56}$

$= 3^{56}$

$= 3^{2 \times 28}$

$= (3^2)^{28}$

$= 9^{28}$

**Question 10.** *Réponse c)*

Tactique du consciencieux.

Nous savons que : $a + b + c = 132$

Alors, $a + (a + 1) + (a + 2) = 132$

Et, $3a = 132 - 3$

$3a = 129$

$a = 129/3$

Donc, $a = 43$

Nos 3 entiers sont (43, 44, 45)

Tactique du malin.

a) $b = 32, a = 31, c = 33, a + b + c = 96$ → Non

b) $b = 38, a = 37, c = 39, a + b + c = 114$ → Non

c) $b = 44, a = 43, c = 45, a + b + c = 132$ → OUI

Tactique du fainéant.

Il s'agit ici de calculer la moyenne des trois entiers :

$132/3 = 44$ donc, $(a, b, c) = (43, 44\ 45)$

# III – TAGE MAGE®

Le Test TAGE MAGE® est présent dans de nombreux concours (Passerelle 2, Tremplin 2, EM Lyon, EDHEC, Audencia), mais aussi dans la procédure de recrutement de nombreuses Grandes Ecoles ou Universités en Mastères spécialisés (HEC, ESSEC,…), Masters (SAI, …) et IAE.

Le TAGE MAGE® est organisé par la FNEGE (Fondation Nationale pour l'Enseignement de la Gestion des Entreprises) : www.fnege.fr et www.tagemage.com.

**Le Test TAGE MAGE® est un QCM de 2 h 00.**
Il s'agit d'une épreuve qui permet le recrutement de candidats possédant des cursus scolaires variés.

Il est composé de six sous-tests de 15 questions à résoudre en 20 minutes chacun :

- ***Compréhension d'un test écrit :*** lecture de deux textes suivie par une série de questions de compréhension. Le retour aux textes est possible.
- ***Calcul :*** cette épreuve évalue la maîtrise de connaissances simples dans les domaines de l'arithmétique, de la géométrie, de l'algèbre et du calcul.
- ***Raisonnement :*** 15 questions de raisonnement logique.
- ***Conditions minimales :*** cette épreuve vise à contrôler la capacité d'analyse de la pertinence des informations en vue de la résolution d'un problème.
- ***Expression :*** épreuve destinée à tester l'aptitude à comprendre une information formulée dans un court message verbal puis à en trouver rapidement une reformulation ou une suite probable.
- ***Logique :*** 15 questions portant sur des croisements de séries de chiffres, de lettres ou de graphiques.

Nous vous proposons ci-après un Test TAGE MAGE® Blanc des parties Calcul (sous-test 2) et Conditions minimales (sous-test 4) :

**30 questions-types TAGE MAGE® en 40 minutes**
**5 choix multiples**
**Réponse juste : +4 points** **Réponse fausse : -1 point**

Ce test permettra aux étudiants préparant Score IAE-Message, Arpège, TAGE 2®, Sésame et Accès de s'entraîner sur des questions difficiles (faites le test en 80 minutes).

Découpez la grille de réponses en page 301.

*Let's go !*

## III.1 – TAGE MAGE® Blanc - 15 questions en 20 mn

**Grille de réponses à détacher en page 301.**

**Question 1.** Dans une société, 60 % des employés sont des femmes et 20 % des employés sont des cadres. Sachant que 8 % des cadres sont des femmes, quel est le pourcentage d'hommes parmi les ouvriers ?

a) 20 %
b) 27 %
c) 52 %
d) 60 %
e) 80 %

**Question 2.** L'an dernier, mon âge était un multiple de 11. L'année prochaine, il sera un multiple de 5. Quel est mon âge actuel, sachant que j'ai moins de 100 ans ?

a) 11 ans
b) 21 ans
c) 34 ans
d) 44 ans
e) 56 ans

**Question 3.** 30 personnes assistent à un Speed Dating. La première jeune fille rencontre 9 jeunes hommes, la seconde jeune fille 10, la troisième jeune fille 11 et ainsi de suite jusqu'à la dernière jeune fille qui a rencontré tous les jeunes hommes de la soirée. Combien y avait-il de jeunes hommes à la soirée ?

a) 11
b) 13
c) 16
d) 19
e) 21

**Question 4.** Deux entiers naturels positifs a et b sont tels que leur produit et leur somme vérifient :

1) $a \times b = 35$ et 2) $a + b = 12$

Quelle est la valeur de $a^2 + b^2$ ?

a) 64
b) 81
c) 77
d) 67
e) 74

**Question 5.** Quelle est la probabilité d'obtenir au moins une fois pile lorsqu'on lance trois fois une pièce de monnaie ?

a) $\frac{3}{8}$

b) $\frac{4}{8}$

c) $\frac{5}{8}$

d) $\frac{6}{8}$

e) $\frac{7}{8}$

**Question 6.** Bettina fabrique un collier de perles, elle dispose de 44 perles vertes, 58 perles roses et 111 perles bordeaux. Combien doit-elle au minimum enfiler de perles choisies au hasard pour avoir au moins deux couleurs différentes à son collier ?

a) 2
b) 155
c) 4
d) 59
e) 112

**Question 7.** Noa a 2 ans de plus que Eve qui a 6 ans de plus que Dan. Quelle est la somme de leurs âges sachant que l'âge de Noa est égal au double de celui de Dan ?

a) 32 ans
b) 48 ans
c) 52 ans
d) 42 ans
e) 38 ans

**Question 8.** Lors de l'introduction en bourse de deux entreprises, les prix de lancement de leurs actions différaient de 6 €. En un an, l'action la plus élevée a progressé de 36 % et l'action la plus basse de 40 %. Malgré tout pour un actionnaire, le gain est identique pour les deux actions. Quelle est la valeur de l'action la plus basse un an après l'introduction en bourse ?

a) 75,60 €
b) 21,80 €
c) 82,80 €
d) 56,40 €
e) 39,50 €

**Question 9.** Kevin possède 3 fois plus de pin's que Jonathan. S'il donnait à Jonathan 5 pin's, il ne posséderait alors que 2 fois plus de pin's que Jonathan. Combien de pin's Kevin possède-t-il ?

a) 42
b) 43
c) 44
d) 45
e) 46

**Question 10.** Soient 5 entiers consécutifs dont la somme des trois premiers vaut 93. Que vaut le plus grand ?

a) 33
b) 34
c) 35
d) 36
e) 37

**Question 11.** Dans une classe de 28 élèves, 14 apprennent l'anglais et 12 apprennent l'allemand. Sachant que 8 élèves apprennent les deux langues, combien d'élèves n'apprennent ni l'anglais, ni l'allemand ?

a) 5
b) 8
c) 9
d) 10
e) 12

**Question 12.** Myriam part en vacances avec ses économies. Elle prévoit de dépenser un quart de son pécule pour le voyage et deux cinquièmes pour son logement. Elle calcule qu'il lui restera alors 3 220 €. Quel est le montant de ses économies ?

a) 9 200 €
b) 8 900 €
c) 7 800 €
d) 8 500 €
e) 9 500 €

**Question 13.** Un coursier de Sushi Veste effectue la même tournée tous les jours. Il constate que lorsqu'il roule 10km/h plus vite qu'habituellement, il met 30 mn de moins pour effectuer sa tournée. En revanche, en cas d'embouteillages sa vitesse moyenne diminuent de 10 km/h, et, il termine sa tournée 1 heure plus tard. Quelle est la longueur en kilomètres de sa tournée ?

a) 45 km
b) 50 km
c) 55 km
d) 60 km
e) 65 km

**Question 14.** Le Club Bed propose une offre groupée pour un voyage à Djerba à l'entreprise « Toujoursenvacances » au prix de 418 € par personne. Finalement un des participants s'est désisté et le prix du voyage est désormais de 437 € par personne. Combien de personnes sont finalement parties à Djerba ?

a) 22
b) 23
c) 24
d) 25
e) 26

**Question 15.** Si **m** est égal au quart de (**m** – **n**), quelle est la valeur de $\frac{n}{m}$ ?

a) - 3
b) 2
c) - 2
d) 3
e) - 4

**Calculez votre score à l'aide de la grille de correction en page 291.**

# III.1bis - TAGE MAGE® Blanc - Correction

**Calculez votre score à l'aide de la grille de correction en page 291.**

## Question 1. *Réponse b)*

Tactique du consciencieux.

Nous savons que 60% des employés sont des femmes, donc 40% des employés sont des hommes.

Nous savons que 20% des employés sont des cadres, donc 80% des employés sont des ouvriers.

Nous savons que 8% des 20% de cadres sont des femmes, donc 8%×20%= 1,6% des employés sont des femmes cadres.

Alors, 18,4% des employés (20% - 1,6%) sont des hommes cadres.

Et, 21,6% des employés (40% - 18,4%) sont des hommes ouvriers.

En conséquence, le pourcentage d'hommes parmi les 80% d'ouvriers se calcule :

$$\frac{21{,}6\%}{80\%} = 21{,}6 \times \frac{5}{4} = 27\ \%$$

## Question 2. *Réponse c)*

L'âge est évidemment compris entre 11 et 56 ans.

La résultat (solution - 1) doit être un multiple de 11, nous éliminons a), b) et d).

Le résultat (solution + 1) doit être un multiple de 5, nous éliminons e).

## Question 3. *Réponse d)*

Tactique du consciencieux.

On note $f$ le nombre de filles et $g$ le nombre de garçons. On sait que : f + g = 30.

Par ailleurs, nous savons que la dernière fille va rencontrer (g - 9 + 1) garçons.

L'énoncé nous donne donc un système de deux équations : f + g = 30 et g = f + 8

Nous pouvons le résoudre de la manière suivante :

$$\begin{cases} f + g = 30 \\ g = f + 8 \end{cases} \quad \begin{cases} f = 30 - g \\ g = 30 - g + 8 \end{cases} \quad \begin{cases} f = 30 - g \\ 2g = 38 \end{cases} \quad \begin{cases} f = 11 \\ g = 19 \end{cases}$$

Tactique du malin. De loin la plus rapide.

Testons les solutions en commençant par la solution du milieu :

c ) g = 16, alors f = 14 et la 14ème fille rencontre 22 garçons (14 + 8). → Non

Le résultat étant plus important que le résultat attendu, nous éliminons a), b) et c).

d) g = 19, alors f = 11 et la 11ème fille rencontre 19 garçons (11 + 8). → OUI

## Question 4. *Réponse e)*

Nous savons que si a×b est impair, alors a et b sont tous les deux impairs.

Donc, $(a^2 + b^2)$ est forcément pair, nous pouvons éliminer b), c) et d).

Tactique du consciencieux. Laborieuse mais efficace.

Nous repérons les identités remarquables :

$(a + b)^2 = a^2 + b^2 + 2a \times b$

$12^2 = a^2 + b^2 + 2 \times 35$

$a^2 + b^2 = 74$

Tactique du fainéant. La plus rapide de loin.

Nous ne connaissons qu'un couple d'entiers dont le produit vaut 35 : 5 et 7.

## Question 5. *Réponse e)*

Tentons de raisonner logiquement : le contraire de l'événement « obtenir au moins une fois pile lorsqu'on lance trois fois une pièce de monnaie », est l'événement « obtenir trois fois face lorsqu'on lance trois fois une pièce de monnaie ».

D'autre part, nous savons que la probabilité de $\overline{A}$ se calcule : $P(\overline{A}) = 1 - P(A)$.

Ainsi, P(« au moins une fois pile ») = 1 – P(« trois fois face »)

La probabilité d'obtenir face en lançant une pièce est de $\frac{1}{2}$.

La probabilité d'obtenir trois fois face lorsqu'on tire trois fois une pièce de monnaie se calcule $\frac{1}{2} \times \frac{1}{2} \times \frac{1}{2} = \frac{1}{8}$

Alors, P(« au moins une fois pile ») = $1 - \frac{1}{8} = \frac{7}{8}$

## Question 6. *Réponse e)*

Une question Champomy des probabilités. Sur ce type de question, nous devons raisonner logiquement.

Imaginons que Bettina choisisse au hasard 111 perles bordeaux, alors, son collier de 111 perles ne comptera qu'une seule couleur.

Mais, un collier de 112 perles comptera forcément 2 couleurs différentes.

Bien sûr, un collier de 2 perles peut très bien compter deux couleurs différentes, mais ce n'est pas sûr.

## Question 7. *Réponse e)*

Posons, N l'âge de Noa, E l'âge d'Eve et D l'âge de Dan, nous savons que :

$$\begin{cases} N = E + 2 \\ E = D + 6 \\ N = 2D \end{cases} \quad \begin{cases} 2D = E + 2 \\ E = D + 6 \\ N = 2D \end{cases} \quad \begin{cases} 2D = (D + 6) + 2 \\ E = D + 6 \\ N = 2D \end{cases} \quad \begin{cases} D = 8 \\ E = 14 \\ N = 16 \end{cases}$$

Alors, N + E + D = 38 ans

**Question 8.** ***Réponse a)***

Attention, la question porte sur le prix de l'action la plus basse un an après l'introduction.

Posons X le prix d'achat de la 1ère action et Y le prix d'achat de la 2ème action, l'énoncé devient :

$$\begin{cases} X = Y - 6 \\ 0{,}36Y = 0{,}4X \end{cases} \quad \begin{cases} X = Y - 6 \\ 0{,}36Y = 0{,}4(Y - 6) \end{cases} \quad \begin{cases} X = Y - 6 \\ 2{,}4 = 0{,}04Y \end{cases} \quad \begin{cases} X = 54\ € \\ Y = 60\ € \end{cases}$$

$54 \times 1{,}40 = 75{,}60\ €$

**Question 9.** ***Réponse d)***

Attention, le nombre de pin's de Kevin étant égal à 3 fois le nombre de pin's de Jonathan, il est forcément multiple de 3 (Jonathan ne possède pas des tiers de pin's !), nous pouvons d'ores et déjà éliminer b), c) et e).

Tactique du conscienciEux.

Posons K le nombre de pin's de Kevin, et J le nombre de pin's de Jonathan. L'énoncé devient :

Situation actuelle : $K = 3J$

En cas de transfert de 5 pin's de Kevin vers Jonathan : $(K - 5) = 2(J + 5)$

$$\begin{cases} K = 3J \\ (K - 5) = 2(J + 5) \end{cases} \quad \begin{cases} K = 3J \\ 3J - 5 = 2J + 10 \end{cases} \quad \begin{cases} K = 3J \\ J = 15 \end{cases} \quad \begin{cases} K = 45 \\ J = 15 \end{cases}$$

Tactique du malin.

Testons les solutions restantes.

a) Kevin possède 42 pin's

| | Kevin | Jonathan |
|---|---|---|
| Situation actuelle | *42* | 14 |
| En cas de transfert de 5 pin's | 37 | 19 |

Mais, 37 n'est pas égal à 2 fois 19 pin's.

Donc, la réponse est forcément la solution d), nous n'avons pas besoin de le vérifier.

**Question 10.** ***Réponse b)***

Attention au piège, 93 est le résultat de la somme des TROIS premiers.

Posons a, b, c, d et e la valeur des 5 entiers consécutifs.

Tactique du conscienciEux.

Nous savons que : $a + b + c = 93$

Alors, $a + (a + 1) + (a + 2) = 93$

Et, $3a = 93 - 3$

Donc, $a = 30$

Nos 5 entiers sont (30, 31, 32, 33, 34)

Tactique du malin.

a) e = 33, d = 32, c = 31, b = 30 et a = 29, alors, a + b + c = 90 → Non

b) e = 34, d = 33, c = 32, b = 31 et a = 30, alors, a + b + c = 93 → OUI

Tactique du fainéant.

Il s'agit ici de calculer la moyenne des trois entiers :
93/3 = 31 donc, (a, b, c) = (30, 31, 32)

## Question 11. *Réponse d)*

**1. Lecture MCPS de la question (Mécanisme, Connaissances, Pièges, Solutions)**

Il s'agit d'un dénombrement et plus précisément de la formule de la somme de sous-ensembles.

Souvenons-nous que : Card(A ∪ B) = Card(A) + Card(B) – Card(A ∩ B).

**2. Quelle tactique de résolution ?**

Appliquons la formule.

**3. Résolution.**

Appelons E les élèves étudiant l'anglais et G les élèves étudiant l'allemand.
Alors, Card(E ou F) = Card(E) + Card(G) – Card(E et G)
Card(E) : nombre d'élèves apprenant l'anglais
Et, Card (E ou G) = 14 + 12 – 8 = 18
18 élèves étudient l'anglais ou l'allemand.
Il y a donc 10 élèves qui n'apprennent aucune des deux langues.
En schématisant l'énoncé :

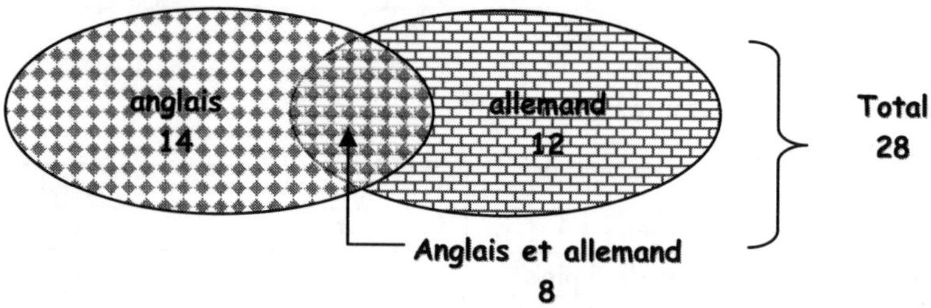


## Question 12. *Réponse a)*

Posons E la valeur de ses économies, l'énoncé devient alors :
voyage + logement + 3 220 = montant des économies

$\frac{1}{4}E + \frac{2}{5}E + 3\,220 = E$ Réduisons au même dénominateur $4 \times 5 = 20$

$\frac{5}{20}E + \frac{8}{20}E + 3\,220 = \frac{20}{20}E$

$3\,220 = \frac{20}{20}E - \frac{13}{20}E$

$E = 3\,220 \times \frac{20}{7} = 9\,200$ €

## Question 13. *Réponse d)*

Posons D, la distance parcourue par le coursier et t son temps de trajet.

Habituellement : $D = V \times t$

Sans embouteillage : $D = (V + 10)(t - 0{,}5)$

Avec embouteillages : $D = (V - 10)(t + 1)$

$$\begin{cases} D = Vt \\ Vt - 0{,}5V + 10t - 5 = Vt \\ Vt + V - 10t - 10 = Vt \end{cases} \qquad \begin{cases} D = Vt \\ 10t = 5 + 0{,}5V \\ V - 10t - 10 = 0 \end{cases} \qquad \begin{cases} D = Vt \\ t = 0{,}5 + 0{,}05V \\ V - 5 - 0{,}5V - 10 = 0 \end{cases}$$

$$\begin{cases} D = 60 \text{ km} \\ t = 2 \text{ heures} \\ V = 30 \text{ km/h} \end{cases}$$

## Question 14. *Réponse a)*

Tactique du consciencieux.

Posons X le nombre de participants au voyage prévu initialement, l'énoncé devient :

Budget = $418 \times X$ ; et, Budget = $437 \times (X - 1)$

Alors, $418X = 437(X - 1)$

$437 = 19X$

$X = 23$

Attention, ce sont finalement 22 personnes qui sont parties à Djerba.

Tactique du fainéant.

Le désistement d'une personne renchérit le coût du voyage de 19 € pour chaque voyageur. Alors $19 \times$nbre de particpants = prix du voyage.

**Astuce** : Le prix du voyage se terminant par le chiffre 8, la réponse cherchée se termine forcément par 2, car, $9 \times 2 = 18$

## Question 15. *Réponse a)*

$$m = \frac{m - n}{4}$$

Alors, $4m = m - n$

Et, $n = -3m$

Ainsi, $\frac{n}{m} = -3$

# III.2 – TAGE MAGE® Blanc - 15 questions en 20 mn

| | |
|---|---|
| **A)** | Si l'information (1) permet à **elle seule** de répondre à la question, et si l'information (2) à elle seule ne permet pas de répondre à la question. |
| **B)** | Si l'information (2) permet à **elle seule** de répondre à la question, et si l'information (1) à elle seule ne permet pas de répondre à la question. |
| **C)** | Si les deux informations (1) et (2) **ensemble** permettent de répondre à la question, et aucune séparément ne le peut. |
| **D)** | Si **chaque** information permet séparément de répondre à la question. |
| **E)** | Si les deux informations **ensemble ou séparément** ne permettent pas de répondre à la question. |

**Question 1.** Une fleuriste achète un lot d'œillets. Elle revend 90 % de ce lot. Combien ce lot comprend-il d'œillets ?

(1) Sur chaque œillet vendu, elle gagne 2 €.
(2) Son bénéfice total est de 630 €.

**Question 2.** M. Garette a trois enfants, Pierre, Jacques et Catherine. Quel est l'âge de Catherine ?

(1) Jacques a deux fois l'âge de Pierre.
(2) Catherine a trois ans de moins que Pierre.

**Question 3.** Un épargnant dispose d'une somme X qu'il divise en deux parts inégales. La première est placée sur un produit financier rapportant 5 % et la seconde sur un produit financier rapportant 8 % (par an). Au bout d'un an, l'ensemble lui a rapporté 380 €. Quel est le montant de X ?

(1) L'une des parts a rapporté 280 €.
(2) X est inférieure à 6 000 €.

**Question 4.** Actuellement, Clotilde a 8 ans. Quel âge aura sa maman quand elle aura le double de l'âge de Clotilde ?

(1) Quand Clotilde est née, sa maman avait 25 ans.
(2) Actuellement, l'addition des âges de Clotilde et de sa maman est de 41 ans.

**Question 5.** La somme de trois nombres entiers est égale à 108. Quelle est la valeur de chacun de ces nombres ?

(1) Il s'agit de trois nombres consécutifs.
(2) Le nombre le plus grand est premier.

| | |
|---|---|
| **A)** | Si l'information (1) permet à **elle seule** de répondre à la question, et si l'information (2) à elle seule ne permet pas de répondre à la question. |
| **B)** | Si l'information (2) permet à **elle seule** de répondre à la question, et si l'information (1) à elle seule ne permet pas de répondre à la question. |
| **C)** | Si les deux informations (1) et (2) **ensemble** permettent de répondre à la question, et aucune séparément ne le peut. |
| **D)** | Si **chaque** information permet séparément de répondre à la question. |
| **E)** | Si les deux informations **ensemble ou séparément** ne permettent pas de répondre à la question. |

**Question 6.** Le nombre entier **x** est strictement inférieur à 100 et strictement supérieur à 9. Quelle est la valeur de **x** ?

(1) **x** est un carré.
(2) **x** est un multiple de 7.

**Question 7.** Le triangle ABC est un triangle rectangle en A, son périmètre est de 36 cm. Quelle est la longueur du côté BC ?

(1) Le côté AB mesure 9 cm.
(2) Le côté AC mesure 12 cm.

**Question 8.** Trente élèves d'une classe de seconde ont passé une épreuve de langue anglaise. Le groupe des élèves ayant obtenu une note inférieure à 10 a une moyenne de 8. Le groupe des élèves ayant obtenu une note supérieure à 10 a une moyenne de 12,5. Quelle est la moyenne générale de la classe ?

(1) Les nombres d'élèves des deux groupes sont des nombres premiers.
(2) Le groupe aux notes inférieures à 10 comprend 4 élèves de moins que le groupe le plus fort.

**Question 9.** Pour les fêtes, Marlène Bokh achète des boîtes de chocolats à 5 €, 11 € et 13 €. Elle dépense 129 €. Combien a-t-elle acheté de boîtes à 13 € ?

(1) Le total de la valeur des boîtes de chocolats à 11 € et à 13 € est de 94 €.
(2) Le total de la valeur des boîtes de chocolats à 5 € et à 11 € est de 90 €

**Question 10.** Que vaut **x** ?

(1) $x^2 - 2x + 1 = 0$
(2) $4x^2 - y = 0$

| | |
|---|---|
| **A)** | Si l'information (1) permet à **elle seule** de répondre à la question, et si l'information (2) à elle seule ne permet pas de répondre à la question. |
| **B)** | Si l'information (2) permet à **elle seule** de répondre à la question, et si l'information (1) à elle seule ne permet pas de répondre à la question. |
| **C)** | Si les deux informations (1) et (2) **ensemble** permettent de répondre à la question, et aucune séparément ne le peut. |
| **D)** | Si **chaque** information permet séparément de répondre à la question. |
| **E)** | Si les deux informations **ensemble ou séparément** ne permettent pas de répondre à la question. |

**Question 11.** Que vaut (A – B) sachant que A = 3B et que A et B sont des entiers ?

(1) $A \times B < 20$ et multiple de 3.
(2) $A + B = 4$.

**Question 12.** ABC est-il rectangle ?

(1) ABC est isocèle.
(2) L'un des angles mesure 50°.

**Question 13.** Une entreprise salarie du personnel cadre ou ouvrier qui sont des femmes ou des hommes. Quel est le pourcentage de femmes cadres ?

(1) 25 % des salariés sont des cadres.
(2) 80 % des ouvriers sont des hommes.

**Question 14.** L'entreprise Nahon & Fils doit repeindre la Tour Eiffel. Elle travaille à une cadence constante. En cas de retard le contrat prévoit une indemnité de 10 000 € par jour pour tout dépassement au-delà de 280 jours. Quel sera le montant des indemnités à verser ?

(1) Au bout de 120 jours elle a peint la Tour Eiffel jusqu'au 2$^{\text{ème}}$ étage ce qui correspond au tiers des travaux.
(2) Lorsqu'elle a peint les 3/4 de la Tour Eiffel il lui restait encore 90 jours de travail.

**Question 15.** Qui a eu le meilleur score au TAGE-MAGE® ?

(1) Ensemble, Christian et Bernard ont eu plus que André et Bernard.
(2) Ensemble, Bernard et Christian ont eu plus que André et Christian.

**Calculez votre score à l'aide de la grille de correction en page ...**

# III.2bis – TAGE MAGE® Blanc – Correction

**Calculez votre score à l'aide de la grille de correction en page 291.**

## Question 1. *Réponse C)*

**1. Etape 1 : analyse de l'énoncé**

Posons N le nombre d'œillets, nous cherchons la valeur de N.

**2. Etape 2 : analyse de l'information (1) seule**

Bénéfice total = N×2€.

L'information (1) seule ne nous permet pas de répondre.

⇨ Nous gardons les solutions B, C et E.

**3. Etape 3 : analyse de l'information (2) seule**

Bénéfice total = 630 €.

L'information (2) seule ne nous permet pas de répondre.

⇨ Nous gardons les solutions C et E.

**4. Etape 3,5 : analyse des informations (1) & (2) ensemble**

L'information (1) seule nous apprend que : Bénéfice total = N×2€, l'information (2) nous apprend que : Bénéfice total = 630 €.

Alors, 630 = 2N

N = 315 œillets.

Alors, les deux informations ensemble nous permettent de répondre.

## Question 2. *Réponse E)*

**1. Etape 1 : analyse de l'énoncé**

Posons P l'âge de Pierre, J l'âge de Jacques et C l'âge de Catherine.

Nous cherchons C.

**2. Etape 2 : analyse de l'information (1) seule**

J = 2×P.

L'information (1) seule ne nous permet pas de répondre.

⇨ Nous gardons les solutions B, C et E.

**3. Etape 3 : analyse de l'information (2) seule**

C = P - 3.

L'information (2) seule ne nous permet pas de répondre.

⇨ Nous gardons les solutions C et E.

**4. Etape 3,5 : analyse des informations (1) & (2) ensemble**

Information (1) : J = 2P

Information (2) : C = P – 3

Les deux informations ensemble ne nous permettent pas de répondre.

## Question 3. *Réponse C)*

**1. Etape 1 : analyse de l'énoncé**

Une application de la formule des intérêts.

Posons $X_1$ le montant de la première partie, alors l'énoncé devient :

$X_1 \times 5\% \times 1 + (X - X_1) \times 8\% \times 1 = 380$

**2. Etape 2 : analyse de l'information (1) seule**

L'information (1) nous apprend que $X_1$ <u>ou</u> $(X - X_1)$ a rapporté 280 €.

Si $X_1$ a rapporté 280 €

Alors, $X_1 \times 5\% \times 1 = 280$

$X_1 = \frac{280}{5\%} = 5\ 600$ €

Et, $(X - 5\ 600) \times 8\% \times 1 = 100$

$X - 5\ 600 = 1\ 250$

$X = 6\ 850$ €

Si $(X - X_1)$ a rapporté 280 €

Alors, $X_1 \times 5\% \times 1 = 100$

$X_1 = 2\ 000$ €

Et, $(X - 2\ 000) \times 8\% \times 1 = 280$

$X - 2\ 000 = 3\ 500$

$X = 5\ 500$ €

Nous ne pouvons pas savoir si X vaut 6 850 € ou 5 500 €.

Donc, l'information (1) seule ne nous permet pas de répondre.

⇨ Nous gardons les solutions B, C et E.

**3. Etape 3 : analyse de l'information (2) seule**

$X < 6\ 000$ €

L'information (2) seule ne nous permet pas de répondre.

⇨ Nous gardons les solutions C et E.

**4. Etape 3,5 : analyse des informations (1) & (2) ensemble**

Information (1) : $X = 6\ 850$ € ou $X = 5\ 500$ €

Information (2) : $X < 6\ 000$ €

Alors, $X = 5\ 500$ €.

Alors, les deux informations ensemble nous permettent de répondre.

## Question 4. *Réponse D)*

**1. Etape 1 : analyse de l'énoncé**

Aucune donnée exploitable.

**2. Etape 2 : analyse de l'information (1) seule**

Notons $C$ l'âge de Clotilde, alors, l'âge de la maman de Clotilde s'écrit $(25 + C)$.

Nous cherchons $(25 + C) = 2 \times C$

$25 = C$

L'information (1) seule nous permet de répondre.

⇨ Nous gardons les solutions A et D.

**3. Etape 3 : analyse de l'information (2) seule**

L'âge de la maman de Clotilde vaut (41 - 8) = 33 ans.

Celle-ci ayant accouché de Clotilde il y a 8 ans, elle avait alors 25 ans.

L'information (2) seule nous permet de répondre.

## Question 5. *Réponse A)*

**1. Etape 1 : analyse de l'énoncé**

Posons A, B et C les valeurs respectives des 3 nombres entiers.

Nous savons que : $A + B + C = 108$

**2. Etape 2 : analyse de l'information (1) seule**

A, B et C sont 3 entiers consécutifs, alors : $A = B + 1$ et $B = C + 1$.

Et, $A = 37$, $B = 36$ et $C = 35$.

L'information (1) seule nous permet de répondre.

⇨ Nous gardons les solutions A et D.

**3. Etape 3 : analyse de l'information (2) seule**

A est un nombre premier compris entre 1 et 106.

L'information (2) seule ne nous permet pas de répondre.

## Question 6. *Réponse C)*

**1. Etape 1 : analyse de l'énoncé**

L'énoncé nous apprend que X est un entier compris entre 10 et 99 (c'est donc un nombre à 2 chiffres).

**2. Etape 2 : analyse de l'information (1) seule**

X est un carré compris entre 10 et 99. Les valeurs possibles de X sont :

16, 25, 36, 49, 64 et 81.

L'information (1) seule ne nous permet pas de répondre.

⇨ Nous gardons les solutions B, C et E.

**3. Etape 3 : analyse de l'information (2) seule**

X est multiple de 7. Les valeurs possible de X sont :

14, 21, 28, 35, 42, 49, 56, 63, 70, 77, 84, 91 et 98.

L'information (2) seule ne nous permet pas de répondre.

⇨ Nous gardons les solutions C et E.

**4. Etape 3,5 : analyse des informations (1) & (2) ensemble**

Information (1) : X vaut : 16, 25, 36, 49, 64 et 81

Information (2) : X vaut : 14, 21, 28, 35, 42, 49, 56, 63, 70, 77, 84, 91 et 98

Alors, X = 49
Les deux informations ensemble nous permettent de répondre.

## Question 7. *Réponse D)*

**1. Etape 1 : analyse de l'énoncé**

Le triangle ABC étant rectangle en A, le théorème de Pythagore nous permet de déduire que :
$AB^2 + AC^2 = BC^2$.
Par ailleurs, le périmètre de ABC se calcule : P = AB + AC + BC = 36.

**2. Etape 2 : analyse de l'information (1) seule**

AB = 9 cm
Alors, $BC^2 = 81 + AC^2$
Et, AC = 36 - 9 - BC, AC = 27 - BC
Alors, en remplaçant AC dans la première équation, nous obtenons :
$BC^2 = 81 + (27 - BC)^2$ identité remarquable de la forme $(a - b)^2$
$BC^2 = 81 + 729 + BC^2 - 54BC$ $27 = 3^3$ donc, $27^2 = (3^3)^2 = (3^2)^3 = 9^3$
54BC = 810
$BC = \frac{810}{54} = 15$ cm
L'information (1) seule nous permet de répondre.
⇨ Nous gardons les solutions A et D.

**3. Etape 3 : analyse de l'information (2) seule**

AC = 12 cm
**Remarque** : pas besoin de faire les calculs, vous savez que nous pourrons aussi répondre en procédant de la même façon.
L'information (2) seule nous permet de répondre.

## Question 8. *Réponse B)*

**1. Etape 1 : analyse de l'énoncé**

Une question de calcul classique portant sur une moyenne pondérée.
Posons N le nombre d'élèves ayant obtenu une note inférieure à 10 et M la moyenne générale de la classe, l'énoncé devient :

$$\frac{N \times 8 + (30 - N) \times 12{,}5}{30} = M$$

**2. Etape 2 : analyse de l'information (1) seule**

N et (30 - N) sont des nombres premiers.
Alors, N = 13 <u>ou</u> N = 17.
L'information (1) seule ne nous permet pas de répondre.
⇨ Nous gardons les solutions B, C et E.

**3. Etape 3 : analyse de l'information (2) seule**

N = (30 - N) - 4

Alors, 2N = 26

Et, N = 13

**Remarque** : il est inutile de calculer la moyenne, nous savons que nous pouvons la calculer.

L'information (2) seule nous permet de répondre.

## Question 9. *Réponse B)*

**1. Etape 1 : analyse de l'énoncé**

La question porte sur le mécanisme de pondération. Posons X, Y et Z le nombre de boîtes de chocolats à 5 €, 11 € et 13 €, alors : 5X + 11Y + 13Z = 129 €.

**2. Etape 2 : analyse de l'information (1) seule**

11Y + 13Z = 94

Alors, en utilisant la première équation :

5X = 35

X = 7

L'information (1) seule ne nous permet pas de répondre.

⇨ Nous gardons les solutions B, C et E.

**3. Etape 3 : analyse de l'information (2) seule**

5X + 11Y = 90

Alors, en utilisant la première équation :

13Z = 39

Z = 3

L'information (2) seule nous permet de répondre.

## Question 10. *Réponse A)*

**1. Etape 1 : analyse de l'énoncé**

La question est ici clairement énoncée.

**2. Etape 2 : analyse de l'information (1) seule**

Tentons de résoudre l'équation du second degré : $\mathbf{x}^2 - 2\mathbf{x} + 1 = 0$.

$\Delta = b^2 - 4ac = (-2)^2 - 4 \times 1 \times 1 = 0$

$\Delta$ étant nul, nous savons que cette équation admet une seule solution.

L'information (1) seule nous permet de répondre.

⇨ Nous gardons les solutions A et D.

**3. Etape 3 : analyse de l'information (2) seule**

L'information (2) seule ne nous permet pas de répondre.

## Question 11. *Réponse B)*

**1. Etape 1 : analyse de l'énoncé**

Nous savons que $A = 3B$, nous cherchons $(A - B)$.

**2. Etape 2 : analyse de l'information (1) seule**

$A \times B = 3B \times B = 3B^2$ donc, $A \times B$ est forcément multiple de 3.

$A \times B < 20$, listons toutes les valeurs de $A \times B$ possibles.

| Valeur de $A \times B = 3B^2$ | valeur de $B^2$ | | valeur de $(A - B)$ |
|---|---|---|---|
| 3 | 1 | | 2 |
| 6 | 2 | impossible | |
| 9 | 3 | impossible | |
| 12 | 4 | | 4 |
| 15 | 5 | impossible | |
| 18 | 6 | impossible | |

Nous hésitons entre deux valeurs possibles : 2 et 4.

L'information (1) seule ne nous permet pas de répondre.

⇨ Nous gardons les solutions B, C et E.

**3. Etape 3 : analyse de l'information (2) seule**

$A + B = 4$

Alors, $3B + B = 4$

$B = 1$ et $A = 3$

L'information (2) seule nous permet de répondre.

## Question 12. *Réponse C)*

**1. Etape 1 : analyse de l'énoncé**

La question est clairement posée.

**2. Etape 2 : analyse de l'information (1) seule**

L'information (1) seule ne nous permet pas de répondre.

⇨ Nous gardons les solutions B, C et E.

**3. Etape 3 : analyse de l'information (2) seule**

L'information (2) seule ne nous permet pas de répondre.

⇨ Nous gardons les solutions C et E.

**4. Etape 3,5 : analyse des informations (1) & (2) ensemble**

Information (1) : ABC est isocèle donc il possède deux angles égaux.

Information (2) : l'un des angles mesure 50°.

Alors, les angles de ABC sont respectivement : 50°, 65° et 65° ou 50°, 50° et 80°.

ABC ne peut pas être rectangle.

Alors, les deux informations ensemble nous permettent de répondre.

**Attention** : NON est une réponse en conditions minimales.

## Question 13. *Réponse E)*

**1. Etape 1 : analyse de l'énoncé**

Il suffit de compléter le tableau.

| | Cadre | Ouvrier | Total |
|---|---|---|---|
| Homme | | | |
| Femme | | | |
| Total | | | 100 % |

**2. Etape 2 : analyse de l'information (1) seule**

| | Cadre | Ouvrier | Total |
|---|---|---|---|
| Homme | | | |
| Femme | | | |
| Total | 25 % | 75% | 100 % |

L'information (1) seule ne nous permet pas de répondre.

⇨ Nous gardons les solutions B, C et E.

**3. Etape 3 : analyse de l'information (2) seule**

| | Cadre | Ouvrier | Total |
|---|---|---|---|
| Homme | | 80% d'hommes | |
| Femme | | | |
| Total | | | 100 % |

L'information (2) seule ne nous permet pas de répondre.

⇨ Nous gardons les solutions C et E.

**4. Etape 3,5 : analyse des informations (1) & (2) ensemble**

| | Cadre | Ouvrier | Total |
|---|---|---|---|
| Homme | | 80% de 75% = 60% | |
| Femme | | 15% | |
| Total | 25 % | 75% | 100 % |

Alors, les deux informations ensemble ne nous permettent pas de répondre.

## Question 14. *Réponse D)*

**1. Etape 1 : analyse de l'énoncé**

Ne passez pas à côté de la donnée essentielle de l'énoncé, le travail se fait à vitesse constante.

**2. Etape 2 : analyse de l'information (1) seule**

En 120 jours, l'entreprise a réalisé le tiers des travaux.

Elle mettra donc avec une <u>vitesse constante</u> : 3×120j = 360 jours.

L'indemnité sera de 800 000 €.

L'information (1) seule nous permet de répondre.

⇨ Nous gardons les solutions A et D.

**3. Etape 3 : analyse de l'information (2) seule**

L'entreprise va réaliser le quart restant de travail en 90 jours.

La totalité du travail sera réalisée en $4 \times 90j = 360$ jours.

L'indemnité sera de 800 000 €.

L'information (2) seule nous permet de répondre.

## Question 15. *Réponse E)*

**1. Etape 1 : analyse de l'énoncé**

Posons A, B et C les scores respectifs de André, Bernard et Christian.

**2. Etape 2 : analyse de l'information (1) seule**

$C + B > A + B$

Donc, $C > A$

L'information (1) seule ne nous permet pas de répondre.

⇨ Nous gardons les solutions B, C et E.

**3. Etape 3 : analyse de l'information (2) seule**

$B + C > A + C$

Donc, $B > A$

L'information (2) seule ne nous permet pas de répondre.

⇨ Nous gardons les solutions C et E.

**4. Etape 3,5 : analyse des informations (1) & (2) ensemble**

Information (1) : $C > A$

Information (2) : $B > A$

Alors, les deux informations ensemble ne nous permettent pas de répondre.

# IV – Score IAE-MESSAGE

Le Score IAE-MESSAGE est un test unique d'aptitude aux études universitaires en gestion, il mesure les aptitudes des candidats dans 4 domaines fondamentaux pour de futurs managers. Il constitue un élément d'appréciation du dossier de candidature à une formation universitaire en management.

Il peut être exigé à l'entrée en 3$^{ème}$ année de licence (L3) ou en master (M1 ou M2) de plus de 190 formations universitaires en gestion (MSG, MSTCF, IAE...).

**Le Score IAE-MESSAGE est un QCM de 3 h 30 mn.**
Il est composé de 170 questions regroupées en trois sous-scores en français et d'un sous-score en anglais :

- ***Culture générale, économique et managériale :*** 50 questions, 100 points.
- ***Compréhension et expression écrite en français :*** 50 questions, 100 points.
- ***Raisonnement logique et numérique :*** 20 questions, 100 points. La première partie (Logique, 10 questions) évalue les capacités du candidat à conduire un raisonnement logique, faisant appel ou non à des calculs. La seconde partie (Raisonnement numérique, 10 questions) évalue l'aptitude du candidat à effectuer des calculs élémentaires, lire des informations sur un graphique, interpréter des formules de calcul pour les appliquer sur les données d'un tableau et, enfin, appliquer les principes d'algèbre simple (manipulation de fractions et de puissances, résolution de système de 2 équations du premier degré à 2 inconnues, ...).
- ***Compréhension et expression écrite en anglais :*** 50 questions, 100 points.

Nous vous proposons ci-après un Score IAE-Message Blanc de la partie Raisonnement logique et numérique :

**20 questions-types SIM en 45 minutes**
**5 choix multiples**
**Réponse juste : +5 points** **Réponse fausse : 0 point**

Découpez la grille de réponses en page 301.

**Remarque :** Je vous conseille vivement de découper la grille de réponses et de vous entraîner à soigneusement noircir les cases. Vous le constaterez, cet exercice est moins évident qu'il n'y paraît. Gardez à l'esprit que chaque année, certains candidats ratent leurs concours pour un simple décalage de ligne ! Les grilles fournies ressemblent aux grilles qui vous seront distribuées le jour du concours.
Vous pourrez vous corriger et calculer votre score à l'aide de la grille de correction en page 292.

*Let's go !*

## IV.1 – Score IAE-Message - 20 questions en 45 mn

**Grille de réponses à détacher en page 301.**

**Question 1.** 40% des personnes ayant suivi un stage de pré-embauche sont aptes à l'emploi. Parmi ces personnes aptes, 80% ont subi avec succès le test de type professionnel dont le taux global de validation est de 50%. Quelle est la probabilité pour qu'une personne ayant subi avec succès un test favorable soit apte à l'emploi ?

a) 80 %
b) 90 %
c) 25 %
d) 16 %
e) 64 %

**Question 2.** $\boldsymbol{x}$ et $\boldsymbol{y}$ satisfont les équations suivantes $\boldsymbol{x} \times \boldsymbol{y} = 8$ et $\boldsymbol{x}^2 + \boldsymbol{y}^2 = 20$. Quelle est la valeur de $(\boldsymbol{x} + \boldsymbol{y})$ sachant que $\boldsymbol{x}$ et $\boldsymbol{y}$ sont positifs ?

a) $\sqrt{2}$
b) 6
c) $6\sqrt{2}$
d) 9
e) 12

**Question 3.** Un joueur s'installe à une table de poker. Lors de la première partie, il perd la moitié de son argent. Lors de la seconde partie, il perd un tiers de l'argent restant. Lors de la troisième partie, il perd le quart de l'argent restant et enfin lors de la quatrième partie, il perd le cinquième de l'argent restant. Quelle proportion de sa somme initiale a-t-il perdue ?

a) $\frac{1}{5}$
b) $\frac{1}{4}$
c) $\frac{1}{2}$
d) $\frac{3}{4}$
e) $\frac{4}{5}$

**Question 4.** MacDiounald réalise habituellement une marge de 24 % sur un GrosMac. Lors des journées Happy Meal, les GrosMac sont proposés avec une réduction de 5 %. Quelle est la marge réalisée par MacDiounald sur les GrosMac durant les journées Happy Meal ?

a) 15 %
b) 17,5 %
c) 20 %
d) 22,5 %
e) 25 %

**Question 5.** Sandy et Eddy sont tous les deux très joueurs. Sandy propose un pari à Eddy : ils lancent une pièce de 2 € deux fois de suite, s'ils obtiennent deux fois pile, alors Eddy doit verser à Sandy 50 €, sinon, Sandy verse à Eddy 5 €. Quelle est la probabilité pour Sandy de remporter le pari et de toucher ainsi 50 € ?

a) $\frac{1}{8}$
b) $\frac{7}{8}$
c) $\frac{1}{2}$
d) $\frac{1}{4}$
e) $\frac{3}{4}$

**Question 6.** Quelle est la surface d'un hangar carré si la différence entre les quatre cinquièmes et les trois quarts de la longueur d'un côté est égale à 1,2 mètres ?

a) 240 m²
b) 356 m²
c) 424 m²
d) 477 m²
e) 576 m²

**Question 7.** Un premier train quitte Marseille en direction de Paris à 13h et roule à la vitesse moyenne de 120 km/h. Un second train part au même instant de Paris en trajet inverse à la vitesse moyenne de 110 km/h. À quelle distance de Paris les trains se croiseront-ils sachant que la distance entre Paris et Marseille est de 920 km ?

a) 380 km
b) 440 km
c) 480 km
d) 520 km
e) 540 km

**Question 8.** Patrick dispose de n studios qu'il loue à un prix total de p euros par semaine. Quel serait le coût pour louer 5 studios pendant 2 semaines ?

a) $\frac{2n}{p}$
b) $\frac{5n}{p}$
c) 10n
d) $\frac{10p}{n}$
e) $\frac{p}{n}$

**Question 9.** Un scientifique étudie la reproduction chez les Bonobos de Namibie, il s'avère que chaque femelle donne naissance à trois enfants femelles au cours de sa vie. On introduit deux femelles dans une réserve, combien y aura-t-il de naissances femelles à la cinquième génération ?

a) 283
b) 486
c) 318
d) 502
e) 184

**Question 10.** Quelle est l'aire d'un triangle rectangle de périmètre 48 cm dont l'hypoténuse à une longueur de 16 cm ?

a) Les données ne permettent pas de répondre.
b) 48 cm²
c) 256 cm²
d) 122 cm²
e) 192 cm²

**Question 11.** On considère deux événements A et B indépendants tels que $p_B(A) = 0{,}6$. $p_B(A)$ est la probabilité de l'événement A sachant que l'événement B est réalisé et $p(B) = 0{,}7$. Alors :

a) $p(A \cap B) = \frac{6}{7}$
b) $p(A \cap B) = 0{,}1$
c) $p(A \cap B) = 0$
d) $p(A \cap B) = 0{,}42$
e) Aucune réponse ne convient.

**Question 12.** Un magasin propose à ses clients 3 % de réduction s'ils adhèrent au « club client » en s'acquittant d'un droit de 60 €. Un client adhère au club et achète pour 4 000 € de produits. Quelle est le montant de la réduction réelle si l'on tient compte de ses 60 € d'abonnement ?

a) 160 €
b) 70 €
c) 60 €
d) 94 €
e) 78 €

**Question 13.** Dans un groupe de 28 touristes, 14 parlent anglais et 12 parlent français. Sachant que 8 parlent les deux langues, combien parmi ces 28 touristes ne parlent ni l'anglais, ni le français ?

a) 8
b) 9
c) 10
d) 11
e) 12

**Question 14.** Laquelle des quantités suivantes est la plus petite ?

a) $\dfrac{3}{1-\dfrac{1}{2}}$

b) $\dfrac{2}{1+\dfrac{1}{3}}$

c) $\dfrac{3}{1+\dfrac{1}{2}}$

d) $\dfrac{2}{1-\dfrac{1}{3}}$

e) $\dfrac{2}{\dfrac{1}{3}+\dfrac{1}{2}}$

**Question 15.** Pour aller à son club de gym en partant de son cabinet d'avocats, Sandy fait le tiers du trajet en Vélib, la moitié en métro et le kilomètre restant à pied. Quelle est en kilomètres la distance séparant son bureau de son club de gym ?

a) 3 km
b) 4 km
c) 5,5 km
d) 6 km
e) 7 km

**Question 16.** Dans un jeu de 32 cartes, on tire 5 cartes sans remise. Quelle est la probabilité d'avoir exactement un roi et un cœur est ?

a) $\dfrac{C_4^1 C_8^1}{C_{32}^5}$

b) $\dfrac{C_4^1 C_8^1 C_{20}^3}{C_{32}^5}$

c) $\dfrac{C_4^1 C_8^1 C_{30}^3}{C_{32}^5}$

d) $\dfrac{C_4^1 C_7^1 C_{20}^3}{C_{32}^5}$

e) Aucune réponse ne convient.

**Question 17.** Un homme, pour réaliser une tâche seul, a besoin de deux heures. Son fils, qui travaille 4 fois moins vite que lui, propose de l'aider. Combien de temps économisera-t-il s'il réalise la tâche avec son fils ?

a) 24 minutes
b) 30 minutes
c) 33 minutes
d) 40 minutes
e) 45 minutes

**Question 18.** IJKL est un carré dont chaque côté mesure z cm. Que vaut le carré de la somme des diagonales IK et JL ?

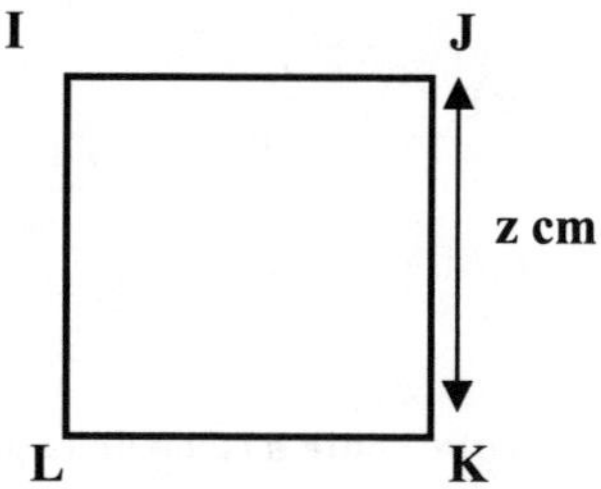


a) $z^2$
b) $4z^2$
c) $4\sqrt{2}z^2$
d) $8z^2$
e) $8\sqrt{2}z^2$

**Question 19.** Le produit de 3 entiers consécutifs est 2 184. Que vaut la somme des deux plus grands ?

a) 28
b) 27
c) 26
d) 25
e) 24

**Question 20.** Comme tous les dimanches, Alexis se rend à Vincennes pour parier sur des courses de chevaux. Il parie sur deux courses. La course n°1 comporte 13 partants et la course n°2, 11 partants. Quelle est la probabilité pour Alexis d'obtenir le tiercé gagnant dans les 2 courses ?

a) $\frac{1}{1\,698\,840}$

b) $\frac{1}{698\,840}$

c) $\frac{1}{98\,840}$

d) $\frac{1}{8\,840}$

e) $\frac{1}{840}$

**Calculez votre score à l'aide de la grille de correction en page 292.**

## III.2 - Score IAE-Message Blanc - Correction

**Calculez votre score à l'aide de la grille de correction en page 292.**

**Question 1.** *Réponse e)*

Posons A : l'événement « apte à l'emploi » et T : l'événement « a subi avec succès le test ».

On sait que $p(A) = 0{,}4$ ; que $p(T) = 0{,}5$ et que $p(T/A) = 0{,}8$

Donc, $p(A/T) = \dfrac{p(A \cap T)}{p(T)} = \dfrac{p(A)p(T/A)}{p(T)} = 0{,}64$

**Question 2.** *Réponse b)*

$(x + y)^2 = x^2 + y^2 + 2\,x{\times}y = 20 + 16 = 36$

Donc : (x + y) ) = 6 ou (x + y) = - 6

Or, x et y sont positifs donc (x + y) est positif.

**Question 3.** *Réponse e)*

Soit A, la somme totale dont disposait notre joueur en entrant au casino.

Lors de la première partie, il perd : $\dfrac{1}{2}$ A, et, il lui reste : $\dfrac{1}{2}$ A.

Lors de la seconde partie, il perd : $\dfrac{1}{3} \times \dfrac{1}{2} = \dfrac{1}{6}$ A, et, il lui reste : $\dfrac{1}{2}$ A - $\dfrac{1}{6}$ A = $\dfrac{1}{3}$ A.

Lors de la troisième partie, il perd : $\dfrac{1}{4} \times \dfrac{1}{3} = \dfrac{1}{12}$ A, et, il lui reste : $\dfrac{1}{3}$ A - $\dfrac{1}{12}$ A = $\dfrac{1}{4}$ A.

Lors de la quatrième partie, il perd : $\dfrac{1}{5} \times \dfrac{1}{4} = \dfrac{1}{20}$ A.

Et, il lui reste : $\dfrac{1}{4}$ A - $\dfrac{1}{20}$ A = $\dfrac{1}{5}$ A.

Notre malchanceux joueur a donc perdu les $\dfrac{4}{5}$ de son argent.

**Question 4.** *Réponse c)*

Soyons fainéants et utilisons une base 100 pour gagner du temps.

Partons d'une base imaginaire de 100 € le GrosMac, c'est cher mais...

Au tarif normal, le GrosMac est vendu 100 €, la marge est de 24 € et le prix de revient est de : 100 - 24 = 76 €

Au tarif réduit, le GrosMac est vendu : 100×(1 - 5%) = 95 €

Le prix de revient est inchangé à 76 €.

La marge est alors de : 95 - 76 = 19 €.

Le taux de marge se calcule alors : $\dfrac{19}{95}$ = 0,2 = 20 %.

## Question 5. *Réponse e)*

Calculons la probabilité de l'événement « obtenir pile deux fois de suite » :

P(« obtenir pile deux fois de suite ») = P(« obtenir pile »)× P(« obtenir pile »)

P(« obtenir pile deux fois de suite ») = $\frac{1}{2} \times \frac{1}{2} = \frac{1}{4}$

## Question 6. *Réponse e)*

Posons c, la longueur du côté du hangar, l'énoncé devient alors :

$\frac{4}{5}c - \frac{3}{4}c = 1{,}2$ Réduisons au même dénominateur : 5×4 = 20

$\frac{16}{20}c - \frac{15}{20}c = 1{,}2$

$\frac{1}{20}c = 1{,}2$

c = 1,2×20 = 24 mètres

La surface se calcule $c^2 = 24^2 = 576\ m^2$

## Question 7. *Réponse b)*

Etape 1 : Schématisons la situation.

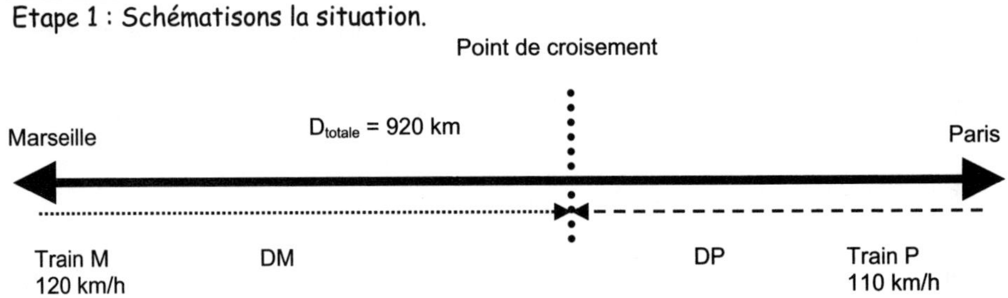


Etape 2 : Complétons le tableau.

| | Train M | Train P |
|---|---|---|
| Vitesse | 120 km/h | 110 km/h |
| Temps | t | t |
| Distance | 120t | 110t |

120t + 110t = 920

Etape 3 : Ecrivons l'égalité du croisement et calculons.

La méthode consiste à calculer le temps qu'ils vont mettre pour se croiser.

$120t + 110t = 920$

$230t = 920$

$t = \frac{920}{230} = 4$ heures

Les deux trains se croiseront à : 110×4 = 440 km de Paris.

## Question 8. *Réponse d)*

Le prix de la location pour une semaine d'un studio est de : $\frac{p}{n}$€.

Pour louer 5 studios pendant une semaine, le prix est donc de : $5\times\frac{p}{n}$ €.

Pour deux semaines c'est donc : $2\times5\times\frac{p}{n}=\frac{10p}{n}$€

**Astuce** : vous pouvez aussi remplacer n et p par des valeurs simples (2 et 10 par exemple).

## Question 9. *Réponse b)*

La réponse étant forcément paire, nous pouvons d'ores et déjà éliminer a).

Nous sommes en présence d'une suite géométrique définie :
$U_0 = 2$ et $U_n = U_{n-1}\times3$
Donc $U_n = U_0\times3^n$ et $U_5 = 2\times3^5 = 2\times3\times3\times3\times3\times3 = 486$ naissances.
**Astuce** : Sans utiliser les notions de suites géométriques, il nous suffit d'avancer étape par étape dans la résolution
Génération 0 : 2 femelles
1ère génération : $2\times3 = 6$ naissances
2ème génération : $6\times3 = 18$ naissances
3ème génération : $18\times3 = 54$ naissances
4ème génération : $54\times3 = 162$ naissances
5ème génération : $162\times3 = 486$ naissances

## Question 10. *Réponse e)*

On note a et b la longueur des côtés adjacents du triangle rectangle.
L'aire du triangle est égale à : $\frac{1}{2}\times a\times b$
Nous cherchons la valeur de $a\times b$.
D'après le théorème de Pythagore :
$a^2 + b^2 = 16^2 = 256$
De plus, son périmètre vaut 48 cm.
Alors, $a + b + 16 = 48$
Donc : $a + b = 32$

En élevant au carré cette dernière égalité, nous trouvons :
$(a + b)^2 = a^2 + b^2 + 2ab = 1\,024$
Donc $2ab = 1\,024 - 256 = 768$
Et, $ab = 384$
Nous pouvons maintenant déterminer la surface du triangle.

$S = \frac{1}{2} \times a \times b = \frac{1}{2} \times 384 = 192 \text{ cm}^2$.

**Question 11.** ***Réponse d)***

Les deux événements A et B sont indépendants.
Donc, $p_B(A) = p(A)$ et on a :
$p(A \cap B) = p(A) \times p(B) = 0{,}6 \times 0{,}7 = 0{,}42$

**Question 12.** ***Réponse c)***

Calculons le montant « brut » de la réduction :

Réduction brute = 4 000×3% = 120 € **Rappel** : $3\% = \frac{3}{100}$, 40×3 = 120

Mais attention, la réduction nette doit tenir compte de l'abonnement de 60 €.
Réduction nette = 120 – 60 = 60 €

**Question 13.** ***Réponse c)***

Appelons E les touristes parlant anglais et F les touristes parlant français.
Alors, Card(E ou F) = Card(E) + Card(F) – Card(E et F)
Card(E) : nombre de touristes parlant anglais
Et, Card (E ou F) = 14 + 12 – 8 = 18
18 touristes parlent anglais <u>ou</u> français.
Il y a donc 10 touristes qui ne parlent aucune des deux langues.
En schématisant l'énoncé :

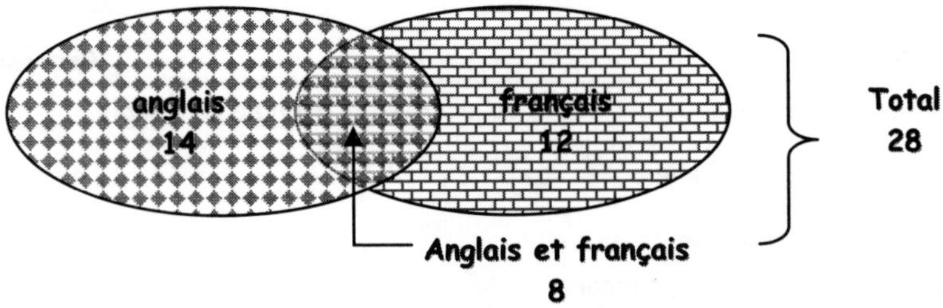

## Question 14. *Réponse b)*

Commençons par comparer les solutions ayant 2 pour numérateur, la plus petite aura le plus grand dénominateur :

$1 + \frac{1}{3} = \frac{8}{6}$

$1 - \frac{1}{3} = \frac{4}{6}$ alors, $1 + \frac{1}{3} > \frac{1}{3} + \frac{1}{2} > 1 - \frac{1}{3}$

$\frac{1}{3} + \frac{1}{2} = \frac{5}{6}$ et donc, $\frac{2}{1+\frac{1}{3}} < \frac{2}{\frac{1}{3}+\frac{1}{2}} < \frac{2}{1-\frac{1}{3}}$

Comparons les solutions ayant 3 pour numérateur, la plus petite aura le plus grand dénominateur :

$1 - \frac{1}{2} = \frac{1}{2}$ alors, $1 + \frac{1}{2} > 1 - \frac{1}{2}$

$1 + \frac{1}{2} = \frac{3}{2}$ et donc, $\frac{3}{1+\frac{1}{2}} < \frac{3}{1-\frac{1}{2}}$

Comparons nos deux finalistes :

$\frac{3}{1+\frac{1}{2}} = \frac{3}{\frac{3}{2}} = 3 \times \frac{2}{3} = 2$ , et, $\frac{2}{1+\frac{1}{3}} = \frac{2}{\frac{4}{3}} = 2 \times \frac{3}{4} = \frac{3}{2}$

## Question 15. *Réponse d)*

Attention, l'unique donnée chiffrée (indispensable à la résolution) est <u>LE</u> kilomètre restant, soit 1 km.

Posons D la distance en km, l'énoncé devient :

trajet en Vélib + trajet en métro + 1 km = distance totale

$\frac{1}{3}D + \frac{1}{2}D + 1 = D$ réduisons au même dénominateur : $3 \times 2 = 6$

$\frac{2}{6}D + \frac{3}{6}D + 1 = \frac{6}{6}D$

$1 = \frac{6}{6}D - \frac{5}{6}D$

$1 = \frac{1}{6}D$

D = 6 km

## Question 16. *Réponse e)*

Le nombre de mains possibles est $C_{32}^{5}$.

Les mains qui nous intéressent sont celles qui contiennent exactement :

- le roi de cœur et 4 autres cartes non cœur et non roi, elles sont au nombre de : $C_{1}^{1}C_{21}^{4}$
- un roi non cœur et un cœur et trois cartes non cœur et non roi, elles sont au nombre de : $C_{3}^{1}C_{7}^{1}C_{21}^{3}$

La probabilité demandée est donc : $\dfrac{C_{1}^{1}C_{21}^{4}+C_{3}^{1}C_{7}^{1}C_{21}^{3}}{C_{32}^{5}}$

## Question 17. *Réponse a)*

Calculons la vitesse du père : V = $\dfrac{Q}{t} = \dfrac{1\ \textit{tâche}}{2\ \textit{heures}}$ = 0,5 tâche/h

Son fils travaille 4 fois moins vite, soit une vitesse de travail de : $\dfrac{0{,}5}{4}$ tâche/h

Ensemble, le père et le fils travaillent à une vitesse de : 0,5 + $\dfrac{0{,}5}{4} = \dfrac{2{,}5}{4}$ tâche/h

Alors, t = $\dfrac{Q}{V} = \dfrac{1\ \textit{tâche}}{\dfrac{2{,}5}{4}} = \dfrac{4}{2{,}5}$ = 1,6 heures = 1h36mn.

Le gain de temps réalisé par le père est : 2h – 1h36mn = 24 mn

**Astuce** : en faisant travailler son fils, le père améliore sa vitesse d'un quart, son temps de travail diminue donc d'un cinquième de 2 heures, soit : 24mn.

## Question 18. *Réponse d)*

Souvenons-nous que la diagonale d'un carré vaut $\sqrt{2}\times c$ (c étant la longueur d'un côté).

IK = JL = $\sqrt{2}\times z$

Nous cherchons $(IK + JL)^2$ Identité remarquable

$= IK^2 + JL^2 + 2\times(IK\times JL)$

$= (\sqrt{2}\times z)^2 + (\sqrt{2}\times z)^2 + 2\times(\sqrt{2}\times z)\times(\sqrt{2}\times z)$

$= 4\times(\sqrt{2}\times z)^2$

$= 4\times 2\times z^2$

$= 8z^2$

**Question 19.** ***Réponse b)***

Tout d'abord, soyons malins !

La somme de deux entiers consécutifs [a et (a + 1)] est de la forme (2a + 1) donc forcément impaire. Nous éliminons donc a), c) et e).

Testons les réponses :

b) 27 = 13 + 14 ; et, 12×13×14 = 2 184

**Astuce** : Intéressons-nous seulement au produit des trois derniers chiffres : 2×3×4 = 24, le résultat du produit 12×13×14 se terminera forcément par 4 !

**Question 20.** ***Réponse a)***

Rappelons qu'un tiercé correspond aux trois premiers arrivés.

Les solutions pourront éventuellement nous servir plus tard dans la résolution.

En utilisant l'analyse combinatoire.

Les éléments sont ordonnés et distincts, nous devons donc utiliser la formule des arrangements.

Pour la 1ère course : $A_{13}^{3} = \dfrac{13!}{(13-3)!}$ = 13×12×11 = 1 716. Soit, P = $\dfrac{1}{1\,716}$

Pour la 2ème course : $A_{11}^{3} = \dfrac{11!}{(11-3)!}$ = 11×10×9 = 990. Soit, P = $\dfrac{1}{990}$

En conséquence, la probabilité d'obtenir le tiercé gagnant dans les deux courses est :

$$\frac{1}{1\,716} \times \frac{1}{990} = \frac{1}{1\,716 \times 990} = \frac{1}{1\,698\,840}$$

Sans utiliser l'analyse combinatoire.

Dans la 1ère course, il y a 13 choix possibles pour le premier cheval, 12 pour le second et 11 pour le troisième.

On a donc 13×12×11 = 1 716 possibilités pour le tiercé dans l'ordre.

Dans la 2ème course, il y a 11 choix possibles pour le premier cheval, 10 pour le second et 9 pour le troisième.

On a donc 11×10×9 = 990 possibilités pour le tiercé dans l'ordre.

En conséquence, la probabilité d'obtenir le tiercé gagnant dans les deux courses est :

$$\frac{1}{1\,716} \times \frac{1}{990} = \frac{1}{1\,716 \times 990} = \frac{1}{1\,698\,840}$$

**Astuce** : $\dfrac{1}{1\,716 \times 990} \approx \dfrac{1}{1\,700 \times 1000} \approx \dfrac{1}{1\,700\,000}$

# Annexes
# Grilles
# de réponses et de correction

Je vous conseille vivement de détacher les grilles de réponses, celles-ci s'apparentent aux grilles des concours et, vous le constaterez, leur maniement n'est pas évident.

Pour répondre aux questions, vous devez **NOIRCIR SOIGNEUSEMENT** la case correspondant à la bonne réponse.

# Grille de correction des tests « Objectif 300 »

**Objectif 300 - Test 1 - Niveau 1★**

| | A | B | C | D | E |
|---|---|---|---|---|---|
| Question 1 | | | | ■ | |
| Question 2 | | | | ■ | |
| Question 3 | | ■ | | | |
| Question 4 | | | | | ■ |
| Question 5 | | | | | ■ |
| Question 6 | ■ | | | | |
| Question 7 | | | ■ | | |
| Question 8 | | | | ■ | |
| Question 9 | | ■ | | | |
| Question 10 | | | ■ | | |
| Question 11 | | | ■ | | |
| Question 12 | | | ■ | | |
| Question 13 | ■ | | | | |
| Question 14 | | | | ■ | |
| Question 15 | | | | | ■ |
| Question 16 | ■ | | | | |
| Question 17 | ■ | | | | |
| Question 18 | | | ■ | | |
| Question 19 | | | | ■ | |
| Question 20 | ■ | | | | |

20 questions en 30 mn

**Objectif 300 - Test 2 - Niveau 1★**

| | A | B | C | D | E |
|---|---|---|---|---|---|
| Question 1 | ■ | | | | |
| Question 2 | ■ | | | | |
| Question 3 | ■ | | | | |
| Question 4 | | | ■ | | |
| Question 5 | | | | | ■ |
| Question 6 | | | ■ | | |
| Question 7 | | ■ | | | |
| Question 8 | | | | ■ | |
| Question 9 | | | | ■ | |
| Question 10 | | | | ■ | |
| Question 11 | | | | ■ | |
| Question 12 | | | ■ | | |
| Question 13 | | | ■ | | |
| Question 14 | | | ■ | | |
| Question 15 | | | | ■ | |
| Question 16 | | | | | ■ |
| Question 17 | ■ | | | | |
| Question 18 | | | | | ■ |
| Question 19 | | ■ | | | |
| Question 20 | | | | ■ | |

20 questions en 30 mn

**Objectif 300 - Test 3 - Niveau 1★**

| | A | B | C | D | E |
|---|---|---|---|---|---|
| Question 1 | | | ■ | | |
| Question 2 | | | | | ■ |
| Question 3 | | | ■ | | |
| Question 4 | ■ | | | | |
| Question 5 | | ■ | | | |
| Question 6 | | ■ | | | |
| Question 7 | ■ | | | | |
| Question 8 | | | ■ | | |
| Question 9 | | | | | ■ |
| Question 10 | | ■ | | | |
| Question 11 | | ■ | | | |
| Question 12 | | ■ | | | |
| Question 13 | | | | ■ | |
| Question 14 | ■ | | | | |
| Question 15 | | | | ■ | |
| Question 16 | | | ■ | | |
| Question 17 | | | | ■ | |
| Question 18 | | | | | ■ |
| Question 19 | | | ■ | | |
| Question 20 | | | | | ■ |

20 questions en 30 mn

## Calcul de votre score

Réponse juste : + 4 points
Réponse fausse : - 1 point
Sans réponse : 0 point

**Test 1 :** ____ / 80 points

**Test 2 :** ____ / 80 points

**Test 3 :** ____ / 80 points

# Grille de correction des tests « Objectif 400 »

**Objectif 400 - Test 1 - Niveau 2★★**

| | A | B | C | D | E |
|---|---|---|---|---|---|
| Question 1 | | ■ | | | |
| Question 2 | | ■ | | | |
| Question 3 | ■ | | | | |
| Question 4 | | | | | ■ |
| Question 5 | | | | | ■ |
| Question 6 | | | | ■ | |
| Question 7 | | | | | ■ |
| Question 8 | | ■ | | | |
| Question 9 | | ■ | | | |
| Question 10 | | | | | ■ |
| Question 11 | | ■ | | | |
| Question 12 | | | | ■ | |
| Question 13 | | | ■ | | |
| Question 14 | ■ | | | | |
| Question 15 | | ■ | | | |

15 questions en 30 mn

**Objectif 400 - Test 2 - Niveau 2★★**

| | A | B | C | D | E |
|---|---|---|---|---|---|
| Question 1 | | | | ■ | |
| Question 2 | ■ | | | | |
| Question 3 | | | ■ | | |
| Question 4 | | | | ■ | |
| Question 5 | ■ | | | | |
| Question 6 | ■ | | | | |
| Question 7 | | | | | ■ |
| Question 8 | | | | ■ | |
| Question 9 | | | ■ | | |
| Question 10 | | | | | ■ |
| Question 11 | | | ■ | | |
| Question 12 | | ■ | | | |
| Question 13 | ■ | | | | |
| Question 14 | | | ■ | | |
| Question 15 | | ■ | | | |

15 questions en 30 mn

**Objectif 400 - Test 3 - Niveau 2★★**

| | A | B | C | D | E |
|---|---|---|---|---|---|
| Question 1 | | | | ■ | |
| Question 2 | | | | | ■ |
| Question 3 | | | ■ | | |
| Question 4 | | | | ■ | |
| Question 5 | | | | ■ | |
| Question 6 | | | | ■ | |
| Question 7 | | | ■ | | |
| Question 8 | | | | ■ | |
| Question 9 | | | | ■ | |
| Question 10 | | | | ■ | |
| Question 11 | | | | | ■ |
| Question 12 | ■ | | | | |
| Question 13 | | | | ■ | |
| Question 14 | | | | | ■ |
| Question 15 | | | ■ | | |

15 questions en 30 mn

**Objectif 400 - Test 4 - Niveau 2★★**

| | A | B | C | D | E |
|---|---|---|---|---|---|
| Question 1 | | | | ■ | |
| Question 2 | | | ■ | | |
| Question 3 | | ■ | | | |
| Question 4 | | | ■ | | |
| Question 5 | | | | ■ | |
| Question 6 | | | | | ■ |
| Question 7 | | | | | ■ |
| Question 8 | ■ | | | | |
| Question 9 | ■ | | | | |
| Question 10 | ■ | | | | |
| Question 11 | | ■ | | | |
| Question 12 | | ■ | | | |
| Question 13 | | | | ■ | |
| Question 14 | ■ | | | | |
| Question 15 | | | ■ | | |

15 questions en 30 mn

## Calcul de votre score

Réponse juste : + 4 points
Réponse fausse : - 1 point
Sans réponse : 0 point

**Test 1 :** _____ / 60 points
**Test 2 :** _____ / 60 points
**Test 3 :** _____ / 60 points
**Test 4 :** _____ / 60 points

# Grille de correction des tests « Objectif 500 »

**Objectif 500 - Test 1 - 3★★★**

| | A | B | C | D | E |
|---|---|---|---|---|---|
| Question 1 | | | | ■ | |
| Question 2 | | | ■ | | |
| Question 3 | | | | | ■ |
| Question 4 | | | | | ■ |
| Question 5 | | | | ■ | |
| Question 6 | | | ■ | | |
| Question 7 | | | | ■ | |
| Question 8 | ■ | | | | |
| Question 9 | ■ | | | | |
| Question 10 | ■ | | | | |

10 questions en 30 mn

**Objectif 500 - Test 2 - 3★★★**

| | A | B | C | D | E |
|---|---|---|---|---|---|
| Question 1 | ■ | | | | |
| Question 2 | | | | ■ | |
| Question 3 | ■ | | | | |
| Question 4 | | ■ | | | |
| Question 5 | | | | | ■ |
| Question 6 | ■ | | | | |
| Question 7 | | | | ■ | |
| Question 8 | | | | ■ | |
| Question 9 | ■ | | | | |
| Question 10 | | ■ | | | |

10 questions en 30 mn

**Objectif 500 - Test 3 - 3★★★**

| | A | B | C | D | E |
|---|---|---|---|---|---|
| Question 1 | ■ | | | | |
| Question 2 | | | | | ■ |
| Question 3 | | | ■ | | |
| Question 4 | | ■ | | | |
| Question 5 | | | | | ■ |
| Question 6 | | | ■ | | |
| Question 7 | | | ■ | | |
| Question 8 | | | ■ | | |
| Question 9 | | | | | ■ |
| Question 10 | | | | | ■ |

10 questions en 30 mn

**Objectif 500 - Test 4 - 3★★★**

| | A | B | C | D | E |
|---|---|---|---|---|---|
| Question 1 | | | | | ■ |
| Question 2 | | | | | ■ |
| Question 3 | | | | ■ | |
| Question 4 | | | ■ | | |
| Question 5 | | | | ■ | |
| Question 6 | | | ■ | | |
| Question 7 | | | ■ | | |
| Question 8 | ■ | | | | |
| Question 9 | | | | ■ | |
| Question 10 | | | | ■ | |

10 questions en 30 mn

## Calcul de votre score

Réponse juste : + 4 points
Réponse fausse : - 1 point
Sans réponse : 0 point

**Test 1 :** ____ / 40 points

**Test 2 :** ____ / 40 points

**Test 3 :** ____ / 40 points

**Test 4 :** ____ / 40 points

# Grille de correction des tests « Jour J »

**ARPEGE Blanc - 20 questions - 45 minutes**

| | A | B | C | D |
|---|---|---|---|---|
| Question 1 | | | ■ | |
| Question 2 | | | | ■ |
| Question 3 | | | | ■ |
| Question 4 | | | | ■ |
| Question 5 | | ■ | | |
| Question 6 | | ■ | | |
| Question 7 | ■ | | | |
| Question 8 | | | ■ | |
| Question 9 | ■ | | | |
| Question 10 | | | ■ | |
| Question 11 | ■ | | | |
| Question 12 | | | ■ | |
| Question 13 | | | | ■ |
| Question 14 | | | ■ | |
| Question 15 | | ■ | | |
| Question 16 | | | ■ | |
| Question 17 | | | ■ | |
| Question 18 | | | ■ | |
| Question 19 | | | ■ | |
| Question 20 | | | ■ | |

## Test Arpège Blanc

<u>**Calcul de votre score**</u>

Réponse juste : + 3 points
Réponse fausse : - 1 point
Sans réponse : 0 point

**Total :** ____ / 60 points

## Test TAGE 2® Blanc

<u>**Calcul de votre score**</u>

Réponse juste : + 3 points
Réponse fausse : - 1 point
Sans réponse : 0 point

**Test 1 :** ____ / 30 points

**Test 2 :** ____ / 30 points

**TAGE 2 Blanc - 10 q. - 30 mn**

| | A | B | C | D |
|---|---|---|---|---|
| Question 1 | | | ■ | |
| Question 2 | ■ | | | |
| Question 3 | | | ■ | |
| Question 4 | ■ | | | |
| Question 5 | | | ■ | |
| Question 6 | | | ■ | |
| Question 7 | | | | ■ |
| Question 8 | | | | ■ |
| Question 9 | | | ■ | |
| Question 10 | | | | ■ |

**TAGE 2 Blanc - 10 q. - 30 mn**

| | A | B | C | D |
|---|---|---|---|---|
| Question 1 | | ■ | | |
| Question 2 | | | ■ | |
| Question 3 | | ■ | | |
| Question 4 | | | | ■ |
| Question 5 | | | | ■ |
| Question 6 | | | ■ | |
| Question 7 | | ■ | | |
| Question 8 | | | | ■ |
| Question 9 | | | | ■ |
| Question 10 | | | ■ | |

## Grille de correction des tests « Jour J »

# Test TAGE MAGE® Blanc

**TAGE MAGE Blanc - Calcul**

| | A | B | C | D | E |
|---|---|---|---|---|---|
| Question 1 | | ■ | | | |
| Question 2 | | | ■ | | |
| Question 3 | | | | ■ | |
| Question 4 | | | | | ■ |
| Question 5 | | | | | ■ |
| Question 6 | | | | | ■ |
| Question 7 | | | | | ■ |
| Question 8 | ■ | | | | |
| Question 9 | | | | ■ | |
| Question 10 | | ■ | | | |
| Question 11 | | | | ■ | |
| Question 12 | ■ | | | | |
| Question 13 | | | | ■ | |
| Question 14 | ■ | | | | |
| Question 15 | ■ | | | | |

15 questions en 20 mn

**TAGE MAGE Blanc - Conditions minimales**

| | A | B | C | D | E |
|---|---|---|---|---|---|
| Question 1 | | | ■ | | |
| Question 2 | | | | | ■ |
| Question 3 | | | ■ | | |
| Question 4 | | | | ■ | |
| Question 5 | ■ | | | | |
| Question 6 | | | ■ | | |
| Question 7 | | | | ■ | |
| Question 8 | | ■ | | | |
| Question 9 | | ■ | | | |
| Question 10 | ■ | | | | |
| Question 11 | | ■ | | | |
| Question 12 | | | ■ | | |
| Question 13 | | | | | ■ |
| Question 14 | | | | ■ | |
| Question 15 | | | | | ■ |

15 questions en 20 mn

## Calcul de votre score

Réponse juste : + 4 points
Réponse fausse : - 1 point
Sans réponse : 0 point

**Test de Calcul :** ____ / 60 points

**Test de Conditions minimales :** ____ / 60 points

## Grille de correction des tests « Jour J »

### Score IAE-Message Blanc

**Score IAE-Message Blanc - 20 questions**

| | A | B | C | D | E |
|---|---|---|---|---|---|
| Question 1 | | | | | X |
| Question 2 | | X | | | |
| Question 3 | | | | | X |
| Question 4 | | | X | | |
| Question 5 | | | | | X |
| Question 6 | | | | | X |
| Question 7 | | X | | | |
| Question 8 | | | | X | |
| Question 9 | | X | | | |
| Question 10 | | | | | X |
| Question 11 | | | | X | |
| Question 12 | | | X | | |
| Question 13 | | | | X | |
| Question 14 | | X | | | |
| Question 15 | | | | X | |
| Question 16 | | | | | X |
| Question 17 | X | | | | |
| Question 18 | | | | X | |
| Question 19 | | X | | | |
| Question 20 | X | | | | |

### Calcul de votre score

Réponse juste : + 5 points
Réponse fausse : 0 point
Sans réponse : 0 point

**Total :** _____ / 100 points

# Grille de réponses des tests « Objectif 300 »

**Objectif 300 - Test 1 - Niveau 1★**

| | A | B | C | D | E |
|---|---|---|---|---|---|
| Question 1 | | | | | |
| Question 2 | | | | | |
| Question 3 | | | | | |
| Question 4 | | | | | |
| Question 5 | | | | | |
| Question 6 | | | | | |
| Question 7 | | | | | |
| Question 8 | | | | | |
| Question 9 | | | | | |
| Question 10 | | | | | |
| Question 11 | | | | | |
| Question 12 | | | | | |
| Question 13 | | | | | |
| Question 14 | | | | | |
| Question 15 | | | | | |
| Question 16 | | | | | |
| Question 17 | | | | | |
| Question 18 | | | | | |
| Question 19 | | | | | |
| Question 20 | | | | | |

20 questions en 30 mn

**Objectif 300 - Test 2 - Niveau 1★**

| | A | B | C | D | E |
|---|---|---|---|---|---|
| Question 1 | | | | | |
| Question 2 | | | | | |
| Question 3 | | | | | |
| Question 4 | | | | | |
| Question 5 | | | | | |
| Question 6 | | | | | |
| Question 7 | | | | | |
| Question 8 | | | | | |
| Question 9 | | | | | |
| Question 10 | | | | | |
| Question 11 | | | | | |
| Question 12 | | | | | |
| Question 13 | | | | | |
| Question 14 | | | | | |
| Question 15 | | | | | |
| Question 16 | | | | | |
| Question 17 | | | | | |
| Question 18 | | | | | |
| Question 19 | | | | | |
| Question 20 | | | | | |

20 questions en 30 mn

**Objectif 300 - Test 3 - Niveau 1★**

| | A | B | C | D | E |
|---|---|---|---|---|---|
| Question 1 | | | | | |
| Question 2 | | | | | |
| Question 3 | | | | | |
| Question 4 | | | | | |
| Question 5 | | | | | |
| Question 6 | | | | | |
| Question 7 | | | | | |
| Question 8 | | | | | |
| Question 9 | | | | | |
| Question 10 | | | | | |
| Question 11 | | | | | |
| Question 12 | | | | | |
| Question 13 | | | | | |
| Question 14 | | | | | |
| Question 15 | | | | | |
| Question 16 | | | | | |
| Question 17 | | | | | |
| Question 18 | | | | | |
| Question 19 | | | | | |
| Question 20 | | | | | |

20 questions en 30 mn

Pour répondre aux questions, vous devez **NOIRCIR SOIGNEUSEMENT** la case correspondant à la bonne réponse.
Calculez votre score à l'aide de la grille de correction page 287.

# Grille de réponses des tests « Objectif 400 »

**Objectif 400 - Test 1 - Niveau 2★★**

| | A | B | C | D | E |
|---|---|---|---|---|---|
| Question 1 | | | | | |
| Question 2 | | | | | |
| Question 3 | | | | | |
| Question 4 | | | | | |
| Question 5 | | | | | |
| Question 6 | | | | | |
| Question 7 | | | | | |
| Question 8 | | | | | |
| Question 9 | | | | | |
| Question 10 | | | | | |
| Question 11 | | | | | |
| Question 12 | | | | | |
| Question 13 | | | | | |
| Question 14 | | | | | |
| Question 15 | | | | | |

15 questions en 30 mn

**Objectif 400 - Test 2 - Niveau 2★★**

| | A | B | C | D | E |
|---|---|---|---|---|---|
| Question 1 | | | | | |
| Question 2 | | | | | |
| Question 3 | | | | | |
| Question 4 | | | | | |
| Question 5 | | | | | |
| Question 6 | | | | | |
| Question 7 | | | | | |
| Question 8 | | | | | |
| Question 9 | | | | | |
| Question 10 | | | | | |
| Question 11 | | | | | |
| Question 12 | | | | | |
| Question 13 | | | | | |
| Question 14 | | | | | |
| Question 15 | | | | | |

15 questions en 30 mn

**Objectif 400 - Test 3 - Niveau 2★★**

| | A | B | C | D | E |
|---|---|---|---|---|---|
| Question 1 | | | | | |
| Question 2 | | | | | |
| Question 3 | | | | | |
| Question 4 | | | | | |
| Question 5 | | | | | |
| Question 6 | | | | | |
| Question 7 | | | | | |
| Question 8 | | | | | |
| Question 9 | | | | | |
| Question 10 | | | | | |
| Question 11 | | | | | |
| Question 12 | | | | | |
| Question 13 | | | | | |
| Question 14 | | | | | |
| Question 15 | | | | | |

15 questions en 30 mn

**Objectif 400 - Test 4 - Niveau 2★★**

| | A | B | C | D | E |
|---|---|---|---|---|---|
| Question 1 | | | | | |
| Question 2 | | | | | |
| Question 3 | | | | | |
| Question 4 | | | | | |
| Question 5 | | | | | |
| Question 6 | | | | | |
| Question 7 | | | | | |
| Question 8 | | | | | |
| Question 9 | | | | | |
| Question 10 | | | | | |
| Question 11 | | | | | |
| Question 12 | | | | | |
| Question 13 | | | | | |
| Question 14 | | | | | |
| Question 15 | | | | | |

15 questions en 30 mn

Pour répondre aux questions, vous devez **NOIRCIR SOIGNEUSEMENT** la case correspondant à la bonne réponse.
Calculez votre score à l'aide de la grille de correction page 288.

# Grille de réponses des tests « Objectif 500 »

**Objectif 500 - Test 1 - 3★★★**

| | A | B | C | D | E |
|---|---|---|---|---|---|
| Question 1 | | | | | |
| Question 2 | | | | | |
| Question 3 | | | | | |
| Question 4 | | | | | |
| Question 5 | | | | | |
| Question 6 | | | | | |
| Question 7 | | | | | |
| Question 8 | | | | | |
| Question 9 | | | | | |
| Question 10 | | | | | |

15 questions en 30 mn

**Objectif 500 - Test 2 - 3★★★**

| | A | B | C | D | E |
|---|---|---|---|---|---|
| Question 1 | | | | | |
| Question 2 | | | | | |
| Question 3 | | | | | |
| Question 4 | | | | | |
| Question 5 | | | | | |
| Question 6 | | | | | |
| Question 7 | | | | | |
| Question 8 | | | | | |
| Question 9 | | | | | |
| Question 10 | | | | | |

15 questions en 30 mn

**Objectif 500 - Test 3 - 3★★★**

| | A | B | C | D | E |
|---|---|---|---|---|---|
| Question 1 | | | | | |
| Question 2 | | | | | |
| Question 3 | | | | | |
| Question 4 | | | | | |
| Question 5 | | | | | |
| Question 6 | | | | | |
| Question 7 | | | | | |
| Question 8 | | | | | |
| Question 9 | | | | | |
| Question 10 | | | | | |

15 questions en 30 mn

**Objectif 500 - Test 4 - 3★★★**

| | A | B | C | D | E |
|---|---|---|---|---|---|
| Question 1 | | | | | |
| Question 2 | | | | | |
| Question 3 | | | | | |
| Question 4 | | | | | |
| Question 5 | | | | | |
| Question 6 | | | | | |
| Question 7 | | | | | |
| Question 8 | | | | | |
| Question 9 | | | | | |
| Question 10 | | | | | |

15 questions en 30 mn

Pour répondre aux questions, vous devez **NOIRCIR SOIGNEUSEMENT** la case correspondant à la bonne réponse.
Calculez votre score à l'aide de la grille de correction page 289.

# Grille de réponses des tests « Jour J »

## Test Arpège Blanc

ARPEGE Blanc - 20 questions - 45 minutes

| | A | B | C | D |
|---|---|---|---|---|
| Question 1 | | | | |
| Question 2 | | | | |
| Question 3 | | | | |
| Question 4 | | | | |
| Question 5 | | | | |
| Question 6 | | | | |
| Question 7 | | | | |
| Question 8 | | | | |
| Question 9 | | | | |
| Question 10 | | | | |
| Question 11 | | | | |
| Question 12 | | | | |
| Question 13 | | | | |
| Question 14 | | | | |
| Question 15 | | | | |
| Question 16 | | | | |
| Question 17 | | | | |
| Question 18 | | | | |
| Question 19 | | | | |
| Question 20 | | | | |

Pour répondre aux questions, vous devez **NOIRCIR SOIGNEUSEMENT** la case correspondant à la bonne réponse. Calculez votre score à l'aide de la grille de correction page 290.

## Test TAGE 2® Blanc

TAGE 2 Blanc - 10 q. - 30 mn

| | A | B | C | D |
|---|---|---|---|---|
| Question 1 | | | | |
| Question 2 | | | | |
| Question 3 | | | | |
| Question 4 | | | | |
| Question 5 | | | | |
| Question 6 | | | | |
| Question 7 | | | | |
| Question 8 | | | | |
| Question 9 | | | | |
| Question 10 | | | | |

TAGE 2 Blanc - 10 q. - 30 mn

| | A | B | C | D |
|---|---|---|---|---|
| Question 1 | | | | |
| Question 2 | | | | |
| Question 3 | | | | |
| Question 4 | | | | |
| Question 5 | | | | |
| Question 6 | | | | |
| Question 7 | | | | |
| Question 8 | | | | |
| Question 9 | | | | |
| Question 10 | | | | |

# Grille de réponses des tests « Jour

## Test TAGE MAGE® Blanc

TAGE MAGE Blanc - Calcul

| | A | B | C | D | E |
|---|---|---|---|---|---|
| Question 1 | | | | | |
| Question 2 | | | | | |
| Question 3 | | | | | |
| Question 4 | | | | | |
| Question 5 | | | | | |
| Question 6 | | | | | |
| Question 7 | | | | | |
| Question 8 | | | | | |
| Question 9 | | | | | |
| Question 10 | | | | | |
| Question 11 | | | | | |
| Question 12 | | | | | |
| Question 13 | | | | | |
| Question 14 | | | | | |
| Question 15 | | | | | |

15 questions en 20 mn

TAGE MAGE Blanc - Conditions minimales

| | A | B | C | D | E |
|---|---|---|---|---|---|
| Question 1 | | | | | |
| Question 2 | | | | | |
| Question 3 | | | | | |
| Question 4 | | | | | |
| Question 5 | | | | | |
| Question 6 | | | | | |
| Question 7 | | | | | |
| Question 8 | | | | | |
| Question 9 | | | | | |
| Question 10 | | | | | |
| Question 11 | | | | | |
| Question 12 | | | | | |
| Question 13 | | | | | |
| Question 14 | | | | | |
| Question 15 | | | | | |

15 questions en 20 mn

## Score IAE-Message Blanc

Score IAE-Message - 20 questions

| | | | | | |
|---|---|---|---|---|---|
| Question 1 | | | | | |
| Question 2 | | | | | |
| Question 3 | | | | | |
| Question 4 | | | | | |
| Question 5 | | | | | |
| Question 6 | | | | | |
| Question 7 | | | | | |
| Question 8 | | | | | |
| Question 9 | | | | | |
| Question 10 | | | | | |
| Question 11 | | | | | |
| Question 12 | | | | | |
| Question 13 | | | | | |
| Question 14 | | | | | |
| Question 15 | | | | | |
| Question 16 | | | | | |
| Question 17 | | | | | |
| Question 18 | | | | | |
| Question 19 | | | | | |
| Question 20 | | | | | |

Vous devez **NOIRCIR SOIGNEUSEMENT** la case correspondant à la bonne réponse.
Calculez votre score à l'aide de la grille de correction page 291 et 292.

Cet ouvrage a été achevé d'imprimer en octobre 2009
dans les ateliers de Normandie Roto Impression s.a.s.
61250 Lonrai (Orne)
N° d'impression : 09-3336
Dépôt légal : octobre 2009

*Imprimé en France*